从一到无穷大

One Two Three ... Infinity

——科学中的事实与猜测

〔美〕乔治·伽莫夫　著
张卜天　译

商务印书馆
创于1897
The Commercial Press

George Gamow

ONE TWO THREE...INFINITY

Facts and Speculations of Science

根据 Dover 出版社 1988 年修订版译出

本书翻译受北京大学人文社会科学研究院资助

乔治·伽莫夫（George Gamow，1904—1968）

《世界科普名著译丛》总序

科学是现代人认知世界最重要、最通行的途径，也是现代世界观的基础。它是认识一切现代思想行为最基本的参照系。不了解科学，就无法理解现代世界的运作方式，对种种现象也会感到茫然失措。在这个意义上，每一个现代人都应当了解起码的科学思想，具备基本的科学思维能力。学习科学绝非专属于理科生的任务，而是人文素养和通识教育必不可少的重要组成部分。

对于普通大众来说，要想了解科学，最方便可行、也最能给人以精神享受的途径大概是阅读一些优秀的科普作品。经典的科普名著能够深刻影响人的一生，而且不会很快过时。然而，现在市面上大多数科普作品要么是一些零碎科学知识的拼凑，从中看不出科学思想的任何来龙去脉和源流演变，要么总在讨论“人工智能”“量子纠缠”“大数据”“区块链”等一些流行时髦的技术应用话题。许多读者尚不具备基本的科学知识，却急于求成，唯恐落后于时代，盲目追求所谓的时代前沿和未来趋势。为了迎合这种或多或少被刻意营造出来的欲望，市场上出现了许多过眼云烟、无甚价值的读物，全然不顾读者们的基础和适应能力。在出版市场的这种无序乱象背后，急功近利的心态和信息焦虑的情绪一目了然。

与国外相比，中国罕有特别优秀的科普作品。一个重要的原因就在于，中国的科学家往往习惯于把科学看成现成的东西，而不注重追根溯源。一本书读下来，读者能够学到不少客观的科学知识，但却置身事外、毫无参与感，根本认识不到那些科学观念是如何在一个个活生生的人那里，伴随着什么样的具体困惑和努力而逐渐演进的，更体会不到科学与历史、文化之间的深刻联系。然而，科学并不是在真空中成长起来的，每一步科学发展都有对先前的继承和变革。因此，科学普及应把科学放到具体的历史和文化中，正本清源地揭示出科学原有的发展历程。科普不仅涉及对科学知识的普及，更涉及对科学思想和科学文化的普及。

在笔者看来，当今大多数中国人最需要补充的科学内容仍然属于高中和本科水平。许多缺乏理科背景的人对相关内容其实很感兴趣，但面对着市场上鱼龙混杂的读物，选择起来无所适从。基于这种考虑，笔者不揣浅陋地接受了商务印书馆的邀请，着手主编这样一套《世界科普名著译丛》。本译丛以保证学术品味和翻译质量为前提，拟遴选一些堪称世界经典的科普名著，其内容既非过于粗浅，亦非过于高端，或者一味迎合流行趣味，而是能够生动活泼、正本清源地讲解科学思想的发展，使人获得精神上的享受，同时又能对科学技术有更深刻的反思。希望读者们在忙于用脑思考的同时，也能学会用心思考，从而更好地感受、领悟和热爱这个世界。

张卜天

清华大学科学史系

2018年6月3日

“到时候啦，”海象说，“咱们来海阔天空聊聊吧。”

——刘易斯·卡洛尔，《爱丽丝镜中奇遇记》

目　录

第三部分　微观世界

第四部分 宏观世界

前　言

原子、恒星和星云是如何构成的？熵和基因又是什么东西？能否使空间发生弯曲？火箭为何会收缩？……在这本书里，我们正是要讨论所有这些话题以及其他许多同样有趣的事物。

我之所以要写这本书，是想把现代科学中最有趣的事实和理论收集起来，从微观和宏观方面将今天科学家所看到的宇宙的总体图景展现给读者。在实施这项粗略的计划时，我并不想事无巨细地讲述整个故事，因为我知道，做任何这样的尝试都不可避免会写成一套多卷本的百科全书。不过，我所选择讨论的各种主题简要地涵盖了整个基础科学知识领域，没有留下什么死角。

由于书中的主题是按照其重要性和趣味性而不是简单性而选择的，所以对它们的介绍必定会有某种不均衡。书中的某些章节非常简单，连小孩也能读懂，而另一些章节却需要集中精力去研究才能完全理解。不过我希望，在阅读本书时，外行读者不会碰到太大的困难。

大家会注意到，本书最后讨论“宏观宇宙”的那部分内容要比讨论“微观宇宙”的短得多。这主要是因为我已经在《太阳的生与死》（*The Birth and Death of the Sun*）和《地球自传》

（*Biography of the Earth*）[1] 这两本书中详细讨论了与宏观宇宙有关的诸多问题，如果在这里作进一步的详细讨论，将是一种枯燥乏味的重复。因此在这个部分，我只是一般地论述一下行星、恒星和星云世界里的物理事实和事件以及支配它们的定律，只有那些因近年来科学知识的进展而得到清楚阐明的问题，我才会作更详细的讨论。根据这条原则，我特别注意以下两方面的新观点：一是认为巨大的恒星爆发即所谓的"超新星"是由物理学中已知最小的粒子"中微子"所引起的；二是新的行星理论，它摒弃了目前被普遍接受的观点，即行星源于太阳与其他恒星的碰撞，从而重新确立了康德和拉普拉斯几乎被人遗忘的旧观点。

我要感谢许多艺术家和插图画家，他们的拓扑变形作品成为本书许多插图的基础（见第二部分第三章）。特别要感谢我的年轻朋友玛丽娜·冯·诺伊曼（Marina von Neumann），她自称在所有事情上都比她著名的父亲懂得更多。当然数学是个例外，在数学方面，她只是说同父亲懂得一样多。读了本书的部分手稿之后，她告诉我，里面有许多东西她看不懂。听了她的话之后，我最终决定不再像原先打算的那样以孩子为对象来写作本书，而是将它写成现在这个样子。

乔治·伽莫夫

1946 年 12 月 1 日

---

① 这两本书分别于 1940 年和 1941 年由海盗出版社在纽约出版。

1961 年版前言

所有科学书籍都很容易在出版几年之后变得过时，尤其是那些正在迅速发展的科学分支的作品。在这个意义上，我这本13 年前出版的《从一到无穷大》是个幸运儿。撰写它的时候，科学刚刚取得了一些重大进展，而且这些进展都已经包含在书中，所以要使它跟上时代，只需稍作修改和补充。

其中一项重大进展是，人们已经以氢弹爆炸的形式通过热核反应成功地释放了原子能，并且朝着通过受控热核过程释放能量的目标缓步前进。由于本书第一版的第十一章已经描述了热核反应的原理及其在天体物理学中的应用，所以要想论及人类朝着这一目标前进的过程，只需在第七章结尾补充一些新的材料。

另一些变动涉及用加利福尼亚帕洛马山上那台新的 200 英寸海尔望远镜所进行的探测，它已经把宇宙的估计年龄从二三十亿年增加到五十亿年以上，并且修正了天文距离尺度。

随着生物化学最近的发展，我需要重新绘制图 101，修改与之有关的文字，并且在第九章结尾补充一些关于合成简单生命有机体的新材料。在第一版中我曾写道（p.266）：“是的，活物质与死物质之间肯定存在着一个过渡性的步骤。倘若在不久的将来，某位天才的生物化学家能用普通的化学元素合成出一个病毒分子，他将有权宣称：‘我已经把生命的气息注入了一块死物质！’”事实上，几年以前，加利福尼亚州已经有人做到了或者说差不多做到了，读者们可以在第九章结尾找到对这项工作的简要介绍。

还有一项变动：本书的第一版献给了“我的儿子伊戈尔，他想当个牛仔”。后来有许多读者写信问我，询问他是否真的成了牛仔。我的回答是：没有。他主修生物学，明年夏天毕业，计划以后研究遗传学。

乔治·伽莫夫

科罗拉多大学

1960年11月

第一部分

做做数字游戏

第一章　大数

一、你能数到多少？

有这么一个故事，说的是两个匈牙利贵族决定做一个游戏——谁说出的数最大谁赢。

“好，”其中一个人说，“你先说吧。”

另一个人绞尽脑汁想了几分钟，终于说出了他所能想到的最大的数：“3”。

现在轮到第一个人动脑筋了。苦想了一刻钟之后，他决定放弃：“你赢啦！”

这两个匈牙利贵族的智力水平当然并不很高。这个故事也许只是为了挖苦人罢了。但如果此二人不是匈牙利人，而是霍屯督人，那么上述对话或许的确发生过。的确有一些非洲探险家证实，许多霍屯督部族都没有词汇来表达比3大的数。如果问当地的一个土著他有几个儿子，或者杀死过多少敌人，那么倘若这个数大于3，他就会回答“许多”。于是就计数的本领而言，霍屯督的勇士们竟会败给我们幼儿园里自诩能够数到10的娃娃们！

今天我们往往会认为，我们想把一个数写成多大就能写成多大。无论是用分来表示战争开销，还是用英寸来表示星体之间的距离，只要在某个数右边写下足够数目的零就可以了。你可以一直这样写下去，直到手腕发酸。这样一来，你所写下的数不知不觉就会比宇宙中的原子总数更大，[①]随便说一句，宇宙中的原子总数是 300 000 000 000 000 000 000 000 000 000 000 000 000 000 000 000 000 000 000 000 000 000 000 000 000 000。

这个数可以写得短一些，即写成

$$3\times10^{74},$$

这里，10 右上方的小数字 74 表示应当写多少个零，或者说，3 要用 10 乘上 74 次。

但古人并不知晓这种“让算术变得简单”的数制。事实上，它是一千多年前某位佚名的印度数学家发明的。在他做出这项伟大发现——这项发现的确很伟大，尽管我们通常并没有意识到这一点——之前，人们用一个特殊的符号来表示每一个十进制单位，并通过重复书写这个符号来书写数。例如，古埃及人会把 8732 这个数写成：

而恺撒政府中的职员则会把这个数写成：

MMMMMMMMDCCXXXII

后一种记数法你一定很熟悉，因为直到现在，我们有时仍然会用罗马数字来表示书籍的卷数或章数，或者在庄严华美的纪念碑上记载历史事件的日期，等等。不过，古代的计数很少

① 这是就目前最大的望远镜所能探测的那部分宇宙而言。

超过几千，所以也就没有用来表示更高十进制单位的符号。一个古罗马人，无论在算术方面多么训练有素，如果让他写一下“一百万”，他一定会不知所措。他所能做的最多只是接连写下一千个 M，而这需要他费力写几个钟头（图 1）。

图 1　一个长得很像恺撒的古罗马人试图用罗马数字写下“一百万”，而墙上的那块板上恐怕连“十万”也写不下

对古人来说，那些很大的数，比如天上的星星、海里的鱼、岸边的沙粒等等，都是“无法计数”，就像“5”这个数对霍屯督人来说也是“无法计数”，从而变成了“许多”一样！

公元前 3 世纪的著名科学家阿基米德（Archimedes）曾经天才地表明，巨大的数是有可能书写出来的。他在《数沙者》（*The Psammites*）一书中说道：

> 有人认为，沙粒的数目是无穷大的；我所说的沙粒不仅是指存在于叙拉古周边以及整个西西里岛的沙粒，而且是指在地球所有区域所能找到的所有沙粒，无论那里是否有人居住。也有人认为，这个数目并非无穷大，但比地球沙粒数目更大的数是表示不出来的。如果想象地球是一个大沙堆，并把地球的所有海洋和洞穴都填满沙粒，一直填到与最高的山齐平，那么持有这种观点的人显然会更加确信，这样堆积起来的沙粒数目是无法表示的。但我要试图表明，使用我所命名的各种数，不仅能表示出按照上述方式填满整个地球的沙粒的数目，甚至能表示出填满整个宇宙的沙粒的数目。

阿基米德在这部名著中提出的书写大数的方法与现代科学中的方法很相似。他从古希腊算术中最大的数“万”开始，然后引入“亿”这个新的数作为“第二级单位”，然后是第三级单位“亿亿”、第四级单位“亿亿亿”，等等。

写出一些大数似乎无足轻重，没有必要用几页篇幅加以讨论。但在阿基米德那个时代，找到书写大数的方法的确是一项伟大的发现，使数学迈进了一大步。

要想计算填满整个宇宙所需的沙粒总数，阿基米德需要知道宇宙有多大。当时认为，宇宙被一个附有恒星的水晶天球所包围。据与阿基米德同时代的著名天文学家萨摩斯的阿里斯塔克（Aristarchus of Samos）估算，从地球到那个天球表面的距离约为 10 000 000 000 斯塔迪姆[①]，即约为 1 000 000 000 英里。

阿基米德将那个天球的尺寸同沙粒相比，作了一连串足以使高中生发生梦魇的计算，最后得出结论说：

> 显然，阿里斯塔克所估算的天球包围的空间中所能填充的沙粒数目，不会超过一千万个第八级单位。[②]

这里要注意，阿基米德对宇宙半径的估算远远小于现代科学家的观测结果。10 亿英里仅比太阳系中土星的距离略大一些。我们将会看到，望远镜已经探测到宇宙 5 000 000 000 000 000 000 000 英里远的地方。填满整个可见宇宙所需的沙粒数超过

$$10^{100}$$（即 1 后面有 100 个零）。

这个数当然远远大于本章开头所提到的宇宙中的原子总数 3×10^{74}，但我们不要忘了，宇宙中并非塞满了原子；事实上，平均来说，每立方米空间中只有大约 1 个原子。

要想得到巨大的数，并不一定要做出把整个宇宙塞满沙子这样的极端事情。事实上，在许多看似非常简单的问题中，它们也

---

① 斯塔迪姆（stadium）是古希腊的长度单位，1 斯塔迪姆 =606 英尺 6 英寸或 188 米。

② 如果用我们的记数法来表示，这个数是：

一千万　　第二级　　第三级　　第四级

(10 000 000)×(100 000 000)×(100 000 000)×(100 000 000)×

第五级　　第六级　　第七级　　第八级

(100 000 000)×(100 000 000)×(100 000 000)×(100 000 000)

或直接写成：

10^{63}（即 1 的后面有 63 个零）。

常常会跳将出来，而你事先肯定想不到其中会出现大于几千的数。

有一个人曾经在大数上吃了亏，那就是印度的舍罕王（King Shirham）。根据一则古老的传说，舍罕王打算赏赐他的首席大臣施宾达（Sissa Ben Dahir），因为施宾达发明了国际象棋，并且将它介绍给了舍罕王。这位聪明的大臣想要的似乎并不多，他跪在国王面前说："陛下，请赐予我一粒麦子放入这张棋盘的第一个方格；在第二个方格放两粒，第三个方格放四粒，第四个方格放八粒，以此类推，每一个方格内的麦粒都比前一个方格加一倍。陛下啊，请把这样摆满棋盘上所有 64 个方格的麦粒赏赐给我吧！"

"爱卿，你要的并不多啊，"国王为对这项奇妙的发明所许下的慷慨馈赠没有破费太多而暗喜，"你肯定会如愿以偿的。"他边说边命人将一袋麦子拿到宝座前。

然而随着计数的开始，第一个方格放一粒，第二个方格放两粒，第三个方格放四粒，……还没到第二十个方格，袋子已经空了。一袋又一袋的麦子被陆续扛到国王面前，但每一个方格所需的麦粒数飞速增长，情况很快就变得很清楚，即使拿来印度的所有粮食，国王也无法兑现他对施宾达的承诺，因为这将需要 18 446 744 073 709 551 615 颗麦粒！[①]

① 这位机智的大臣所要的麦粒数可以表示如下：

$$1+2+2^2+2^3+2^4+\cdots\cdots2^{62}+2^{63}。$$

在算术中，每一项都是前一项的固定倍数的数列被称为几何级数（在我们这个例子中，这个倍数是 2）。可以证明，这种级数的所有项之和等于固定倍数（这里是 2）的项数（这里是 64）次幂减去第一项（这里是 1）所得的差除以固定倍数减 1，即：

$$\frac{2^{64}-1}{2-1}=2^{64}-1,$$

结果写出来就是 18 446 744 073 709 551 615。

图 2　机智的数学家首席大臣施宾达在向印度的舍罕王请赏

这个数不像宇宙中的原子总数那样大，但也非常可观了。假定 1 蒲式耳小麦约有 5 000 000 粒，那就需要 4 万亿蒲式耳小麦才能满足施宾达的要求。这位首席大臣索取的竟然是全世界在大约 2000 年里所产出的所有小麦！

这样一来，舍罕王发现自己欠了施宾达一大笔债。他要么得面对施宾达没完没了的讨债，要么干脆砍掉施宾达的脑袋。我猜想，舍罕王大概选择了后者。

另一个由大数当主角的故事也出自印度，它与"世界末日"问题有关。喜爱数学的历史学家鲍尔（W. W. R. Ball）是这样讲这个故事的：①

① W.W.R.Ball, *Mathematical Recreations and Essays* (The Macrnillan Co., New York, 1939).

在瓦拉纳西[1]伟大的神庙里，在标志着世界中心的穹顶下方安放着一个黄铜板，板上固定着三根钻石针。每根针高1腕尺（1腕尺约合20英寸），如蜜蜂身体般粗细。梵天在创世的时候，在其中一根针上放置了64个金片，最大的金片位于底部，紧挨着黄铜板，其他金片从下到上依次减小。这就是梵塔。有一个值班的僧侣按照梵天固定不变的法则，昼夜不停地将这些金片从一根针移到另一根针：一次只能移一片，而且无论在哪一根针上，小片必须永远在大片上面。当所有这64个金片都从梵天创世时所放置的那根针移到另一根针时，世界将随着一声霹雳而烟消云散，梵塔、神庙和众婆罗门都将化为灰烬。

图3描绘了故事中的安排，只是金片没有画那么多。你可以用普通的硬纸片代替这则印度传说中的金片，用长铁钉代替钻石针，亲手制作这样一个玩具。不难发现，移动金片的一般规则是：移动每一片的次数总是移动上一片次数的两倍。第一片只需移动一次，接下来每一片的移动次数则按几何级数增加。于是，移动第64片的次数将与施宾达所要求的麦粒数一样多！[2]

---

① 瓦拉纳西，又称贝拿勒斯，印度北方邦城市，是印度教七圣城之一。——译者

② 如果只有7个金片，则需要移动的次数为：

$$1+2^1+2^2+2^3+\cdots\cdots，或者$$

$$2^7-1 = 2\times2\times2\times2\times2\times2\times2-1 = 127。$$

如果你准确无误地迅速移动金片，那么完成这项任务大概需要一个小时。当金片为64片时，需要移动的总次数为：

$$2^{64}-1 = 18\ 446\ 744\ 073\ 709\ 551\ 615。$$

它等于施宾达所要求的麦粒数。

图 3　一个僧侣在巨大的梵天雕像前解决“世界末日”问题。为方便起见，这里没有将所有 64 个金片都画出来

将梵塔上所有 64 个金片都移到另一根针上需要多长时间呢？一年有大约 31 558 000 秒，假定僧侣们加班加点地每秒钟移动一次，昼夜不停，那么需要 58 万亿年左右才能完工。

我们不妨将这个关于宇宙寿命的纯属传说的预言同现代科学的预言作一对比。按照目前关于宇宙演化的理论，恒星、太阳和行星，包括我们的地球，都是在大约 30 亿年前由无定形的物质形成的。我们还知道，为恒星特别是太阳提供能量的“原子燃料”还能维持 100 亿或 150 亿年（见“创世年代”一章）。因此，我们宇宙的总寿命肯定不到 200 亿年，而不像这个印度传说所估计的 58 万亿年！不过，它毕竟只是个传说！

文献中曾经提及的最大的数也许与著名的“印刷行数问题”有关。假定我们建造了一台印刷机，它可以连续印出一行行文字，并且自动为每一行选择字母和其他印刷符号的组合。这样一台机器将包括若干分离的轮盘，轮盘的整个边缘都刻有字母和符号。盘与盘之间就像汽车的里程指示器中的数码盘那样装配在一起，使得每一个轮盘转动一周就会带动下一个轮盘前移一个位置。每一次移动之后，纸卷都会自动压到滚筒上。这样一台自动印刷机建造起来并不很困难，图4便是这种机器的示意图。

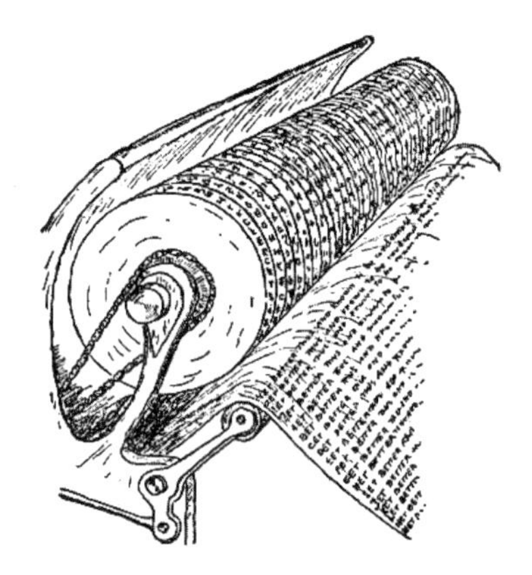

图4　一台自动印刷机刚刚准确印出一行莎士比亚诗句

让我们开动这台机器，检查一下印刷出来的那些没完没了的东西吧。这些东西大都没有什么意义，比如：

“aaaaaaaaaaaa...”

或者

“booboobooboo...”

或者

“zawkpopkossscilm...”

不过，既然这台机器能够印出字母与符号的所有可能组合，我们就能从这堆毫无意义的句子中找出点有意义的。当然，这其中又有许多无效的句子，比如：

“horse has six legs and...”（马有六条腿，并且……）

或者

“I like apples cooked in terpentin...”（我喜欢吃松节油煎苹果……）。

但只要坚持不懈地找下去，就一定会发现莎士比亚所写下的每一句话，甚至是那些被他扔进废纸篓的句子！

事实上，这台自动机会印出人类从学会写字以来所写出的一切：每一句散文和诗歌，报纸上的每一篇社评和广告，每一本厚重的科学论著，每一封情书，每一张订奶单……

不仅如此，这台机器还将印出未来所要印刷的所有东西。在从滚筒出来的纸上，我们可以找到 30 世纪的诗歌，未来的科学发现，在第 500 届美国国会上所作的讲演，对 2344 年星际交通事故的报道，还会有一页页尚未写出来的长、短篇小说。出版商如果地下室里有这样的机器，他们只需从印出的大量荒唐文字中选编一些好的句子就可以了——这也正是他们现在在做的事情。

这为什么做不到呢？

英语字母表中有 26 个字母、10 个数字（0、1、2、...、9），还有 14 个常用符号（空白、句号、逗号、冒号、分号、问号、感叹号、破折号、连字符、引号、省略号、小括号、中括号、大括号），共 50 个字符。再假设这台机器有 65 个轮盘，对应于平均打印行的 65 个位置。打印行可以从任何一个字符开始，因此有

50 种可能性。对于这 50 种可能性中的每一种，该行第二个位置又有 50 种可能性，因此共有 $50 \times 50 = 2500$ 种可能性。而对于前两个字符的每一种给定组合，第三个位置又有 50 个字符可以选择。这样下去，对整个打印行进行安排的可能性总数为

$$\overbrace{50 \times 50 \times 50 \times 50 \times \ldots 50}^{65个},$$

或者

$$50^{65},$$

它等于 10^{110}。

要想知道这个数有多么巨大，你可以假想宇宙中的每个原子都是一台独立的印刷机，这样就有 3×10^{74} 台机器同时工作。再假定所有这些机器自宇宙诞生以来就一直在运转，也就是说已经运转了 30 亿年或 10^{17} 秒，而且它们都以原子振动的频率在印刷，即每秒钟印出 10^{15} 行。那么到现在为止，这些机器大约印了 $3 \times 10^{74} \times 10^{17} \times 10^{15} = 3 \times 10^{106}$ 行，而这只是上面那个总数的 1/3000 左右而已。

看来，想要在这些自动印出的材料里做某种挑选，的确要花非常漫长的时间！

二、怎样对无穷大进行计数

上一节我们讨论了一些数，其中许多是相当巨大的。但这些巨大的数，比如施宾达所要的麦粒数，虽然大得令人难以置信，但仍然是有限的，只要有足够的时间，总能把它们从头到尾写出来。

但的确存在着一些无穷大数，它们比我们所能写出的任何数都要大，无论我们书写多长时间。例如，“所有数的数目”显然是无穷大的，“一条线上所有几何点的数目”也是如此。关于这些数，除了说它们是无穷大的，我们还能说什么吗？例如，我们是否有可能对两个不同的无穷大进行比较，看看哪个“更大”呢？

“所有数的数目和一条线上所有几何点的数目，哪个更大呢？”这个问题有意义吗？著名数学家康托尔（Georg Cantor）最先思考了这类初看起来荒诞不经的问题，他的确称得上是“无穷大算术”的奠基人。

如果想谈论无穷大的大小，我们就会面临一个问题：这些数既读不出来，也写不出来，该怎样比较呢？此时我们就像一个霍屯督人在检查自己的财宝箱，想知道其中究竟是玻璃珠多还是铜币多。但你大概还记得，霍屯督人最多只能数到 3。难道他会因为数不出来而不再尝试比较珠子和铜币的数目吗？绝对不会。如果足够聪明，他会把珠子和铜币逐个进行比较，以此来得出答案。他可以把一颗珠子放在一枚铜币旁边，再把另一颗珠子放在另一枚铜币旁边，然后一直这样下去……如果珠子用光了，还剩下一些铜币，他就知道铜币多于珠子；如果铜币用光了，珠子还有剩余，他就知道珠子多于铜币；如果两者同时用光，他就知道珠子与铜币数目相等。

康托尔正是用这种方法对两个无穷大进行比较的：如果可以给两组无穷大中的各个对象一一配对，使一组无穷大中的每一个对象都能与另一组无穷大中的每一个对象一一对应，任何一组都没有对象遗漏，就说这两组无穷大是相等的；如果有一组还留下了一些对象没有配对，就说这组对象的无穷大比另一组对象的无穷大更大，或者说更强。

这显然是我们可以用来对无穷大量进行比较的非常合理的规则，事实上也是唯一可能的规则。但在实际开始运用它时，我们很可能会大吃一惊。例如，所有偶数的无穷大和所有奇数的无穷大，你当然会直觉地感到偶数与奇数的数目相等。这与上述法则完全一致，因为这两组数之间可以建立如下的一一对应关系：

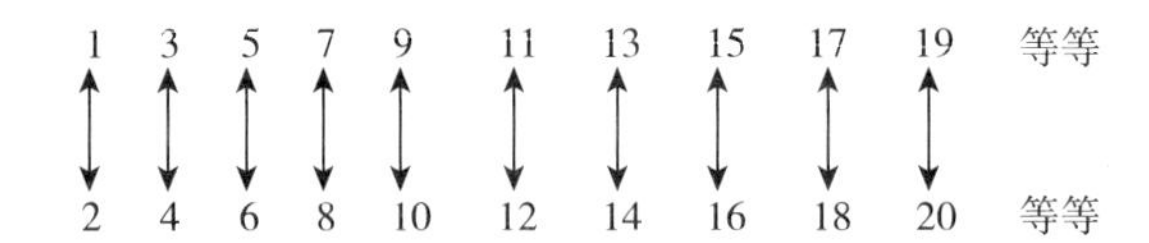

在这张表中，每一个奇数都有一个偶数相对应，反之亦然。因此，偶数的无穷大等于奇数的无穷大。这的确再简单自然不过了！

但是，且慢。所有整数（包括奇数和偶数）的数目和仅仅偶数的数目，你认为哪个大呢？当然，你会说前者更大，因为所有整数不仅包括所有偶数，而且还包括所有奇数。但这只是你的感觉而已。要想得出正确的答案，你必须运用比较两个无穷大的上述规则。如果运用了这个规则，你就会惊讶地发现，你的感觉是错误的。请看，以下是所有整数和所有偶数的一一对应表：

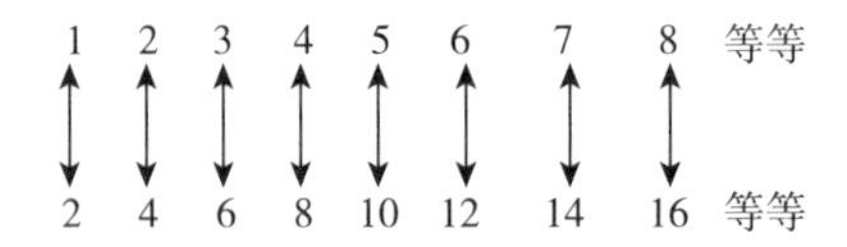

根据对无穷大进行比较的上述规则，我们不得不说，偶数的无穷大与所有整数的无穷大一样大。当然，这听起来非常悖谬，因为偶数只是所有整数的一部分。但不要忘了，我们这里是在与无穷大数打交道，因此必须有碰到不同性质的思想准备。

事实上，在无穷大的世界里，部分有可能等于整体！关于这一点，著名德国数学家希尔伯特（David Hilbert）所讲述的一则故事也许是最好的说明。据说他曾在关于无穷大的演讲中这样讲述无穷大数的这种悖谬性质：[①]

> 设想有一家旅店，内设有限个房间，而且所有房间都已住满。这时又来了一位客人，想订个房间。店主说："对不起，所有房间都住满了。"现在再设想一家旅店，内设无穷多个房间，所有房间也都住满了。此时也来了一位新客，想订个房间。
>
> "当然可以！"店主说。接着，他把一号房间里的客人移到二号房间，二号房间的客人移到三号房间，三号房间的客人移到四号房间，……，以此类推。这样一来，新客就可以住进已被腾空的一号房间。
>
> 我们再设想一个有无穷多个房间的旅店，所有房间都已经住满。这时来了无穷多位想订房间的客人。

---

① 引自 R. Courant, *The Complete Collection of Hilbert Stories*，该书从未出版，甚至从未写成文字，但广为流传。

"好的先生们，请稍等，"店主说。

他把一号房间的客人移到二号房间，二号房间的客人移到四号房间，三号房间的客人移到六号房间，以此类推。

现在，所有单号房间都腾出来了。新来的无穷多位客人可以住进去了。

希尔伯特讲这个故事时正值战争期间，所以即使在华盛顿也很难想象他所描述的情况。但这个例子的确使我们清楚地明白了：我们在与无穷大数打交道时碰到的性质与普通算术中常见的性质大相径庭。

运用比较两个无穷大的康托尔规则，我们现在也能证明，所有像$\frac{3}{7}$或$\frac{735}{8}$这样的普通分数的数目与所有整数的数目相等。事实上，我们可以把所有普通分数按照以下规则排成一排：先写下分子与分母之和等于 2 的分数，这样的分数只有一个，即$\frac{1}{1}$；然后写下分子与分母之和等于 3 的分数，这样的分数有两个，即$\frac{2}{1}$和$\frac{1}{2}$；然后写下分子与分母之和等于 4 的分数，即$\frac{3}{1}$，$\frac{2}{2}$ $\frac{1}{3}$。以此类推，我们便得到了一个无穷的分数数列，它包含了我们所能想到的所有分数（图 5）。现在，在这个数列上方写出整数数列，这样便有了无穷多个分数与无穷多个整数之间的一一对应。因此，它们的数目又是相等的！

图 5 一个非洲土著和康托尔教授都在对其数不出来的数进行比较

“是啊，这一切都很妙，”你可能会说，“但这是否就意味着，所有无穷大都彼此相等呢？如果是这样，还比较它们干什么呢？”

不，情况并非如此。我们很容易找到一个无穷大，它比所有整数或所有分数的无穷大更大。

事实上，考察一下本章前面提出的那个比较一条线上的点数和所有整数数目的问题，我们就会发现，这两个无穷大是不同的。一条线上点的数目要比整数或分数的数目多得多。为了证明这一点，我们先尝试在一条线（比如 1 英寸长）上的点与整数数列之间建立一一对应关系。

线上的每一点都可用该点到这条线某一端的距离来表示，此距离可以写成无限小数的形式，比如 0.735 062 478 005 6... 或

0.382 503 756 32...[1] 现在我们要比较一下所有整数的数目和所有可能的无限小数的数目。那么，上面写出的无限小数与 $\frac{3}{7}$ 或 $\frac{8}{277}$ 这样的分数有何不同呢？

大家一定还记得，我们在算术课上学过：每一个普通分数都可以转化为一个无限循环小数。例如 $\frac{2}{3}$ =0.6666...=0.（6），$\frac{3}{7}$ =0.428571 ⋮ 428571 ⋮ 428571 ⋮ 4...=0.(428571)。我们前面已经证明，所有普通分数的数目等于所有整数的数目，因此所有循环小数的数目也必定等于所有整数的数目。但一条线上的点不一定能由循环小数表示出来，绝大多数点是由不循环小数表示的。因此很容易证明，在这种情况下不可能建立一一对应关系。

假定有人声称已经建立了这样一种一一对应，且具有以下形式：

N

1 0.38602563078 ...

2 0.57350762050 ...

3 0.99356753207 ...

4 0.25763200456 ...

5 0.00005320562 ...

6 0.99035638567 ...

7 0.55522730567 ...

① 这些小数都小于 1，因为我们已经假定线的长度是 1。

8　0.05277365642 ...

- …………………

- …………………

当然，由于不可能把无穷多个整数和无穷多个小数实际写出来，所以上述说法只是意味着这张表的作者有了某种一般规则（类似于我们用来排列普通分数的规则），并且根据这种规则制作了这张表，此规则保证每一个小数迟早会出现在这张表上。

但我们很容易证明，任何此类说法都是站不住脚的，因为我们总能写出一个无限小数没有包含在这张无穷表之中。怎么写呢？非常简单。只要让该小数的第一小数位区别于表中 N1 的第一小数位，第二小数位区别于表中 N2 的第二小数位，等等。你所得到的数可能是下面这个样子：

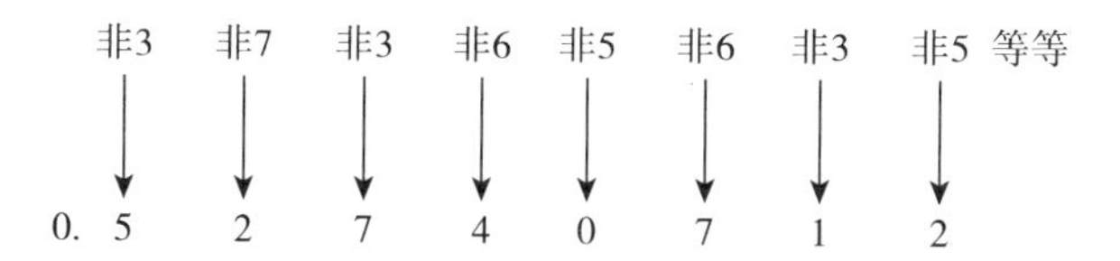

无论你怎样找，都不可能在上表中找到这个数。事实上，如果该表的作者告诉你，你所写出的这个数位于他那张表上的 N137（或其他任何序号），你可以立即回答说："不可能，我这个数并不是你那个数，因为我这个数的第 137 小数位不同于你那个数的第 137 小数位。"

因此，线上的点与整数之间不可能建立起一一对应关系。这意味着，线上的点的无穷大大于或强于所有整数或分数的无穷大。

我们一直在讨论"1 英寸长"的线上的点。但现在很容易证明，按照我们“无穷大算术”的规则，无论多长的线都是如此。事实上，无论是1英寸长的线，1英尺长的线，还是1英里长的线，上面的点数都相同。要想证明这一点，只要看看图6，AB和AC是两条不同长度的线，现在要比较其上的点数。为了在这两条线的点之间建立一一对应关系，过AB上的每一点作BC的平行线与AC相交，这样便形成了D与D′，E与E′，F与F′等交点。对于AB上的任意一点，都有AC上的一个点与之对应，反之亦然。于是按照我们的规则，这两个无穷大是相等的。

通过这种对无穷大的分析还能得出一个更加惊人的结论：一个平面上所有点的数目与一条线上所有点的数目相等。为了证明这一点，让我们考虑一条长1英寸的线AB上的点和边长1英寸的正方形CDEF上的点（图7）。

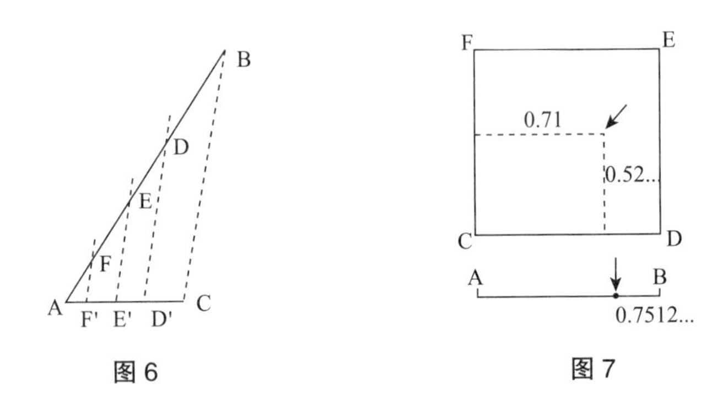

图6 图7

假定这条线上某一点的位置由某个数给出，比如0.75120386…。我们可以把这个数的奇数位和偶数位挑出来再组合到一起，形成两个不同的小数：

0.7108…

和

0.5236...

在正方形中沿水平和竖直方向量出由这两个数所指定的距离，把这样得到的点称为原来线上那个点的“对偶点”。反过来，对于正方形中的任意一点，比如由 0.4835... 和 0.9907... 这两个数来描述的点，我们把这两个数合到一起，便得到了线上相应的“对偶点”：0.49893057...。

显然，通过这种程序可以在两组点之间建立一一对应关系。线上的每一点在正方形中都有其对应点，正方形中的每一点在线上也有其对应点，没有被遗漏的点。于是，按照康托尔的标准，一个正方形中所有点的无穷大与一条线上所有点的无穷大相等。

通过类似的办法也很容易证明，立方体中所有点的无穷大与正方形或线上所有点的无穷大相等。为此，我们只需把最初那个无限小数分成三部分，[①] 并用由此获得的三个新的小数来定义立方体中“对偶点”的位置。和不同长度的两条线的情况一样，正方形或立方体中的点数与该正方形或立方体的尺寸无关。

虽然所有几何点的数目要大于所有整数和分数的数目，但这还不是数学家们知道的最大的数。事实上，人们发现，所有可能的曲线，包括形状最不寻常的那些，其成员数目要比所有几何点的数目更大，因此应把它看成无穷大序列中的第三个数。

---

① 例如，由 0.7 3 5 1 0 6 8 2 2 5 4 8 3 1 2... 这个小数，我们可以分成以下三个新的小数：

0.7 1 8 5 3...,
0.3 0 2 4 1...,
0.5 6 2 8 2...。

根据“无穷大算术”的创始人康托尔的说法，无穷大数由希伯来字母$\aleph$（读作阿列夫）表示，其右下角再用一个小数字来表示此无穷大的级别。这样一来，数（包括无穷大数）的序列就成了：

$$1,\ 2,\ 3,\ 4,\ 5,\ \ldots \aleph_1,\ \aleph_2,\ \aleph_3 \ldots$$

正如我们说“世界有 7 大洲”，“一副扑克有 54 张牌”，我们也可以说“一条线上有$\aleph_1$个点”，“存在着$\aleph_2$种不同的曲线”。

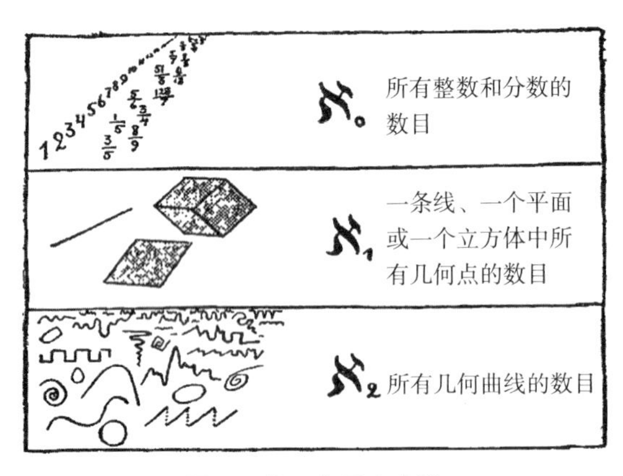

图 8 前三个无穷大数

在结束关于无穷大数的讨论时，我们要指出，这些数很快就把人们所能想象的无穷大数包含了进去。我们知道，$\aleph_0$表示所有整数的数目，$\aleph_1$表示所有几何点的数目，$\aleph_2$表示所有曲线的数目，但是到目前为止，还没有人想得出能用$\aleph_3$来表示的无限集合。似乎前三个无穷大数就足以数出我们所能想到的任何东西了。我们现在的处境正好与我们那位霍屯督老朋友完全相反：他有许多个儿子，却数不过 3；我们什么都能数，却没有那么多东西让我们来数！

第二章　自然数与人工数

一、最纯粹的数学

数学通常被人们尤其是数学家们誉为科学的女皇。既然是女皇，自然要力图避免与其他知识分支扯上关系。比如在一次“纯粹数学与应用数学联席会议”上，希尔伯特应邀作一次公开演讲，以帮助消除这两种数学家之间的敌意，他是这样说的：

> 我们常常听说，纯粹数学与应用数学是彼此敌对的。事实并非如此。纯粹数学和应用数学并非彼此敌对。它们过去不曾敌对，将来也不会敌对。它们不可能彼此敌对，因为两者其实毫无共同之处。

然而，尽管数学喜欢保持纯粹，并尽力远离其他科学，但其他科学尤其是物理学，却极力同数学“亲善”。事实上，纯粹数学的几乎每一个分支现在都被用来解释物理世界的某个特征。这包括抽象群理论、非交换代数、非欧几何等一直被认为最为纯粹、绝不可能付诸应用的学科。

但迄今为止，除了起智力训练的作用以外，还有一个巨大的数学分支成功地保持住了自己的无用性，它真可以被冠以“纯粹之王”的名号呢。这就是所谓的“数论”（这里的数指整数），它是纯粹数学思想最古老也最复杂的产物之一。

说来也怪，从某种角度来讲，数论这种最纯粹的数学竟然又可以称为一门经验科学，甚至是一门实验科学。事实上，它的绝大多数命题都是通过尝试用数来做不同的事情而提出的，就像物理学定律是通过尝试用物体来做不同的事情而提出的一样。此外，数论的一些命题已经“在数学上”得到了证明，而另一些命题还停留在纯粹经验的阶段，至今仍在考验最出色数学家的能力，这一点也和物理学一样。

让我们以质数问题为例来说明这一点。所谓质数，是指那些不能用两个或两个以上更小整数的乘积来表示的数，比如1，2，3，5，7，11，13，17等就是这样的数。而比如12可以写成2×2×3，所以就不是质数。

质数的数目是无限的呢，还是存在着一个最大的质数，凡是比这个数更大的数都可以表示成已有质数的乘积呢？这个问题最早是欧几里得（Euclid）解决的，他简单而优雅地证明了并不存在什么“最大的质数”，质数的数目超出了任何限度。

为了考察这个问题，让我们暂时假定只知道有限个质数，其中最大的用N表示。现在我们把所有已知的质数都乘起来，再加上1，把它写成以下形式：

$$(1\times2\times3\times5\times7\times11\times13\times\ldots\times N)+1。$$

这个数当然比那个据称的“最大质数”N大得多。但它显然不能被我们的任何一个质数（到 N 为止，包括 N 在内）除尽，因为从这个数的构造方式可以看出，拿这些质数中的任何一个来除它，都会留下余数 1。

因此，这个数要么本身也是一个质数，要么必定能被一个比 N 更大的质数整除。而这两种情况都与我们最初假设的 N 是最大的质数相矛盾。

这种证明方式被称为归谬法，是数学家最爱用的工具之一。

图 9

一旦知道质数的数目是无限的，我们自然会问，是否有什么简单的办法可以把它们一个不漏地挨个写出来。古希腊哲学家和数学家埃拉托色尼（Eratosthenes）最早提出了这样一种方法，即所谓的“筛法”。你只需将完整的自然数列 1，2，3，4…写下来，然后相继删去所有 2 的倍数、3 的倍数、5 的倍数，等等。图 9 显示了将埃拉托色尼的“筛法”用于前 100 个数的情况，其中总共有 26 个质数。通过使用这种简单的筛法，我们已经制作了 10 亿以内的质数表。

倘若能设计出一个公式，可以迅速地自动找到所有质数而且仅仅是质数，那该多方便啊。可惜，经过数个世纪的努力，我们仍然没有找到这样的公式。1640 年，著名的法国数学家费马（Pierre Fermat）认为自己已经设计出了一个只产生质数的公式：$2^{2^n}+1$，其中 n 取 1，2，3，4 等自然数的值。

运用这个公式，我们得到：

$$2^{2^1}+1=5,$$
$$2^{2^2}+1=17,$$
$$2^{2^3}+1=257,$$
$$2^{2^4}+1=65537。$$

这几个数的确都是质数。但在费马宣布这个公式之后大约一个世纪，德国数学家欧拉（Leonard Euler）证明，费马的第五个数 $2^{2^5}+1=4\ 294\ 967\ 297$ 并非质数，而是 6 700 417 与 641 的乘积。于是，费马这个演算质数的经验规则被证明是错误的。

还有一个引人注目的公式也可以产生许多质数。这个公式是：

$$n^2-n+41,$$

其中 n 也取 1，2，3 等自然数的值。人们已经发现，在 n 取 1 到 40 之间某个数的情况下，用上述公式都能产生质数。可惜到了第 41 步，这个公式也不管用了。

事实上，

$$(41)^2-41+41 = 41^2 = 41\times41,$$

这是一个平方数，而不是质数。

人们还尝试过另一个公式：

$$n^2-79n+1601,$$

在 n 取从 1 到 79 之间的某个数时，这个公式都能产生质数，然而当 n ＝ 80 时，它又失效了！

于是，寻找只产生质数的普遍公式的问题仍然没有得到解决。

尚未得到证明也没有被否证的数论定理的另一个有趣例子是 1742 年提出的所谓“哥德巴赫猜想”。它说：每一个偶数都能表示成两个质数之和。从一些简单的例子很容易看出它是对的，比如 12=7+5，24=17+7，32=29+3。但数学家们虽然就此作了大量研究，却依然不能确凿地证明这个命题是对的，也找不出一个反例来否证它。直到 1931 年，苏联数学家施尼雷尔曼（Schnirelmann）才朝着所期望的证明成功地迈出了建设性的第一步。他证明，每一个偶数都是不多于 300 000 个质数之和。后来，“300 000 个质数之和”与“2 个质数之和”之间的差距被另一位苏联数学家维诺格拉多夫（Vinogradoff）大大缩短了。他把施尼雷尔曼的结论减少到“4 个质数之和”。但是从维诺格拉多夫的“4 个质数”到哥德巴赫的“2 个质数”，这最后的两步似乎最难迈过去。我们不知道究竟需要几年还是几个世纪，才能最终证明或否证这个困难的命题。

由此可见，要想导出能够自动给出小于任意大的数的所有质数的公式，我们还有很远的路要走，我们甚至不确定究竟能否导出这样的公式呢。

现在，我们也许可以问一个更为谦卑的问题：在给定的数值区间内，质数所占的百分比有多少。随着数变得越来越大，这个百分比是否大致保持恒定？如果不是，它是增大还是减小？我们可以通过查找不同数值区间内的质数数目来经验地回答这个问题。我们发现，100 以内有 26 个质数，1 000 以内有 168 个，1 000 000 以内有 78 498 个，1 000 000 000 以内有 50 847 478 个。把这些质数数目除以相应的数值区间，我们便得到了下面这张表：

数值区间 1~N	质数数目	比率	$\frac{1}{\ln N}$	偏差（%）
1~100	26	0.260	0.217	20
1~1 000	168	0.168	0.145	16
$1\sim10^6$	78 498	0.078 498	0.072 382	8
$1\sim10^9$	50 847 478	0.050 847 478	0.048 254 942	**5**

从这张表上首先可以看出，随着数值区间的扩大，质数的相对数目在逐渐减少，但并不存在质数的终点。

有没有什么简单的办法能对质数在大数当中所占百分比的这种减小做出数学表示呢？有的，而且支配质数平均分布的法则堪称整个数学中最引人注目的发现之一。这条法则说：从 1 到任何更大的数 N 之间质数所占的百分比近似由 N 的自然对数的倒数所表示。[①]N 越大，这种近似就越精确。

从上表的第四栏可以查到 N 的自然对数的倒数。将它们与前一栏的值对比一下，就会看到两者非常接近，而且N越大就越接近。

和其他许多数论命题一样，上述质数定理起初也是凭经验发现的，而且长时间得不到严格的数学证明。直到 19 世纪末，法国数学家阿达马（Jacques Solomon Hadamard）和比利时数学家普桑（de la Vallée Poussin）才终于证明了它。其证明方法太过繁难，这里就不去解释了。

既然讨论整数，就不能不提到著名的费马大定理，尽管这个定理与质数的性质并无必然联系。这个问题可以追溯到古埃及，那里的每一个好木匠都知道，一个三边之比为 3:4:5 的三角形必定包含一个直角。事实上，古埃及人正是把这样一个三角形（现在被称为埃及三角形）用作木匠的曲尺。

公元 3 世纪时，亚历山大里亚的丢番图（Diophantes）开始思考这样一个问题：是否只有 3 和 4 这两个整数才满足其平方和等于另一个整数的平方？他证明，还有其他三个一组的整数（事实上有无穷多组）具有这样的性质，并且给出了找到这些整数的一般规则。这些三边均为整数的直角三角形被称为毕达哥拉斯三角形，埃及三角形是其中第一个。构造毕达哥拉斯三角形的问题可以简单地表述成解代数方程

$$x^2+y^2=z^2,$$

① 简单地说，一个数的自然对数可以定义为它的普通对数乘以 2.3026。

其中 x，y，z 须为整数。[①]

1621 年，费马在巴黎买了一本丢番图所著《算术》的法文译本，其中讨论了毕达哥拉斯三角形。费马读这本书时，在书页空白处作了一则简短的笔记，说虽然方程

$$x^2+y^2=z^2$$

有无穷多组整数解，但对于任何

$$x^n+y^n=z^n$$

类型的方程，当 n 大于 2 时永远没有整数解。

“我发现了一个绝妙的证明，”费马补充说，“但这里的空白太窄了，写不下。”

费马去世后，人们在他的图书室发现了丢番图的那本书，那则旁注的内容也公之于世。三百多年来，各国最优秀的数学家都在力图重建费马写那则旁注时所想到的证明，但至今未能成功。[②] 当然，在朝着终极目标迈进方面已经有了很大进展。一门

---

① 丢番图的一般规则是：取任意两个数 a 和 b，使 2ab 是一个完全平方数。令 $x=a+\sqrt{2ab}$，$y=b+\sqrt{2ab}$，$z=a+b+\sqrt{2ab}$。于是用代数方法很容易证明，$x^2+y^2=z^2$。用这个规则可以列出所有可能的解。最前面几个解是：

$3^2+4^2=5^2$（埃及三角形），

$5^2+12^2=13^2$，

$6^2+8^2=10^2$，

$7^2+24^2=25^2$，

$8^2+15^2=17^2$，

$9^2+12^2=15^2$，

$9^2+40^2=41^2$，

$10^2+24^2=26^2$。

② 费马大定理于 1995 年被英国数学家安德鲁·怀尔斯（Andrew Wiles）所证明。——译者

全新的数学分支，即所谓的“理想数理论”，在尝试证明费马大定理的过程中被创建出来。欧拉证明，方程 $x^3+y^3=z^3$ 和 $x^4+y^4=z^4$ 不可能有整数解。狄利克雷（Dirichlet）证明，$x^5+y^5=z^5$ 也是如此。通过几位数学家的共同努力，现已证明，当 n 的值小于 269 时，费马方程都不可能有整数解。不过，对指数 n 取任何值都成立的一般证明一直没能作出。人们越来越怀疑，费马要么根本没有作出证明，要么就是在证明过程中有什么地方弄错了。为了寻求这个问题的解答，曾经悬赏 10 万德国马克，这个问题因此变得红极一时。不过，那些为奖金而来的业余数学家的努力全都以失败而告终。

当然，这个定理也有可能是错误的，只要能找到一个例子，证明两个整数的某个相同高次幂之和等于另一个整数的同一次幂就可以了。不过在寻找这个例子时，我们只能使用比 269 更大的幂次，这可不是容易的事情啊。

二、神秘的 $\sqrt{-1}$

现在，我们来做点儿高级算术。二二得四，三三得九，四四一十六，五五二十五。因此，四的平方根是二，九的平方根是三，十六的平方根是四，二十五的平方根是五。[①]

但一个负数的平方根会是什么呢？$\sqrt{-5}$ 和 $\sqrt{-1}$ 这样的表达

---

① 其他许多数的平方根也很容易求出。例如 $\sqrt{5}=2.236...$，因为（2.236...）×（2.236...）= 5.000...；$\sqrt{7.3}=2.702...$，因为（2.702...）×（2.702...）=7.3000...。

式有什么意义吗?

如果你试图以理性的方式来理解这样的数，你一定会得出结论说，上述表达式没有任何意义。我们可以引用12世纪的印度数学家婆什迦罗（Brahmin Bhaskara）的话："正数的平方是正数，负数的平方也是正数。因此，正数的平方根有两个：一个正的、一个负的。负数没有平方根，因为负数不是平方数。"

但数学家都是固执的人。如果有某个看上去没有意义的东西不断出现在其公式中，他们就会尽力为其赋予意义。负数的平方根显然持续出现在各种地方，无论是过去的数学家所思考的简单算术问题，还是20世纪在相对论框架内将时间和空间统一起来的问题。

最早将负数的平方根这个看似没有意义的东西写到公式中的勇士是16世纪的意大利数学家卡尔丹（Cardan）。在讨论是否有可能将10分成乘积等于40的两部分时，卡尔丹表明，虽然这个问题没有任何有理解，但如果把答案写成 $5+\sqrt{-15}$ 和 $5-\sqrt{-15}$ 这两个荒谬的表达式就可以了。[①]

卡尔丹虽然承认这两个表达式没有意义，是虚构和想象的，但还是把它们写下来了。

如果有人敢把负数的平方根写下来，那么将10分成乘积等

---

① 验证如下：

$$(5+\sqrt{-15})+(5-\sqrt{-15})=5+5=10$$
$$(5+\sqrt{-15})\times(5-\sqrt{-15})$$
$$=(5\times5)+5\sqrt{-15}-5\sqrt{-15}-(\sqrt{-15}\times\sqrt{-15})$$
$$=25-(-15)=25+15=40。$$

于 40 的两部分的问题就迎刃而解了，尽管它们是虚构的。一旦打破坚冰，负数的平方根，或如卡尔丹所称的“虚数”，就越来越被数学家们频繁使用了，尽管使用时总是很有保留，并且要找适当的借口。在著名德国科学家欧拉 1770 年出版的代数著作中，我们看到了对虚数的大量运用。但作为缓和，他又加上了如下评论：“所有像 $\sqrt{-1}$ 、$\sqrt{-2}$ ……这样的表达式都是不可能的或想象中的数，因为它们表示的是负数的平方根。对于这类数，我们也许可以断言，它们既不是无，也不比无更多或更少。它们纯属虚幻或不可能。”

然而，尽管有这些毁谤和借口，虚数很快就成了数学中像分数或根式一样无法避免的东西。如果不使用虚数，几乎可以说寸步难行。

可以说，虚数家族代表着实数的一个虚构的镜像。正如我们从基本数 1 可以产生所有实数，我们也可以把 $\sqrt{-1}$ 当作虚数的基本数（通常用符号 i 表示），由它产生所有虚数。

不难看出，$\sqrt{-9} = \sqrt{\ } \times \sqrt{-1} = 3i$，$\sqrt{-7} = \sqrt{7} \times \sqrt{-1} = 2.646\ldots i$，等等，因此每一个实数都有自己的虚数搭挡。我们还能像卡尔丹起初所做的那样把实数和虚数结合起来，组成像 $5+\sqrt{-15}=5+\sqrt{15}\,i$ 这样的表达式。这种混合形式通常被称为复数。

闯入数学领域之后足足两个世纪，虚数仍然被一张难以置信的神秘面纱包裹着，直到两位业余数学家，即挪威的测量员韦塞尔（Wessel）和巴黎的簿记员阿尔冈（Robot Argand），最终对虚数做出了简单的几何解释。

按照他们的解释，一个复数，例如 $3+4i$，可以像在图 10 中那样表示出来，其中 3 对应着水平距离，4 对应着垂直距离。

事实上，所有实数（无论是正是负）都可以用横轴上的点来表示，所有纯虚数都可以用纵轴上的点来表示。我们把一个实数（代表横轴上的一个点）比如 3 乘以虚数单位 i，就得到了位于纵轴上的纯虚数 3i。因此，一个数乘以 i，在几何上等价于逆时针旋转 90° 。（见图 10）。

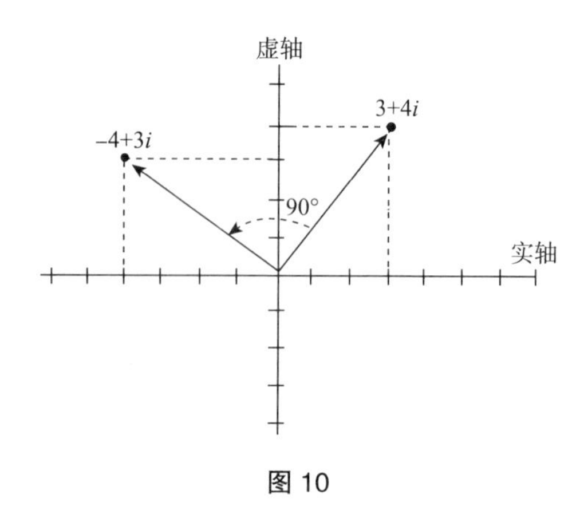

图 10

如果把 $3i$ 再乘以 i，则须再旋转 90° ，结果又回到了横轴，不过现在位于负数那一边。因此，

$$3i\times i=3i^2=-3,$$

或

$$i^2=-1。$$

说“i 的平方等于 -1”远比说“两次逆时针旋转 90° 便成反向”更容易理解。

当然，同样的规则也适用于混合的复数。把 $3+4i$ 乘以 i，我们得到

$$(3+4i)i=3i+4i^2=3i-4=-4+3i。$$

由图 10 立即可以看到，$-4+3i$ 这个点对应于 $3+4i$ 这个点围绕原点逆时针旋转 90°。同样，由图 10 也可以看出，一个数乘以 $-i$ 不过是它围绕原点顺时针旋转 90° 罢了。

如果你仍然觉得虚数蒙有一层神秘的面纱，那就让我们通过解决一个虚数有实际应用的简单问题来揭开它吧。

有一个喜欢冒险的年轻人，在他曾祖父的遗稿中发现了一张羊皮纸，上面透露了一个藏宝地点。它是这样写着的：

> 乘船至北纬____、西经____，[①] 即可找到一座荒岛。岛的北岸有一大片草地，草地上有一棵橡树和一棵松树。[②] 那里还能看到一个年代已久的绞架，那是我们曾经用来吊死叛变者的。从绞架走到橡树，记住走了多少步；到了橡树之后，向右转个直角再走这么多步，在那里打个桩。然后回到绞架朝松树走，记住所走的步数。到了松树之后，向左转个直角再走这么多步，在那里也打个桩。在两个桩的中间挖掘，即可找到财宝。

这些指令清楚而明确。于是，这位年轻人租了一条船驶往

① 为保密起见，这里略去了文件上实际给出的经纬度数字。

② 出于与前面同样的理由，这里也改变了树的名称。在热带的宝岛上显然会有其他各种树木。

南太平洋。他找到了这座岛，也找到了橡树和松树，但让他大失所望的是，绞架不见了。此时距离写下那份遗稿已经过去太长时间，风吹日晒雨淋已使绞架的木头彻底腐烂，归于泥土，当初所在的位置一点痕迹也没有留下来。

我们这位爱冒险的年轻人陷入了绝望。愤怒而狂乱的他开始在地上胡乱挖掘。但这个岛面积太大了，他的所有努力都付诸东流。一无所获的他只得返航。如今，那财宝可能还在岛上埋着呢！

这是一个不幸的故事，但更为不幸的是，如果这个小伙子懂点数学，特别是懂得如何运用虚数，他或许能够找到财宝。现在让我们为他找找看，尽管对他来说已经太晚了。

图 11　用虚数寻宝

把这个岛看成一个复数平面。过两树的根画出一轴（实轴），过两树的中点作另一轴（虚轴）与实轴垂直（见图 11）。取两树距离的一半作为我们的长度单位，于是可以说，橡树位于实轴上的 -1 点，松树位于 +1 点。我们不知道绞架在哪里，不妨用希腊字母 Γ（这个字母的样子倒像个绞架！）来表示它的假设位置。由于该位置并不一定在两根轴中的某一轴上，所以应把 Γ 看成一个复数，即 $\Gamma=a+bi$。

现在我们来做些简单的计算，别忘了前面讲过的虚数的乘法规则。如果绞架在 Γ，橡树在 -1，则两者的方位距离为

$$-1-\Gamma=-(1+\Gamma)。$$

同样，绞架与松树的方位距离为 $1-\Gamma$。根据上述规则，将这两段距离分别沿顺时针（向右）和逆时针（向左）旋转 90°，就是把它们分别乘以 $-i$ 和 i，这样便求出了我们打的两根桩的位置：

第一根桩：$(-i)[-(1+\Gamma)]+1=i(\Gamma+1)+1$，

第二根桩：$(+i)(1-\Gamma)-1=i(1-\Gamma)-1$。

由于财宝在两根桩的正中间，所以我们应求出上述两个复数之和的一半，即

$$\frac{1}{2}[i(\Gamma+1)+1+i(1-\Gamma)-1]=\frac{1}{2}(i\Gamma+i+1+i-i\Gamma-1)=\frac{1}{2}(2i)=i。$$

由此可见，Γ 所表示的绞架的未知位置已经从我们的运算过程中消失了。无论绞架在哪里，财宝都必定在 $+i$ 这个点上。

因此，如果这个年轻人能做这么一点简单的数学运算，他就无须在整个岛上挖来挖去，而只要在图 11 中打 × 的地方寻找财宝。

如果你仍然不相信，要找到财宝完全不需要知道绞架的位置，你可以在一张纸上标记出两棵树的位置，再为绞架假设几个不同的位置，然后按照羊皮纸上的指令去做。你将总是得到复数平面上对应于 $+i$ 的那个位置！

通过运用 -1 的平方根这个虚数，我们还找到了另一项隐秘的财宝：我们惊讶地发现，普通的三维空间能与时间结合成受四维几何学规则支配的四维空间。我们将在接下来的某一章讨论爱因斯坦的思想和他的相对论，届时会回到这一发现。

第二部分

空间、时间和爱因斯坦

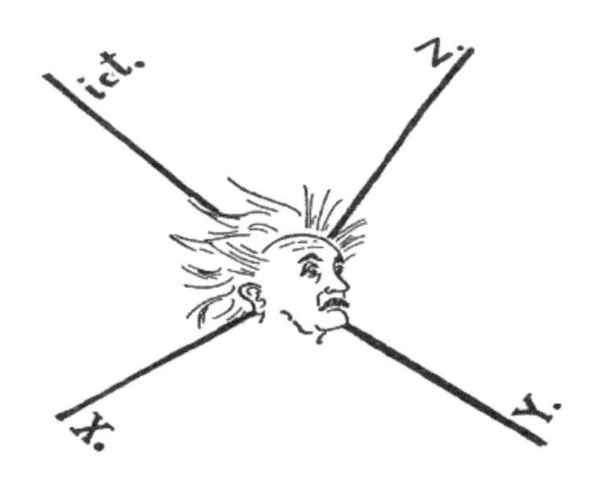

第三章　空间的不寻常性质

一、维数和坐标

我们都知道什么叫空间。但要精确地定义这个词的意思，我们恐怕又会张口结舌。我们也许会说，空间就是那个我们可以在其中前后、左右、上下移动的包围着我们的东西。存在着三个互相垂直的独立方向，这是我们生活于其中的物理空间的最基本的性质之一；我们说，这个空间是三个方向的或三维的。空间中的任何位置都可以通过这三个方向来确定。如果我们来到一座陌生的城市，向旅店服务员询问如何找到某家知名商号的办事处，那么他可能会说："向南走 5 个街区，然后向右拐再走 2 个街区，上到 7 层。"以上这三个数通常被称为坐标，在这个例子中规定了城市街道、楼层和原点（旅店厅堂）的关系。不过显然，同一地点的方位也可以由其他任何一点给出，只要使用一个能正确表达新原点与目的地之间关系的坐标系就行了。只要知道新坐标系相对于旧坐标系的位置，就可以通过简单的数学运算，用旧坐标表示出新坐标。这一过程被称为坐标变换。这里不妨补充一句，这三个坐标并不一定要由代表距离的数来表达；事实上在某些情况下，使用角坐标要更加方便。

例如，纽约的地址通常用一个由街和路所组成的直角坐标系来表示，而莫斯科的地址则要换成极坐标，因为这座古老的城市是围绕着克里姆林中心城堡发展起来的，它既有从城堡辐射出去的各个街道，又有若干条同心的环路。因此人们会很自然地说，某座房子位于比如克里姆林宫正北与西北正中间（north-north-west）的第 20 个街区。

直角坐标系和极坐标系的另一个经典例子是俄国的海军部大厦和华盛顿的美国陆军部五角大楼，这是二战期间参与战争工作的每一个人所熟知的。

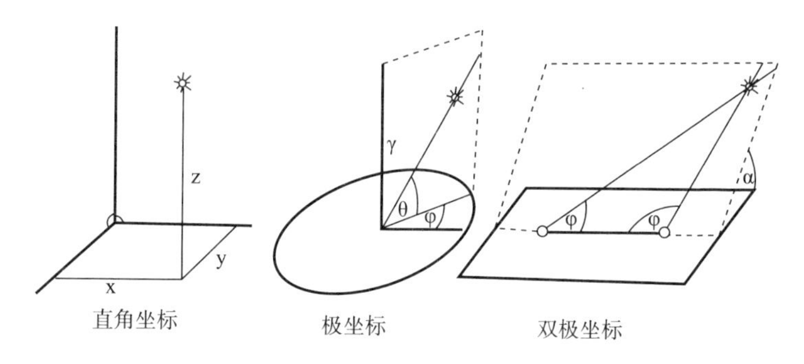

图 12　这几个例子表明如何能用三个坐标来表示空间中某一点的位置，其中有些坐标是距离，有些坐标是角度。但无论选择什么系统，我们都需要三个数据，因为我们讨论的是三维空间

我们这些拥有三维空间概念的人虽然很难想象高于三维的超空间（尽管我们稍后会看到，这样的空间是存在的），但却很容易想象低于三维的子空间。平面、球面或其他任何表面都是二维的子空间，因为只需两个数就可以描述表面上的任何一点。同样，线（直线或曲线）是一维的子空间，因为只需一个数就可以描述线上的某个位置。我们还可以说，点是零维的子空间，因为一个点内没有两个不同位置。不过，谁会对点感兴趣呢！

作为三维生物的我们觉得理解线和面的几何性质要比理解三维空间的几何性质容易得多，因为我们是三维空间的一部分，可以“从外面”观察线和面。因此，我们很容易理解曲线或曲面是什么意思，而一听说三维空间也可以弯曲便会大吃一惊。

但只要稍作练习，并且了解了“曲率”一词的真实含义，你就会发现弯曲三维空间的概念其实非常简单。到下一章结束时，（我们希望）你甚至能够轻松地谈论一个初看起来非常可怕的概念，那就是弯曲的四维空间。

不过在讨论那些内容之前，我们先来做一些有关普通三维空间、二维表面和一维的线的思维训练。

二、不量尺寸的几何学

根据我们中学时的记忆，几何学是关于空间量度的科学，[①] 其内容主要是涉及各种距离和角度之间数值关系的一大堆定理（例如，著名的毕达哥拉斯定理就与直角三角形的三条边有关）。然而，空间的许多最基本性质并不需要测量长度或角度。讨论这些内容的几何学分支被称为位置分析（analysis situs）或拓扑学

① “几何学”（geometry）一词源自 *ge*（大地）和 *metrein*（测量）这两个希腊词。在构造这个词的时候，古希腊人对这门学科的兴趣似乎主要来源于他们的不动产。

（topology）[①]。

兹举一个典型拓扑学的简单例子。考虑一个封闭的几何面，比如一个球面，它被一张线网划分成许多区域。为此，我们可以在球面上任选一些点，用不相交的线将它们连接起来。那么，这些点的数目、相邻区域之间边界线的数目以及区域的数目之间有什么关系呢？

首先，如果把这个圆球挤成南瓜状的扁球，或者拉成黄瓜状的长条，那么点、线、区域的数目显然还和圆球时一样。事实上，我们可以取随意挤压拉扯（除了切割或撕裂）一个橡皮球时所能得到的任何封闭表面，对上述问题的表述和回答都不会有任何改变。这与一般几何学中的数值关系（比如线的长度、面积、体积之间的关系）截然不同。事实上，如果把一个正方体拉扯成一个平行六面体，或者把球体压成饼形，这些关系会发生很大变化。

对于这个已经划分成若干个区域的球体，我们现在可以将它的每一个区域都压平，这样一来，该球体就变成了一个多面体（图 13）；现在，不同区域的边界变成了多面体的边，原先选定的点则成了多面体的顶点。

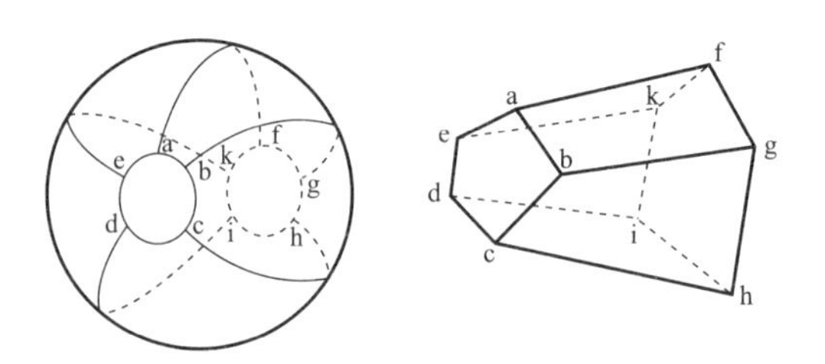

图 13　一个划分成若干区域的球体变形为一个多面体

① 这个词在拉丁文和希腊文中的意思都是对位置的研究。

现在，我们之前那个问题就可以重新表述成（其含义没有任何改变）：一个任意形状的多面体的顶点数、边数和面数之间是什么关系？

图 14 显示了五种正多面体（即所有面都有同样数目的边和顶点）和一个纯粹凭想象画出的不规则多面体。

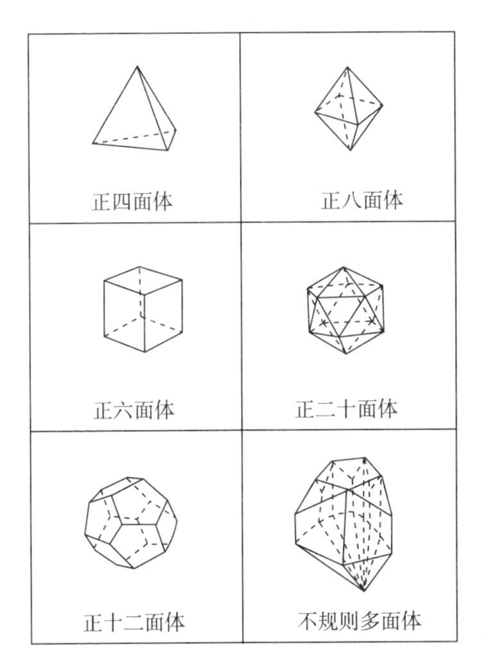

图 14　五种正多面体（只可能有这五种）和一个不规则的古怪多面体

我们可以数一数这些几何体各自拥有的顶点数、边数和面数，看看这三个数之间有没有什么关系？

通过计数，我们可以制得下表。

多面体名称	顶点数 V	边数 E	面数 F	$V+F$	$E+2$
四面体	4	6	4	8	8
六面体	8	12	6	14	14
八面体	6	12	8	14	14
二十面体	12	30	20	32	32
十二面体	20	30	12	32	32
“古怪体”	21	45	26	47	47

初看起来，前三栏的数字好像没有什么明确的关系。但稍作研究就会发现，顶点数 V 与面数 F 之和总是比边数 E 大 2。于是我们可以写出这样一个数学关系：

$$V+F=E+2。$$

这种关系是只适用于图 14 所示的这五种特殊多面体，还是适用于任何多面体呢？如果你试着画出几种不同的多面体，数出它们的顶点、边和面，你会发现上述关系依然成立。由此可见，V+F=E+2 是一条一般的拓扑学定理，因为这个关系式并不依赖于对边长或面积的测量，而只涉及若干种不同的几何学单位（顶点、边、面）的数目。

我们方才发现的多面体的顶点数、边数和面数之间所满足的这一关系是 17 世纪著名的法国数学家笛卡儿（René Descartes）最先注意到的。稍后，另一位数学天才欧拉对它做出了严格证明，如今它被称为欧拉定理。

以下是对欧拉定理的完整证明，引自库朗（R. Courant）和罗宾斯（H. Robbins）的著作《数学是什么？》（*What Is*

Mathematics?),[①] 我们可以看看这种证明是如何完成的。

为了证明欧拉的公式，让我们把给定的简单多面体想象成中空的，其表面由橡皮薄膜制成［图 15a］。如果切掉这个中空多面体的一个面，并把其余表面摊成一个平面［图 15b］。在此过程中，多面体各个面的面积和各个边之间的角度当然都会改变。不过，该平面网络中顶点和边的数目仍与原多面体一样多，而由于切掉了一个面，多边形的数目将比原多面体的面数少一个。现在我们将证明，对于这个平面网络，V−E+F=1。于是，如果把切掉的那个面算进去，结果就成了：对于原多面体来说，V−E+F=2。

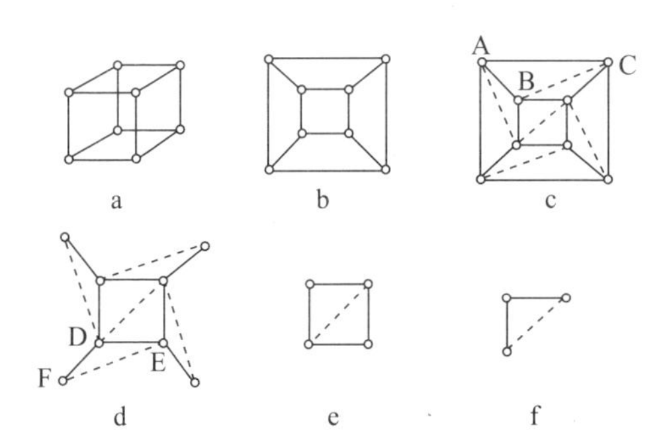

图 15　对欧拉定理的证明。该图显示的是正方体的情况，但结论对于任何其他多面体都成立

① 因这里给出的几个例子而对拓扑学问题感兴趣的读者，可以在《数学是什么？》中找到更详细的讨论。

首先，我们给这个平面网络中某个不是三角形的多边形画出对角线，从而把该平面网络“三角形化”。这样一来，E和F都会增加1，因此V–E+F的值保持不变。这样持续画出对角线，直到最后整个图形都由三角形所组成［图15c］。在这个三角形化的网络中，V–E+F仍和划分成三角形之前的值一样，因为画对角线并不改变这个值。

一些三角形的边位于该网络的边缘，其中有的三角形（例如△ABC）只有一条边位于边缘，有的三角形则可能有两条边位于边缘。任取一个这样的边缘三角形，把它的那些不同时属于其他三角形的部分移去［图15d］。这样一来，从△ABC，我们移去了AC边和面，留下了顶点A、B、C和两条边AB、BC；从△DEF，我们移去了面、两条边DF、FE以及顶点F。

在△ABC类型的移去法中，E和F都减少1，而V不变，因此V–E+F保持不变。在△DEF类型的移去法中，V减少1，E减少2，F减少1，因此V–E+F同样保持不变。以恰当的顺序逐步拿掉这些边缘三角形，直到只剩下一个三角形和它的三条边、三个顶点和一个面。对于这个简单的网络，V–E+F=3–3+1=1。但我们已经看到，随着三角形的减少，V–E+F并不发生改变，因此在原来那个平面网络中，V–E+F也必定等于1。而这个网络比原多面体少一个面，因此对于完整的多面体来说，V–E+F=2。这便证明了欧拉的公式。

欧拉公式的一个有趣推论是：只可能存在五种正多面体，即图 14 所示的那五种。

然而，如果认真检查一下前面几页的讨论，你也许会注意到，在绘制图 14 所示的“各种不同的”多面体以及用数学推理来证明欧拉定理时，我们都作了一个隐秘的假设，导致我们对多面体的选择受到了很大限制。也就是说，我们只能选择那些没有任何孔眼的多面体。我们所说的孔眼并不是指橡皮球上的破洞那样的东西，而是类似于面包圈或橡皮轮胎当中那个闭合的窟窿。

我们只要看看图 16 就清楚了。这里有两个不同的几何体，它们和图 14 所示的几何体一样也是多面体。

现在我们来看看欧拉定理是否适用于这两个新的多面体。

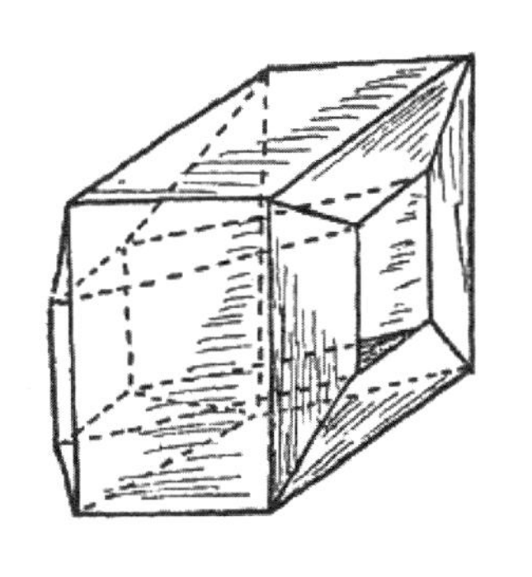
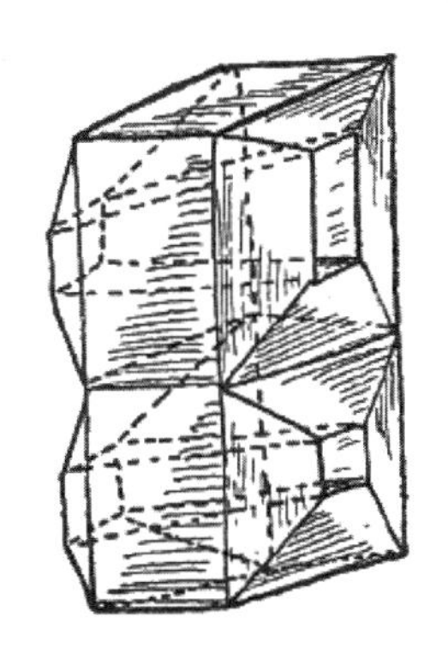

图 16　分别穿有一个和两个孔眼的两个立方体状的东西。其各个面不都是严格的矩形，但正如我们所看到的，这在拓扑学中无关紧要

对于第一个几何体，我们总共可以数出 16 个顶点、32 条

边和 16 个面；于是，V+F=32，而 E+2=34，不对了。对于第二个几何体，我们总共可以数出 28 个顶点、46 条边和 30 个面；V+F =58，E+2=48，同样不对。

为什么会这样呢？我们前面对欧拉定理所作的一般证明对于这两个例子为什么失效了？

问题当然在于，我们前面考虑的所有多面体都可以看成一个球胆或气球，而这里的新型中空多面体却更像轮胎或更复杂的橡胶制品。前面给出的数学证明无法运用于后面这类多面体，因为对于这类多面体，我们无法完成证明所必需的所有操作——“切掉这个中空多面体的一个面，并把其余表面摊成一个平面”。

如果拿一个球胆，用剪刀切掉它的一部分表面，你将很容易满足这个要求。但对于一个轮胎却无法做到。倘若看了图 16 还不相信这一点，你可以找个旧轮胎试试！

但不要以为对于这种更复杂的多面体，V、E 和 F 之间就没有关系了。关系是有的，但有所不同。对于面包圈形的，或者说得更科学一些，对于环面形（torus）的多面体来说，V+F=E，而对于扭结形（pretzel）的多面体来说，V+F=E–2。一般说来，V+F=E+2–2N，其中 N 为孔眼的数目。

另一个典型的拓扑学问题与欧拉定理密切相关，那就是所谓的“四色问题”。假定有一个被划分成若干区域的球面，现在要给这些区域涂上颜色，要求任何两个相邻的区域（即拥有共同边界的区域）不能有同一种颜色。那么，要想完成这项工作，最少需要几种颜色呢？显然，两种颜色一般来说是不够用的，因为当三条边界交于一点时（比如美国地图上的弗吉尼亚州、西弗吉尼亚州和马里兰州，见图17），就需要三种不同的颜色。

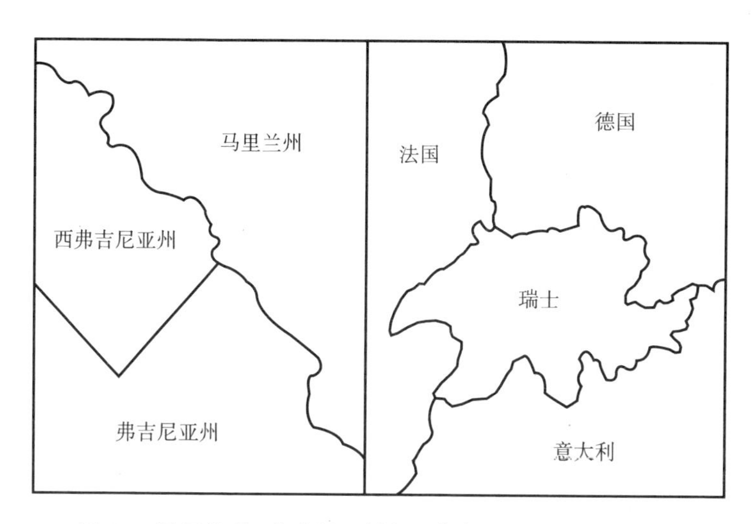

图17　马里兰州、弗吉尼亚州和西弗吉尼亚州的地图（左）以及瑞士、法国、德国和意大利的地图（右）

要找到需要四种颜色的例子也不难，比如德国吞并奥地利时期的瑞士地图（图17）。[①]

但无论你怎么努力，也想象不出一张非得用四种以上颜色的地图，无论在球面上还是一张纸上。[②] 看来，无论把地图构造得多么复杂，用四种颜色就足以避免边界处的任何相混了。

---

① 德国吞并前用三种颜色就够了：瑞士用绿色，法国和奥地利用红色，德国和意大利用黄色。

② 就涂色问题而言，平面地图和球面地图的情况是相同的，因为解决了球面地图的问题之后，我们总能在某个上色区域开一个小洞，然后把余下的表面“摊开”在平面上。这仍然是一个典型的拓扑学变换。

不过，如果这种说法是正确的，就应该能用数学方法证明它。然而，经过几代数学家的努力，仍然未能做到这一点。这是那种几乎无人怀疑、但也无人能够证明的数学陈述的一个典型案例。我们现在只能从数学上证明五种颜色总是够用的。这个证明是将欧拉关系应用于国家数、边界数和若干个国家交会的三重、四重等交点数而得出的。

这个证明非常复杂，写下来会离题太远，这里就不赘述了。读者可以在各种拓扑学著作中找到它，并且在沉思中度过一个愉快的夜晚（说不定还会一夜无眠）。如果有谁能够证明无需五种、只需四种颜色就足以给任何地图上色，或者，如果对这种说法的有效性产生怀疑，能够画出一幅四种颜色也不够用的地图，那么无论哪种情况成功了，他的大名都会经常出现在未来几个世纪的纯粹数学年鉴上。

颇具讽刺意味的是，这个上色问题在球面或平面的情况下怎么也求解不得，而对于面包圈形或扭结形等更为复杂的表面却能以相对简单的方式得到解决。例如，人们已经最终证明，无论对面包圈形的表面作怎样的划分，要使它的相邻区域的颜色有所不同，最多需要七种颜色。实际需要七种颜色的例子也已经给出。

读者如果不厌其烦，可以找一个充气轮胎和七种不同颜色的油漆给轮胎上色，使每一种颜色的区域都与另外六种颜色的区域相邻。做完之后，他就可以说他“对面包圈形的表面的确了如指掌”了。

三、把空间翻过来

到目前为止，我们一直在讨论各种表面也就是二维空间的拓扑学性质。但类似的问题显然也可以针对我们生存于其中的三维空间提出。这样一来，地图上色问题在三维情况下的推广就可以表述成：要把由不同材料制成的各种形状的镶嵌图案拼成一个空间，使得没有任何两块由同一种材料制成的镶嵌图案有共同的接触面，那么需要用多少种材料？

上色问题在球面或环面上的三维类比是什么呢？能不能想出一些不同寻常的空间，它们与普通空间的关系就如同球面或环面与普通平面的关系？初看起来，这个问题似乎没有什么意义。事实上，我们虽然很容易想到许多不同形状的表面，却往往认为只可能有一种三维空间，即我们生活于其中的那个熟悉的物理空间。但这种看法是一种危险的幻觉。只要稍微发动一下想象力，我们就能想出与欧几里得几何教科书中所讲空间截然不同的一些三维空间。

设想这类古怪空间的主要困难在于，我们本身是三维生物，我们只能“从内部”打量这个空间，而不能像在观察各种怪异表面时那样“从外部”去打量。不过，经过一番思维训练，我们是能够征服这些怪异空间的。

我们首先来建立一个性质与球面相似的三维空间模型。当然，球面的主要性质是：它没有边界，但有有限的面积；它转过来自我封闭。我们能否设想一个三维空间，它以类似的方式自我封闭，从而有有限的体积而无明确边界呢?

考虑两个球体，它们各自被自己的球面所限，就像苹果被自己的外皮所限一样。现在，设想这两个球体“相互穿过”，沿外表面连在一起。当然，这并不是说我们能把两个物体（比如两个苹果）挤得相互穿过，从而使其表皮粘连在一起。苹果能被挤碎，但永远也不会相互穿过。

或者，我们可以设想有个苹果被虫子吃出了错综复杂的通道。假定有黑色和白色两种虫子，它们彼此厌恶，在苹果内的各自通道绝不相通，尽管可以始于苹果皮上的相邻两点。一个被这两种虫子蛀来蛀去的苹果最后会像图 18 那样，出现两个紧密交缠、布满整个苹果内部的通道网络。然而，尽管黑虫和白虫的通道可以很接近，要想从一半迷宫走到另一半迷宫，却必须先到表面才行。如果设想通道变得越来越细，数目越来越多，最后苹果内将会有两个互相交叠的独立空间，它们仅在共同表面上相连。

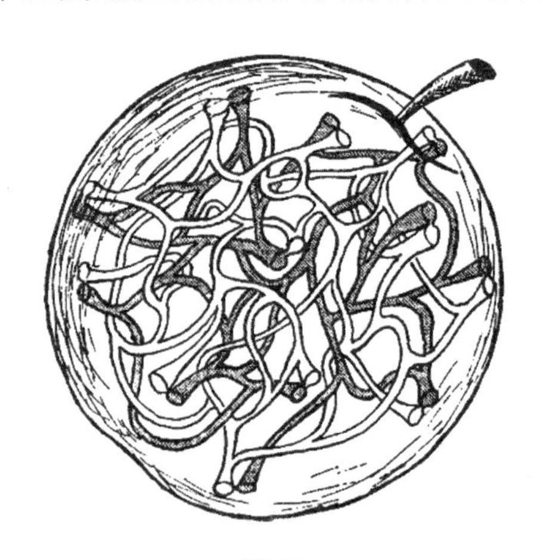

图 18

如果你不喜欢虫子，可以设想一种类似于纽约世界博览会的巨型球体建筑中那种双走廊双楼梯系统。设想每一套楼梯系统都盘旋穿过整个球体，但要从其中一套系统的某个点到达另一套系统的临近点，只能先走到球面上两套系统的会合处，然后再往回走。我们说这两个球体互相交叠而彼此不相干涉，你的朋友可能离你很近，但要见到他、握个手，你必须兜很大的圈子！需要注意的是，这两套楼梯系统的连接点其实与球内的任何其他点并无不同，因为总可以使整个结构变形，把连接点推到里面，把以前里面的点弄到表面。关于我们的模型，第二点要注意的是，虽然两套通道的总长度是有限的，但没有“死胡同”。你可以不断穿过走廊和楼梯，而不会被墙壁或栅栏挡住；如果你走得足够远，你最终一定能回到你的出发点。从外面审视整个结构，我们可以说，在这迷宫中穿行的人最终总会回到其出发点，因为楼梯会逐渐转到反方向。但对于处在内部而不知“外面”为何物的人来说，空间将表现为有限尺寸而无明确边界的东西。我们将在后面看到，这种没有明显边界但并非无限的“自我封闭的三维空间”在讨论整个宇宙的性质时是非常有用的。事实上，用最强大的望远镜所作的观测似乎表明，在如此遥远的距离处，空间开始弯曲，显示出一种返折回来自我封闭的明显趋势，就像苹果被虫子蛀出通道的那个例子一样。但在讨论这些令人兴奋的问题之前，我们还得再了解一下空间的其他性质。

关于苹果和虫子，我们还没有讲完。下一个问题是：能否把一个被虫子蛀过的苹果变成一个面包圈呢？当然，这并不是说要使苹果尝起来像面包圈，而只是说让它看起来像面包圈；我们在讨论几何学，而不是烹饪术。让我们取一个上一节所讨论的"双苹果"，也就是两个"相互穿过"且表皮"粘连在一起"的新鲜苹果。假设有一只虫子在其中一个苹果中蛀出了一条环形通道，如图 19 所示。请记住，是在一个苹果中蛀的，所以通道外的每一点都是属于两个苹果的双重点，而通道内则只有那个未被虫蛀过的苹果的物质。这样一来，我们这个"双苹果"就有了一个由通道内壁组成的自由面（图 19a）。

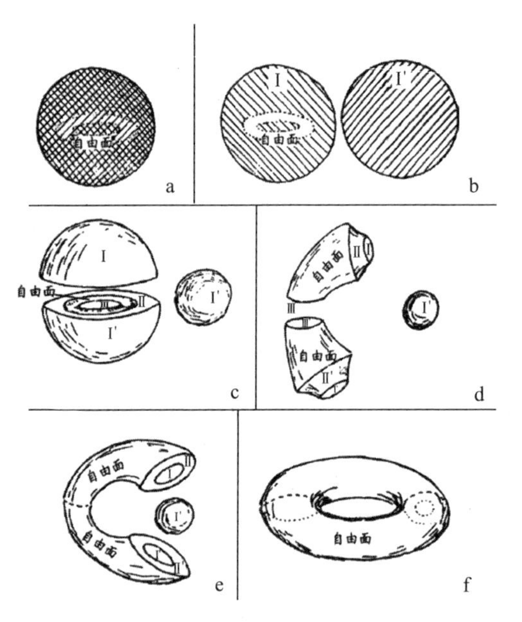

图 19 如何将一个被虫子蛀过的双苹果变成一个面包圈。不是魔术，只有拓扑！

你能改变这个受损苹果的形状，将它变成一个面包圈吗？当然，这要假设苹果有很大的可塑性，可以随意捏成什么样子，唯一的条件是苹果不会发生破裂。为了便于操作，我们可以把苹果切开，只要在完成所需的变形之后还能将切口粘起来。

首先，我们把形成“双苹果”的两个部分的表皮解开，从而将两个苹果分开（图 19b）。为了便于在接下来的各个步骤中进行追踪，我们用Ⅰ和Ⅰ′这两个数字来表示这两张剥离开的表皮，最后我们还会把它们重新粘起来。接着，将那个包含着虫蛀通道的苹果切开（图 19c），这便切出了两个新的面，分别标记为Ⅱ、Ⅱ′和Ⅲ、Ⅲ′，以后还会把它们粘回去。通道的自由面也显示出来了，它必定会成为面包圈的自由面。现在，让我们按照图 19d 所示来拉伸这几个碎块，这个自由面被拉伸成了很大一块（不过按照我们的假定，这里使用的材料可以任意伸缩！）。与此同时，切开的面Ⅰ、Ⅱ、Ⅲ的尺寸都减小了。当我们对“双苹果”的前一半做手术时，也必定会把另一半压缩成樱桃大小。现在，我们要开始沿着切口往回粘了。第一步很容易，先把Ⅲ、Ⅲ′粘在一起，得到图 19e 所示的形状。再把缩小的苹果放在由此形成的两钳口之间。收拢两钳口，球面Ⅰ将与Ⅰ′重新粘在一起，切面Ⅱ和Ⅱ′也将合在一起。这样，我们便得到了一个光滑而精致的面包圈。

做这一切有什么意义呢？

没有什么意义，只是让你在想象中做做几何学练习，这种思维体操有助于你理解弯曲空间和自我封闭空间这样的异乎寻常的东西。

如果你愿意再扩展一下想象力，我们可以看看上述做法的一个“实际应用”。

你大概从未想过，你的身体也曾有过面包圈的形状吧。事实上，任何生命体在其发育的最初阶段（胚胎阶段）都要经历所谓的“原肠胚”阶段。在这个阶段中，它呈球形，一条宽阔的通道横穿其中。食物从通道的一端进入，待生命体摄取了有用成分之后，剩下的东西从另一端排出。在发育成熟的生命体中，内部通道变得更细、更复杂，但主要原则依然不变：面包圈形的所有几何性质都没有改变。

好了，既然你也是个面包圈，现在尝试逆着图19的方式作个变形——（在思想中！）努力把你的身体变成一个拥有内部通道的双苹果。特别是，你会发现，你身体中彼此部分交叠的不同部分将会形成“双苹果”的果体，而包括地球、月亮、太阳和星辰在内的整个宇宙将被挤入内部的圆形通道！

试着画画看它是什么样子。如果你画得不错，连达利（Salvado Dali）本人也要承认你的超现实主义画作技高一筹了！（图20）

图20　里面翻到外面的宇宙。这幅超现实主义画作画的是一个人边在地球表面上行走，边抬头看星星。这幅画按照图19所示的方法作了拓扑变换。于是，地球、太阳和星辰都挤在贯穿人体的一个狭窄通道中，周围则是他的内部器官

虽然本节已经很长，但在结束它之前，我们还要讨论一下左手系、右手系物体及其与空间一般性质的关系。介绍这个问题最方便的办法是从一副手套谈起。比较一下一副手套（图 21），你会发现它们在各方面都是相同的，但有一个重大差异：你无法把左手套戴到右手上，也无法把右手套戴到左手上。你可以随意将它们扭来转去，但左手套永远是左手套，右手套永远是右手套。左手系物体与右手系物体的这种区别还可见于鞋子的形状、汽车的转向机构（美国的和英国的）、高尔夫球棍以及其他许多物体。

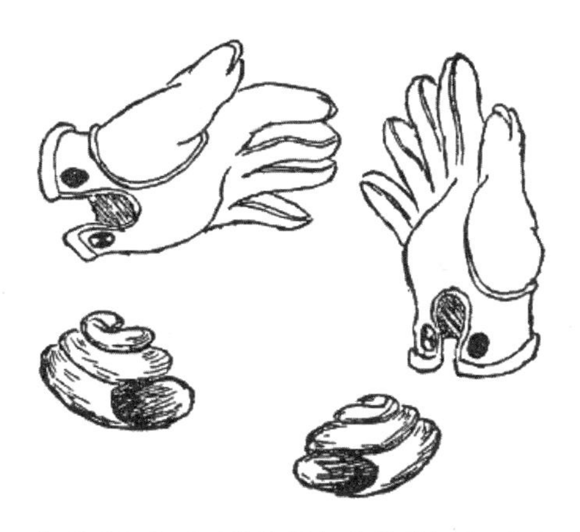

图 21　右手系和左手系物体看起来非常相像，但极为不同

另一方面，像礼帽、网球拍等许多东西就没有显示出这种差别。没有人会傻到要去商店订购几只左手用的茶杯。如果有人让你找邻居借一个左手用的活动扳手，那肯定是个恶作剧。那么，这两种东西有什么区别呢？稍作思考你就会注意到，像礼帽和茶杯这样的东西都有一个我们所谓的对称平面，沿这个平面可将它们切成两个相等的部分。而手套和鞋子就没有这样的对称平面。无论你如何努力，你都无法把一只手套切成两个相同的部分。如果某个物体没有对称平面，或如我们所说是非对称的，那么它就有左手系和右手系两种类型。其差别不仅表现于手套或高尔夫球杆这样的人造物体，在自然界中也很常见。例如，存在着两种蜗牛，它们在所有其他方面都相同，唯独建房子的方式不同：一种蜗牛的壳沿顺时针盘旋，另一种则沿逆时针盘旋。甚至连分子这种组成各种不同物质的微粒，也常常有左旋和右旋两种形态，就像左、右手套以及顺时针和逆时针盘旋的蜗牛壳一样。当然，你是看不见分子的，但这种不对称性可以显示于这些物质的晶体形态和某些光学性质。例如，糖有左旋糖和右旋糖两类；还有两种吃糖的细菌，每种细菌只吃与之对应的那种糖，信不信由你。

如前所述，将一个右手系物体（例如一只右手套）变成左手系物体似乎是完全不可能的。但果真如此吗？我们能否设想出某种可以做到这一点的奇妙空间呢？为了回答这个问题，让我们从生活在面上的扁平居民的角度来考察它，我们可以从更优越的三维地位来观察这些居民。图 22 描绘了只有两维空间的扁平国的可能居民的几个例子。那个手提一串葡萄的站立者可称为“正面人”，因为他只有“正面”而没有“侧面”。而他身边的动物则是一头“侧面驴”，或者说得更确切些，是一头“右侧面驴”。当然，我们也能画出一头“左侧面驴”。由于这两头驴都被限定于这个面上，所以从二维的观点来看，它们的不同就如同我们三维空间中的左右手套。你无法将“左驴”与“右驴”交叠起来，因为要使它们鼻子挨着鼻子、尾巴挨着尾巴，就得把其中一头驴子翻个个儿，这样一来，它可就四脚朝天，无法站立咯。

图 22　生活在平面上的二维“影子生物”的样子。这种二维生物很不“现实”。此人有正面而无侧面，他无法将手里的葡萄送入口中。那头驴子倒可以吃到葡萄，但它只能向右走，要想左移只能退着走。驴子退着走倒并非罕见，但毕竟不太像样

不过，若将一头驴子从面上取出，在空间中翻转一下再放回去，两头驴子就会变得一样。同理也可以说，若把一只右手套沿第四方向拿出我们这个空间，适当地旋转一下再放回去，就可将它变成一只左手套。但我们的物理空间并无第四方向，所以只能认为上述方法是不可能做到的。那么，有没有别的办法呢？

现在，我们还是回到二维世界，不过不是考虑图 22 所示的普通平面，而是考虑所谓“莫比乌斯面”（surface of Möbius）的性质。这种面的名字得自于一个世纪以前最早对它进行研究的德国数学家。拿一个长长的纸条，将其一端拧个弯，然后把两端粘成一个环，便轻而易举地得到了莫比乌斯面。图 23 显示了这个环的具体做法。这种面有许多特殊性质，其中一个性质很容易发现：拿剪刀沿一条与边缘平行的线（沿着图 23 中的箭头）剪一圈，你一定会预期这样会把这个环剪成两个分离的环。但做了之后你就会发现猜错了：你得到的不是两个环，而是一个环，它是原有环的两倍长、一半宽！

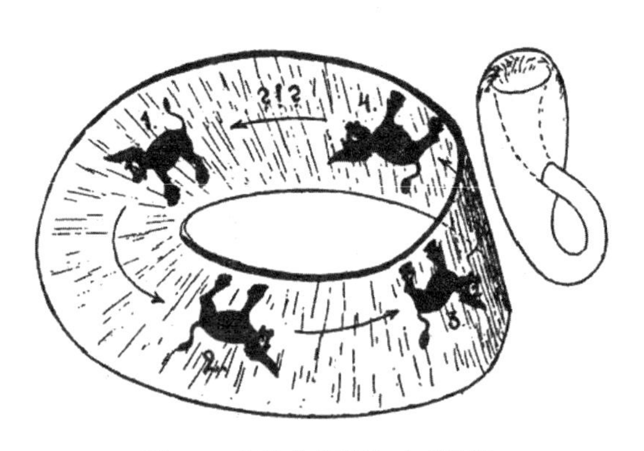

图 23　莫比乌斯面和克莱因瓶

让我们看看一头影子驴沿着莫比乌斯面走一圈会发生什么。假定它从位置 1（图 23）出发，此时看它是头“左侧面驴”。从图上可以清楚地看出，它走啊走，经过了位置 2 和位置 3，最后又接近了出发点。但不仅你感到奇怪，它也感到纳闷，自己竟然处在蹄子朝上的古怪位置（位置 4）。当然，它能在面上转一下使蹄子落地，但这样一来，头的朝向又不对了。

简而言之，沿着莫比乌斯面走一圈之后，我们这头“左侧面驴”变成了“右侧面驴”。别忘了，在此过程中，驴子一直处在面上而未被拿出来在空间翻转。于是我们发现，在一个扭曲的面上，只要绕过扭曲处，左手系物体就可以变成右手系物体，反之亦然。图 23 所示的莫比乌斯带是被称为“克莱因瓶”（如图 23 右边所示）的更一般的面的一部分。这种瓶只有一个面，自我封闭而没有明显的边界。如果这在二维的面上是可能的，那么同样的情况也可以在三维空间中发生，只要以恰当的方式将它扭曲。当然，设想空间中的莫比乌斯扭曲绝非易事。我们不能像看驴所在的面那样从外部来看我们的空间，当我们身在其中时，看清楚事物总是很难的。但天文空间自我封闭并以莫比乌斯的方式发生扭曲，这并非不可能。

如果真是如此，那么宇宙旅行家回到地球时，其心脏将位于胸腔右侧。手套和鞋子的制造商或许能够得益于生产过程的简化：他们只需制造同一种鞋子和手套，然后把一半物品装入飞船环绕宇宙一周，这样就能满足另一半的手脚所需了。

我们就用这个荒诞的奇思异想来结束关于不寻常空间的不寻常性质的讨论吧。

第四章　四维世界

一、时间是第四维

第四维这个概念通常被神秘和怀疑所笼罩。我们这些只有长、宽、高的生物如何敢谈及四维空间呢？凭借我们全部的三维智力，有可能设想一个四维的超空间吗？一个四维的立方体或球体会是什么样子呢？我们说“想象”一条尾巴披鳞、鼻孔喷火的巨龙，或者一架带有游泳池、机翼上有两个网球场的超级客机时，实际上是在心灵中描绘这些东西真的突然出现在我们面前时的样子。我们是以那个所有普通物体（包括我们自己在内）都位于其中的大家所熟悉的三维空间为背景来描绘这幅图像的。如果这就是“想象”一词的含义，我们就无法以普通三维空间为背景来想象一个四维的物体，一如我们无法将三维物体压入平面。不过且慢，在某种意义上我们的确可以将一个三维物体压入平面，那就是在平面上画出这个三维物体。不过，在所有这些情况下，我们当然不是用一台水压机或任何其他物理的力量来实现的，而是用所谓的几何“投影”法进行的。由图24立即可以看出将物体（例如马）压入平面的这两种方法的区别。

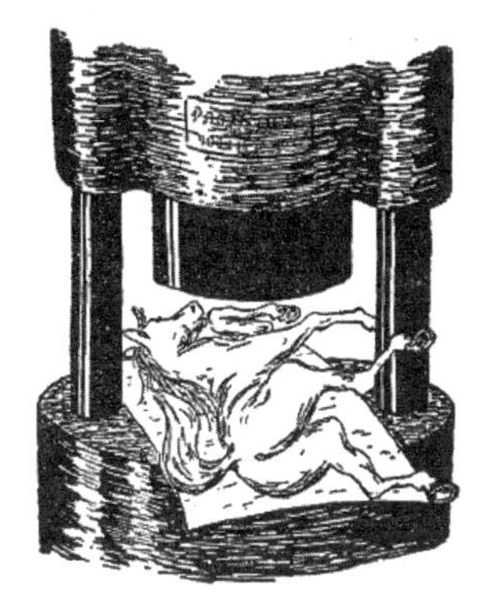

图 24　将一个三维物体"压"入二维表面的错误方法和正确方法

通过类比，我们现在可以说，虽然不可能把一个四维物体完全"压"入三维空间，但可以讨论各种四维物体在我们这个三维空间中的"投影"。不过要记住，正如三维物体的平面投影是二维图形或平面图形，四维超物体在我们这个普通三维空间中的投影是立体图形。

为了把问题说得更清楚一些，我们先来考虑生活在面上的二维影子生物会如何构想一个三维立方体。不难想象，作为优越的三维生物，我们可以从上面即从第三个方向来打量二维世界。将立方体"压"入平面的唯一途径就是以图 25 所示的方法将它"投影"到那个平面上。旋转这个立方体，可以得到各种其他投影。通过观察这些投影，我们的二维朋友们至少能对这个被称为"三维立方体"的神秘形体的性质形成某种认识。他们无法"跳出"自己的面，像我们一样来看这个立方体。不过仅仅通过观察投影，他们也能说（比如）这个立方体有八个顶点和十二条边。现在看图 26，你会发现自己的处境和那些只能看到普通立方体在面上投影的可怜的二维影子生物完全相同。事实上，图中那家人正在惊愕万分地研究的那个复杂的古怪结构，正是一个四维的超正方体在我们这个普通三维空间中的投影。①

图 25　二维生物们正在惊奇地打量一个三维立方体在其表面上的投影

图 26　四维空间的来客！一个四维超正方体的正投影

① 更确切地说，图 26 给出的是一个四维的超正方体在我们三维空间中的投影在纸面上的投影。

认真考察这个形体，你很容易看到让图 25 中的影子生物困惑不已的那些特征：普通立方体在平面上的投影是两个正方形，一个套在另一个里面，且顶点与顶点相连；而超正方体在普通空间中的投影则是两个立方体，一个套在另一个里面，顶点也以类似的方式相连。数一数就会看到，一个超正方体共有 16 个顶点、32 条边和 24 个面。好一个正方体，不是吗？

现在我们来看看四维球体是什么样子。为此，我们最好先看一个较为熟悉的例子，即一个普通球体在平面上的投影。例如设想将一个标记有大陆和海洋的透明球体投射到一面白墙之上（图 27）。在这一投影中，两个半球当然会彼此重叠，而且从投影上看，我们也许会以为美国纽约和中国北京距离很近。但这只是一种表面的印象。事实上，投影上的每一点都代表实际球体上两个相对的点，一架从纽约飞往中国的飞机，它在球体上的投影将先移到平面投影的边缘，然后再返回来。虽然两架不同飞机在图上的投影可能会重叠，但如果它们“实际”在地球的两侧飞行，那是不会相撞的。

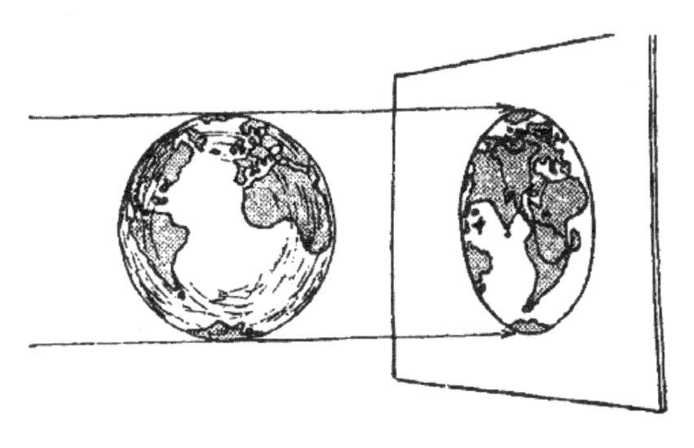

图 27　地球的平面投影

这些便是普通球体的平面投影的性质。只要对想象力稍作发挥，我们便不难看出四维超球体的空间投影是什么样子。正如普通球体的平面投影是两个（点对点）叠在一起、只沿外圆周相连的圆盘，超球体的空间投影也一定是两个彼此交叠且沿外表面相连的球体。关于这种特异的结构，我们已经在上一章作为类似于封闭球面的三维封闭空间的例子作了讨论。这里只需补充一句：四维球体的三维投影不过就是我们在那里讨论的由两个沿整个外皮长在一起的普通苹果所形成的双苹果罢了。

同样，使用这种类比法，我们也能回答关于四维形体性质的其他许多问题，尽管我们无论如何也没法在我们的物理空间中“想象”出第四个独立的方向。

不过，只要再稍作思考，你就会发现，根本没有必要把第四个方向看得很神秘。事实上，有一个我们几乎每天都在用的词可以表示物理世界中这第四个独立的方向，那就是“时间”。我们常常用时间和空间来描述周围发生的事件。谈到宇宙中发生的任何事情时，无论是在街上邂逅了一个朋友，还是遥远星体的爆发，我们通常不仅会说它在哪里发生，还会说它是何时发生的。于是，除了表示空间位置的三个方向要素之外，我们又增加了一个要素——时间。

如果作进一步思考，你还可能意识到，任何实际物体都有四个维度：三个空间维度，一个时间维度。比如你所住的房屋就是沿长、宽、高和时间延展的。时间的延展从盖房时算起，一直到它最后被烧毁、被某个拆迁公司拆掉或因年久失修而倒塌为止。

的确，时间方向与空间的三维很不相同。时间间隔是由钟表度量的：嘀嗒声表示秒，叮咚声表示小时，而空间间隔则是由尺子度量的。你能用同一把尺子来度量长、宽、高，却不能把尺子变成钟表来度量时间。此外，你在空间中可以前移、后移或上移，然后再回来，而在时间中你却退不回来，只能从过去到将来。不过，尽管时间方向与空间的三个方向之间存在着所有这些区别，我们仍然可以把时间作为物理世界的第四个方向，不过别忘了它与空间不大相同。

在选择时间作为第四维时，想象本章开头讨论的四维形体要简单得多。例如，你还记得四维正方体的投影所切出的那个奇特形体吗？它竟然有 16 个顶点、32 条边和 24 个面！难怪图 26 中的那些人盯着这个几何怪物会瞠目结舌。

不过从我们的新观点来看，四维正方体只是个存在了一段时间的普通立方体罢了。假定你在 5 月 7 日用 12 根铁丝制成了一个立方体，一个月后又把它拆掉。那么，这样一个立方体的每一个顶点都应被看成沿时间方向有长为一个月的一条线。你可以给每个顶点挂一本小日历，每天翻一页以显示时间的前进。

现在很容易数出这个四维形体的边数。它刚开始存在时有 12 条空间边，以及描述各个顶点延续时间的 8 条“时间边”，结束存在时又有 12 条空间边，[①] 因此总共有 32 条边。用类似的方法可以数出它有 16 个顶点：5 月 7 日有 8 个空间顶点，6 月 7

① 如果你不明白这一点，可以设想一个有四个顶点和四条边的正方形，垂直于其表面（沿第三个方向）将它移动边长那么长的距离，就又多出了四条边。

日又有 8 个空间顶点。作为练习，请读者以同样的方式数一数我们四维形体的面数。在此过程中要记住，其中一些面是原立方体的普通正方形面，其他面则是立方体原来的边从 5 月 7 日延伸到 6 月 7 日所形成的“半空间半时间”面。

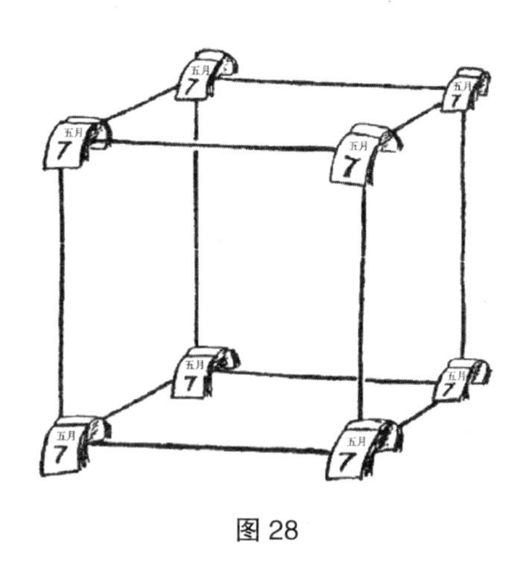

图 28

我们这里针对四维立方体所讲的内容当然也适用于任何其他几何体或物体，无论是死的还是活的。

特别是，你可以设想自己是一个四维形体，类似于一根长长的橡胶棒从你出生之时延伸到你生命结束。不幸的是，我们在纸上画不出四维物体，因此在图 29 中，我们尝试以二维影子人为例来说明这种想法，他把与他所生活的二维平面垂直的空间方向认作时间方向。这幅图只描绘了这个影子人整个生命的很小一部分，整个生命过程需要用一根长得多的橡胶棒来表示：开端很细，此时他是婴儿，在很多年里一直变动不定，直到死时才获得恒定的形状（因为死人不会动），然后开始解体。

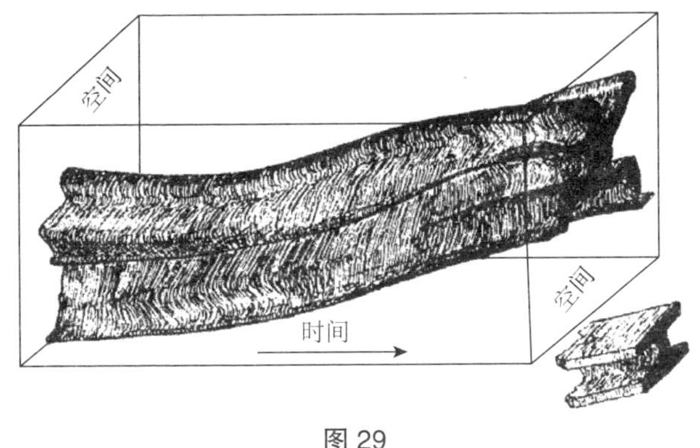

图 29

说得更确切一些，这根四维棒是由无数分离的纤维组成的，每根纤维都由分离的原子所组成。在整个生命过程中，大多数纤维保持成一束，只有少量纤维在理发或剪指甲时离去。由于原子是不灭的，所以人死后的身体分解实际上应被视为各个纤维朝四面八方分散开来（也许除了形成骨骼的那些纤维）。

用四维时空几何的语言来说，这样一条代表每一个物质微粒历史的线被称为它的"世界线"。同样，我们把形成一个复合体的一束世界线称为"世界束"。

图 30 给出了一个天文学的例子，显示了太阳、地球和彗星的世界线。[①] 和前面那个例子一样，我们让时间轴与二维空间（地球轨道平面）垂直。在这幅图中，太阳的世界线由一条与时间轴平行的直线来表示，因为我们认为太阳是不动的。[②] 地球的

① 严格而言，这里我们应当说"世界束"，但从天文学的角度来看，我们可以把恒星和行星看成点。

② 实际上，太阳正相对于恒星移动，因此相对于恒星系统，太阳的世界线应当朝一侧有所偏向。

轨道非常接似于圆，地球的世界线是一条围绕太阳世界线盘旋的螺旋线，而彗星的世界线则先靠近、后远离太阳的世界线。

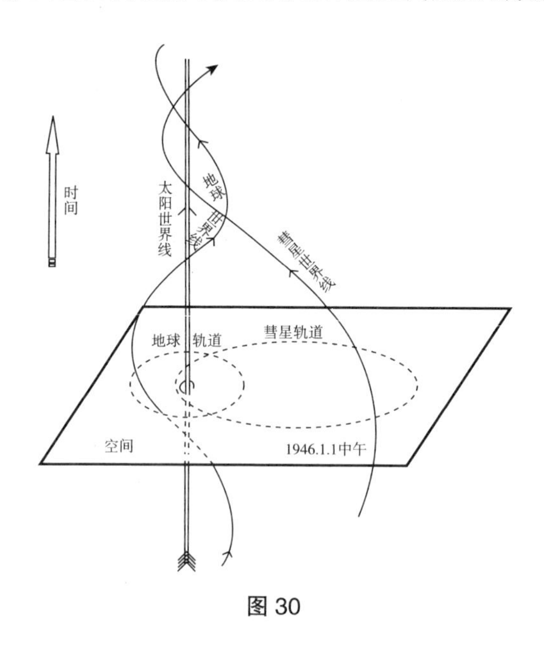

图 30

我们看到，从四维时空几何的角度来看，宇宙的地形学和历史融合成了一幅和谐画面。我们只需考虑一束代表个体原子、动物或星辰运动的缠结在一起的世界线就可以了。

二、时空等价

在把时间看成与三个空间维度多多少少等价的第四维时，我们碰到了一个非常困难的问题。度量长、宽、高时，我们可以用同一种单位，比如英寸或英尺。但时间长度既不能用英寸也不能用英尺来度量，我们必须使用完全不同的单位，比如分钟或小时。那么，它们如何比较呢？如果想象一个长宽高均为 1 英尺的四维正方体，它在时间上应当延伸多长才能使所有四个维度相等呢？是 1 秒、1 小时，还是像上面那个例子中的 1 个月？ 1 小时比 1 英尺更长还是更短？

初看起来，这个问题似乎毫无意义，但细想一下就会找到一个合理方法来比较长度和时间延续。我们常常听说，某人住在市区，“乘公共汽车需要 20 分钟”，某个地方“乘火车只需 5 小时即可到达”。这里，我们是通过乘坐某种交通工具所需的时间来指明距离的。

于是，如果可以就某种标准速度达成一致，我们就应当能用长度单位来表示时间间隔，反之亦然。当然，被选作空间与时间之间基本变换因子的标准速度必须同样基本和一般，无论人采取什么行动或者物理环境如何，都应保持不变。物理学中已知具有这种一般性的速度只有光在真空中传播的速度。虽然通常称这种速度为“光速”，但称之为“物理相互作用的传播速度”要更好，因为在物体之间起作用的任何种类的力，无论是电吸引力还是引力，都以相同的速度在真空中传播。此外，我们后面还会看到，光速是任何可能的物质速度的上限，任何物体都不可能以大于光速的速度穿过空间。

17 世纪著名的意大利物理学家伽利略第一次尝试测量光速。一个漆黑的夜晚，他和助手带着两盏配有机械遮板的灯来到佛罗伦萨近郊的旷野，彼此相距几英里站定。伽利略在某一时刻打开灯，朝着助手的方向发出一束光（图 31a）。助手已被告知，一看到伽利略那里发出的光就要打开自己的灯。既然光从伽利略到助手再返回伽利略都需要一定时间，所以从伽利略打开灯到看见来自助手的光线，也应有某个时间延迟。伽利略的确注意到了一个小的时间延迟，但是当他让助手站到两倍远的地方再重复这个实验时，观察到的延迟却没有增大。光显然走得太快了，走几英里的距离几乎不用什么时间。观察到的时间延迟其实缘于伽利略的助手不可能在看到光的一瞬间立即打开灯——我们今天称之为反应延迟。

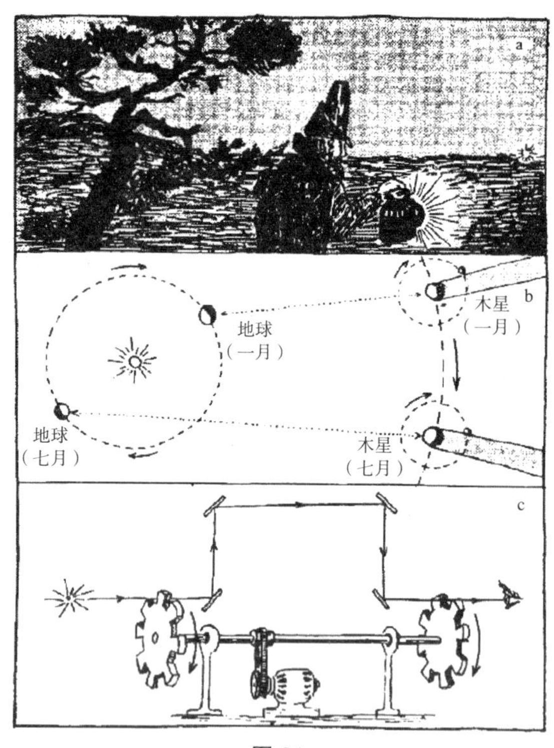

图 31

虽然伽利略的实验没有导出任何正面结果，但他的另一项发现，即发现了木星的卫星，却为第一次实际测量光速提供了基础。1675年，丹麦天文学家罗默（Roemer）在观测木星卫星的食时，注意到这些卫星消失在木星阴影中的时间间隔并不总是相同，而是随着那一特殊时刻木星与地球之间的距离而变长或变短。罗默立刻意识到（你在考察图31b之后也会意识到），这种效应并非缘于木星的卫星运动不规则，而仅仅是由于木星与地球的距离变动导致我们看到这些食有不同的延迟。由他的观测结果可以得出，光速约为每秒185 000英里。难怪伽利略用他的设备测不出光速，因为光从他的灯传到助手再传回来只需十万分之几秒！

不过，伽利略用其粗糙的遮光灯做不到的事情，后来用更精密的物理仪器做到了。图31c是法国物理学家斐索（Fizeau）最先使用的以较短距离测量光速的设备，其主要部件是安在同一根轴上的两个齿轮。如果我们沿着与轴平行的方向看这两个齿轮，那么第一个齿轮的齿对着第二个齿轮的齿缝。于是，无论轴如何转动，沿着与轴平行的方向射出的细光束都无法穿过这套齿轮。现在假定这套齿轮系统高速旋转。由于透过第一个齿轮齿缝的光线需要一些时间才能到达第二个齿轮，所以如果在此期间这套齿轮系统恰好转过半个齿缝，那么这束光就能穿过第二个齿轮了。这里的情况非常类似于汽车以恰当的速度沿一条装有红绿灯同步系统的街道行驶。如果这套齿轮的转速提高一倍，那么光到达第二个齿轮时正好会射到转来的下一个齿上，光的行进将再次受阻。但如转速继续提高，光将再次能够穿过，因为光束到达之前这个齿已经转了过去，而下一个齿缝恰好会在这个时刻转来让光穿过去。因此，只要注意光的相继出现和消失所对应的转速，就能估算出光在两齿轮之间穿行的速度。为了方便实验并且减小所需的转速，我们可以让光在两齿轮之间多走些距离，这可以借助于图 31c 中所示的几面镜子来实现。在这个实验中，当齿轮以 1 000 转每秒的速度旋转时，斐索第一次看到光穿过了距离自己最近那个齿轮的齿缝。这说明在此转速下，光从一个齿轮到达另一个齿轮时，齿轮的齿已经转过了半个齿距。由于每一个齿轮都有 50 个相同尺寸的齿，所以齿距为齿轮周长的 1/100，光穿过这段距离的时间也就是齿轮转动一整圈所需时间的 1/100。斐索将这些计算结果与光从一个齿轮传到另一个齿轮的距离联系起来，得到光速为 300 000 公里每秒或 186 000 英里每秒，它与罗默观测木星卫星所得到的结果几乎相同。

继这些先驱者的工作之后，人们又用天文学和物理学的方法做了大量独立测量。目前，光在真空中的速度（通常用字母 c 来表示）的最佳估计值是

$$c = 299\ 776 \text{ 公里 / 秒或 } 186\ 300 \text{ 英里 / 秒。}$$

天文学距离非常巨大，如果用英里或公里来度量它们，可能要写满好几张纸，此时极高的光速就成了一个方便的度量标准。于是，天文学家会说某颗星星距离我们 5 “光年” 远，就像我们说乘火车去某个地方需要 5 小时一样。由于 1 年有 31 558 000 秒，1 光年就对应于 31 558 000×299 776 = 9 460 000 000 000 公里或 5 879 000 000 000 英里。用 “光年” 来度量距离，实际上已经把时间看成一个维度，把时间单位看成一种空间量度了。我们也可

以把程序反过来，说“光英里”，意指光走 1 英里的距离所需的时间。使用上述光速值，我们得到 1 光英里等于 0.000 005 4 秒。同样，“1 光英尺”是 0.000 000 001 1 秒。这便回答了我们在上一节所讨论的那个四维正方体的问题。如果该正方体的空间尺寸（space-dimensions）为 1 英尺 ×1 英尺 ×1 英尺，那么其空间持续（space-duration）仅为 0.000 000 001 1 秒。如果这个边长 1 英尺的正方体存在了一整月的时间，就应把它看成一根沿着时间轴的方向被拉得极长的四维棒。

三、四维距离

既已解决沿着空间轴和时间轴使用什么可比较的单位这个问题，我们现在可以问，应当如何理解四维时空世界中两点之间的距离？务必记住，现在每一个点都对应于通常所说的“一个事件”，即位置与时间的结合。为了讲清楚这一点，我们不妨看看以下两个事件：

事件 1：1945 年 7 月 28 日上午 9 点 21 分，位于纽约第五大道和五十街交叉口 1 楼的一家银行被劫。[①]

事件 2：同一天上午 9 点 36 分，一架军用飞机在雾中撞在纽约三十四街在第五、六大道之间帝国大厦 79 楼的墙上（图 32）。

① 如果这个交叉口真有一家银行，那纯属巧合。

图 32

这两个事件在空间上南北相隔 16 个街区，东西相隔 1/2 个街区，上下相隔 78 层楼；在时间上相隔 15 分钟。显然，要想描述这两个事件的空间间隔，并不一定要记录下街道的数字和楼层数，因为借助于著名的毕达哥拉斯定理，即空间中两点之间的距离等于单个坐标距离的平方和的平方根，可以将它们结合成一个直接的距离（图 32 右下角）。而为了运用毕达哥拉斯定理，当然必须先用可比较的单位（例如英尺）将所有所涉距离表达出来。如果一个南北街区长 200 英尺，一个东西街区长 800 英尺，帝国大厦每个楼层的平均高度为 12 英尺，那么三个坐标距离就是南北方向 3 200 英尺，东西方向 400 英尺，竖直方向 936

英尺。现在，运用毕达哥拉斯定理可以得出，两个地点之间的直接距离为

$$\sqrt{3\,200^2+400^2+936^2}=\sqrt{11\,280\,000}=3360\text{英尺}$$

如果时间作为第四个坐标的概念有任何实际的有效性，我们现在应当能把两个事件的空间距离3360英尺与时间距离15分钟结合起来，用一个数来刻画这两个事件之间的四维距离。

按照爱因斯坦原来的想法，只需把毕达哥拉斯定理作简单的推广，便可实际确定这样一个四维距离。在确定各个事件之间的物理关系方面，此距离要比单个的空间时间间隔更为基本。

当然，要把空间和时间的数据结合起来，我们必须用可比较的单位将其表示出来，就像用英尺来表示街区长度和楼层高度一样。前已看到，用光速作为变换因子，便很容易做到这一点。于是，15分钟的时间间隔就成了800 000 000 000“光英尺”。现在，对毕达哥拉斯定理作简单的推广，我们便可把四维距离定义为所有四个坐标距离（即三个空间间隔和一个时间间隔）的平方和的平方根。然而在此过程中，我们完全取消了空间与时间的任何差别，这等于实际承认空间度量和时间度量可以相互转换。

然而，任何人都无法用布遮住一根尺子，挥动一下魔杖，念念“空间去，时间来，变”这样的咒语，就能把它变成一个闪闪发光的全新闹钟！甚至连伟大的爱因斯坦也不例外。（图33）

图 33 爱因斯坦教授从来就做不到这个，但他做的比这强得多

于是，若要在毕达哥拉斯公式中将时间与空间结合成一体，就必须采用某种不寻常的方法，以保留它们的一些自然差别。

根据爱因斯坦的看法，在推广的毕达哥拉斯定理的数学表达式中，可以通过在时间坐标的平方前使用负号来强调空间距离与时间延续之间的物理差别。这样一来，两个事件之间的四维距离就可以表示成三个空间坐标的平方和减去时间坐标的平方，然后开平方。当然，首先要用空间单位来表示时间坐标。

于是，银行遭劫与飞机撞击帝国大厦之间的四维距离应当这样来计算：

$$\sqrt{3\,200^2+400^2+936^2-800\,000\,000\,000^2}。$$

第四项之所以比前三项大得多，是因为这个例子来自“日常生活”，而以日常生活的标准来看，合理的时间单位的确太小了。如果不是以纽约市发生的两个事件，而是以宇宙中发生的一个事件作为例子，我们就能得到大小更为相当的数值了。例如，第一个事件是 1946 年 7 月 1 日上午 9 点整一颗原子弹在比基尼环礁爆炸，第二个事件是同一天上午 9 点 10 分一颗陨石落在火星表面，其时间间隔即为 540 000 000 000 光英尺，空间距离则约为 650 000 000 000 英尺，两者大小相当。

在这个例子中，两个事件之间的四维距离是：

$\sqrt{(65\times10^{10})^2-(54\times10^{10})^2}$ 英尺 $=36\times10^{10}$ 英尺，
在数值上与纯空间距离和纯时间间隔都非常不同。

当然，有人也许会反对这样一种看似不合理的几何学，因为它对其中一个坐标的处理不同于其他三个坐标。但不要忘了，任何旨在描述物理世界的数学系统都必须符合事物；如果空间和时间在其四维结合中的表现的确有所不同，那么四维几何学的定律也必须有对应的样式。而且还有一种简单的数学补救办法，可以使爱因斯坦的时空几何学看起来与我们在学校里学习的古老而美好的欧几里得几何学完全一样。这种补救办法就是把第四个坐标看成纯虚数，它是德国数学家闵可夫斯基（Hermann Minkovskij）提出的。大家也许还记得，本书第二章讲过，一个普通的数乘以 $\sqrt{-1}$ 就成了一个虚数，用这种虚数来解各种几何学问题是非常方便的。于是，根据闵可夫斯基的说法，要把时间看成第四个坐标，不仅要用空间单位来表示它，还要乘以 $\sqrt{-1}$ 。这样一来，那个例子中的四个坐标距离就成了：

第一坐标：3 200 英尺

第二坐标：400 英尺

第三坐标：936 英尺

第四坐标：$8\times10^{11}i$ 光英尺。

现在，我们也许可以把四维距离定义为所有四个坐标距离的平方和的平方根了。事实上，由于虚数的平方总是负的，所以用闵可夫斯基坐标写出的普通毕达哥拉斯公式将与用爱因斯坦坐标写出的似乎不太合理的公式在数学上等价。

有一个故事，说的是一位患风湿病的老人问自己的健康朋友是如何避免这种病的。

回答是："我这辈子每天早上都会洗个冷水澡。"

"噢，"前者喊道，"那你是患了冷水澡病！"

于是，如果你不喜欢那个似乎会引起风湿病的毕达哥拉斯定理，你可以把它改成虚时间坐标这种冷水澡病。

由于时空世界里的第四个坐标是虚的，所以必须考虑两种在物理上不同的四维距离。

事实上，在前面讨论的纽约事件那样的情况下，两个事件之间的三维距离在数值上要小于时间间隔（用恰当的单位），毕达哥拉斯定理中根号下的数是负的，所以我们得到的推广的四维距离是虚的。而在其他一些情况下，时间延续要小于空间距离，因此根号下得到的是正数，这当然意味着在这些情况下，两个事件之间的四维距离是实的。

如上所述，既然空间距离被看成实的，而时间延续被看成纯虚的，我们也许可以说，实的四维距离与普通的空间距离关系更近，而虚的四维距离与时间间隔关系更近。根据闵可夫斯基使用的术语，前一种四维距离被称为类空（raumartig）间隔，后一种被称为类时（zeitartig）间隔。

我们将在下一章看到，类空间隔可以转变为正规的空间距离，类时间隔也可以转变为正规的时间间隔。然而，这两者一个为实数，一个为虚数，这给时空的相互转变造成了不可逾越的障碍，因此我们不可能把尺子变成时钟，也不可能把时钟变成尺子。

第五章　空间和时间的相对性

一、空间和时间的相互转变

虽然显示空间和时间在四维世界中的统一性的数学努力并没有完全消除距离与时间延续之间的差别，但的确揭示出这两个概念之间具有高度的相似性，其程度要比在爱因斯坦之前的物理学中大得多。事实上，各个事件之间的空间距离和时间间隔，现在只能认为是这些事件之间基本的四维距离在空间轴和时间轴上的投影，从而四维坐标系的旋转可以使距离在部分程度上转变为时间的延续，或者使时间的延续在部分程度上转变为距离。不过，四维时空坐标系的旋转是什么意思呢？

我们先来考虑图 34a 中由两个空间坐标所组成的坐标系，并且假定有两个固定点相距为 L。将这一距离投影在坐标轴上，我们发现这两个点沿第一个轴的方向相距 a 英尺，沿第二个轴的方向相距 b 英尺。若把该坐标系旋转一个角度（图 34b），则同样的距离在两个新坐标轴上的投影将与之前不同，新的值为 a′ 和 b′。然而根据毕达哥拉斯定理，两个投影的平方和的平方根在两种情况下是一样的，因为它对应着那两个点的实际距

离，不会因为坐标系的旋转而改变。因此，

$$\sqrt{a^2+b^2}=\sqrt{a'^2+b'^2}=L。$$

所以说，虽然投影的特殊值是偶然的，取决于坐标系的选择，但其平方和的平方根不会随着坐标系的旋转而变化。

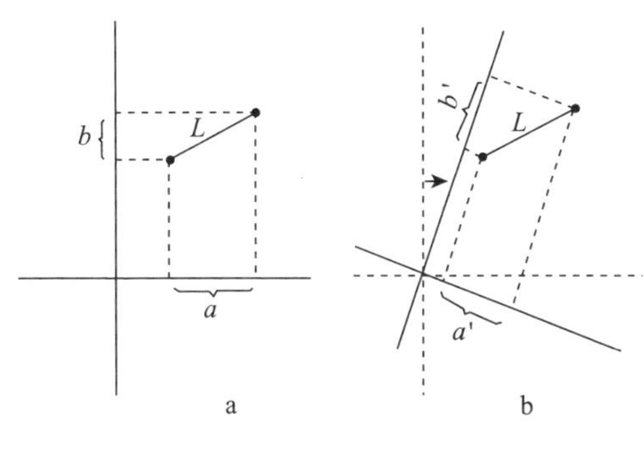

图 34

现在我们再来考虑一个轴对应着距离、一个轴对应着时间延续的坐标系。此时之前例子中的两个固定点就成了两个固定的事件，而在两个轴上的投影则分别表示它们的空间距离和时间间隔。如果这两个事件就是上一章所讨论的银行遭劫和飞机失事，我们便可以画一张图（图 35a），它非常类似于表示两个空间坐标的图 34a。那么，怎样才能旋转坐标轴呢？答案非常出乎意料，甚至令人困惑：要想旋转时空坐标系，请上汽车。

假定我们真的在 7 月 28 日那个多事之晨坐上了一辆沿第五大道行驶的公共汽车。从自我中心的观点来看，此时我们最关心被劫的银行和飞机失事地点离我们的汽车有多远，倘若距离决定了我们能否看到这些事件。

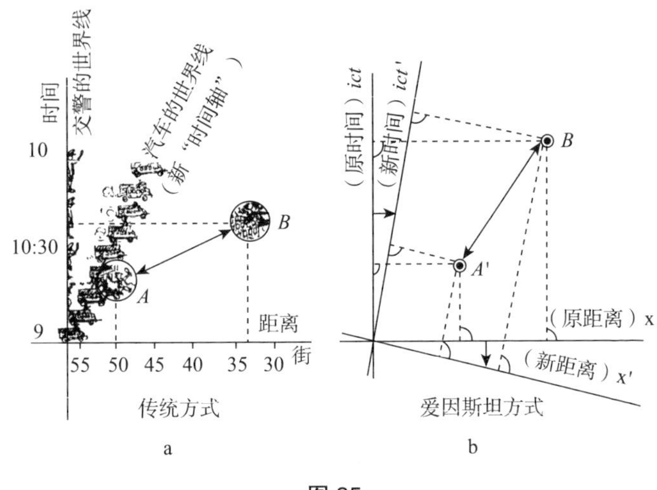

图 35

图 35a 画出了汽车世界线的相继位置以及银行遭劫、飞机失事这两个事件。你会立刻注意到，从汽车上观察到的距离不同于比如站在街角的交警所记录下来的距离。由于汽车正在沿大道行驶，比如说速度是每三分钟过一个街区（这在拥挤的纽约交通中并非罕见），所以从汽车上看，这两个事件的空间距离就变小了。事实上，由于上午 9 点 21 分汽车正在穿过五十二街，所以距离此时遭劫的银行有两个街区之远。而上午 9 点 36 分飞机失事时，汽车在四十七街，距离失事地点有 14 个街区之远。如此测量相对于汽车的距离，我们会断言，银行遭劫与飞机失事的空间距离为 14–2=12 个街区，而不是相对于城市建筑所测得的 50–34=16 个街区。再看看图 35a，我们看到，从汽车上记录的距离不能像以前那样从纵轴（交警的世界线）来计算，而应从表示汽车世界线的那条斜线来计算。因此，现在起着新时间轴作

用的是后一条线。

把方才讨论的“零七碎八”总结一下就是：要想绘制从运动物体上观察到的事件的时空图，必须把时间轴旋转一个角度（角度的大小取决于运动物体的速度），而空间轴保持不动。

虽然从经典物理学和所谓“常识”的观点来看，这种说法是无可置疑的真理，但它却和我们关于四维时空世界的新观念直接相左。事实上，既然时间被视为独立的第四个坐标，时间轴就必须总是垂直于三个空间轴，无论我们坐在公共汽车上、电车上还是人行道上！

在这一点上，我们只能两种思路选其一：要么保留我们习惯性的时间空间观念，不再对统一的时空几何学作任何进一步思考；要么就必须打破“常识”的旧观念，认为在我们的时空图中，空间轴必须和时间轴一起旋转，从而二者总是保持垂直（图 35b）。

然而，正如旋转时间轴在物理上意味着，两个事件的空间距离在从运动物体上观察时会有不同的值（在前面那个例子中分别为 12 个街区和 16 个街区），旋转空间轴也意味着，从运动物体上观察到的两个事件的时间间隔不同于从地面上某一固定点观察到的时间间隔。于是，如果市政厅的时钟显示银行遭劫与飞机失事相隔 15 分钟，那么公共汽车上的乘客的手表所记录的时间间隔将有所不同。这并非因为机械装置的不完美导致两块表走得快慢不一致，而是因为在以不同速度运动的物体上，时间本身的流逝快慢有所不同，记录时间的实际机械装置也相应地变慢了。不过对于公共汽车的低速而言，这种变慢微乎其微，几乎觉察不到。（本章会详细讨论这个现象。）

再举一个例子。设想一个人在一列行进的火车餐车上吃饭。

在餐车的服务员看来，他在同一个地方（第三张桌子靠窗）吃餐前开胃品和餐后甜点。但在两个站在铁轨的固定点透过窗户朝车内张望的扳道工看来（一个正好看到他在吃餐前开胃品，另一个正好看到他在吃餐后甜点），这两个事件发生在数英里之遥。于是我们可以说：在一位观察者看来发生在同一地点和不同时间的两个事件，在处于不同运动状态的另一位观察者看来却发生在不同的地点。

从我们所期望的时空等价的观点出发，把上面这句话中的“地点”和“时间”这两个词互换，该句就成了：在一位观察者看来发生在同一时间和不同地点的两个事件，在处于不同运动状态的另一位观察者看来却发生在不同的时间。

如果将其用于我们餐车的例子中，我们会期待那位服务员言之凿凿地声称，坐在餐车两头的两位乘客餐后同时点烟，而在铁轨上透过窗户朝车内张望的扳道工却会坚持说，两人点烟的时间有先有后。

因此，在一位观察者看来同时发生的两个事件，在另一位观察者看来却相隔一段时间。

这些便是四维几何学的必然推论，在四维几何学中，时间和空间仅仅是一段固定不变的四维距离在相应轴上的投影。

二、以太风和天狼星之旅

现在我们要问，愿意使用这种四维几何学的语言，是否证明在我们旧的感觉良好的时空观念中引入这些革命性变化是正当的？

如果回答是肯定的，我们便质疑了整个经典物理学体系，经典物理学的基础是伟大的牛顿在两个半世纪以前对空间和时间的定义："绝对空间就其本性而言与任何外界的事物无关，永远不变和不动"，"绝对的、真实的数学时间就其本性而言均匀地流逝着，与任何外界的事物无关。"在写这些话的时候，牛顿肯定不认为自己是在讲什么新的或引起争议的东西；他不过是在以精确的语言把人们常识中的空间和时间概念表达出来罢了。事实上，人们对这些经典时空概念的正确性是如此坚信，以至于它们常被哲学家们视为先验的。从来没有一个科学家（更不用说外行）认为它们有可能错误，从而需要重新考察和表述。那么，我们现在为什么要重新考虑这个问题呢？

回答是：之所以要抛弃经典的时空观念并把时间和空间统一在一幅四维图景中，并非出于爱因斯坦纯粹审美的愿望，亦非其无法遏止的数学冲动使然，而是因为实验研究中经常会出现一些难以对付的事实，与独立的时间和空间的经典图景不符。

经典物理学这座似乎永世长存的美丽城堡的基础受到的第一次冲击源于 1887 年美国物理学家迈克耳孙（Albert Abraham Michelson）所做的一个看起来朴实无华的实验，它几乎震撼了这精巧建筑物的每一块砖石，使其墙壁摇摇欲坠，就像耶利哥的城墙在约书亚的号角声中倒塌一样。迈克耳孙实验的想法非常简单，它基于这样一种物理图像：光在通过所谓"传递光的以太"（一种均匀充满宇宙空间以及所有物体原子之间的假想物质）时，会表现出某种波动性。

将一块石头丢进池塘，水波会沿四面八方传播。振动的音叉发出的声音以波的形式向四面传播，任何明亮物体发出的光也是如此。然而，水面上的波纹清楚地显示了水微粒的运动，声波也已知是声音所穿过的空气或其他物质的振动，但我们却找不到任何传递光波的物质媒介。事实上，（与声音相比）光能在空间中如此轻易地传播，空间似乎是完全空虚的！

然而，倘若没有什么东西在振动，又谈论某种振动的东西，这似乎太不合逻辑。于是，物理学家不得不引入“传递光的以太”这样一个新概念，以便在试图解释光的传播时为“振动”这个动词提供一个实体性的主词。从纯语法的角度来看，任何动词都必须有一个主词，“传递光的以太”的存在性不可能被否认。但——这个“但”要大声强调——语法规则并没有规定也不可能规定，这个为了正确造句而不得不引入的主词具有什么物理性质！

如果我们把“光以太”定义为传播光波的东西，那么说光波在光以太中传播倒是千真万确的，但这是一句完全无谓的重言式。查明这种光以太究竟是什么以及具有什么样的物理性质，乃是完全不同的问题。这里，任何语法都帮不了我们，答案只能来自物理学。

在接下来的讨论中我们会看到，19 世纪物理学所犯的最大错误在于假定这种光以太具有类似于我们所熟知的日常物体的那些性质。人们习惯于谈论光以太的流动性、刚性、各种弹性甚至是内摩擦。一方面，光以太在传递光波时表现得像一种振动的固体；[1] 另一方面，它又显示出完全的流动性，对天体的运动毫

① 光波的振动已被证明垂直于光的传播方向。对一般物质而言，这种横向振动只发生在固体中。在液体和气体物质中，振动的粒子只能沿着波的行进方向运动。

无阻碍。这样一来，光以太就被类比于封蜡一样的物质：人们知道，封蜡等物质非常坚硬，在迅速的机械撞击之下很容易碎裂；但若静置足够长的时间，又会在自身重量的作用下像蜂蜜一样流动。根据这种类比，旧物理学设想光以太充满了整个宇宙空间，对于与光的传播有关的高速扰动来说表现得像坚硬的固体；而对于在其中穿行、速度比光慢几千倍的行星和恒星来说，却又表现得像液体。

这样一种或可称为拟人化的观点试图把我们所熟知的普通物质的性质归于一种除名称以外一无所有的物质，它从一开始就遭遇了巨大的失败。人们虽然作了许多努力，但仍然无法对光波的这种神秘传递者给出合理的力学解释。

根据我们目前拥有的知识，很容易看出这种努力错在何处。事实上我们知道，普通物质的所有机械性质都可以追溯到构成物质的原子之间的相互作用。例如，水的高度流动性是由于水分子之间可以作摩擦很小的滑动；橡胶的弹性是由于橡胶分子很容易变形；金刚石的坚硬则是由于构成金刚石晶体的碳原子被紧紧地束缚在一种刚性点阵结构中。因此，各种物质所共有的一切机械性质都是缘于它们的原子结构，但这条规则在运用于像光以太这样被认为绝对连续的物质上时是毫无意义的。

光以太是一种特殊类型的物质，它与我们熟知的原子嵌镶结构或通常所说的物质毫无相似性。我们可以把光以太称为一种“物质”（这仅仅因为它充当着“振动”这个动词在语法上的主词），但也可以称之为“空间”。不过要记住，正如我们之前已经看到，之后还会看到的，空间可能具有某种形态特征或结构特征，它比欧几里得几何学中的空间观念复杂得多。事实上在现代物理学中，“光以太”（除去它那些据称的力学性质）和“物理空间”被认为是同义词。

不过我们已经偏离得太远，竟然开始对“光以太”一词进行哲学分析了。现在我们还是回到迈克耳孙实验的话题上来吧。如前所述，这个实验的想法是非常简单的：如果光是在以太中穿行的波，那么地面上的仪器所记录的光速将因为地球在空间中运动而受到影响。站在沿轨道绕日运行的地球上，我们会经验到一股“以太风”，就像即使天晴无风，人站在快速行驶的船的甲板上也会感到有风扑面而来一样。当然，我们是感觉不到“以太风”的，因为它已被假定能够毫无困难地穿透到我们的身体原子之间。但是通过测量沿不同方向相对于我们运动的光速，就应该能够探测到它的存在。众所周知，顺风传播的声音速度比逆风传播的大，因此，顺着以太风传播的光的速度似乎也应当大于逆着以太风传播的光的速度。

做过如此推理之后，迈克耳孙着手设计了一套仪器，能够记录沿各个方向传播的光速的差别。当然，要想做到这一点，最简单的办法是采用前面提到的斐索的仪器（图 31c），把它转到不同的方向进行一系列测量。但这样做并不很现实，因为这要求每次测量都有很高的精度。事实上，由于我们所预期的速度差（等于地球的速度）只有光速的万分之一左右，所以必须以极高的准确度来进行每一次测量。

如果你有两根长度大致相同的棒，并想知道其长度究竟相差多少，那么最简单的办法就是把两根棒的一端对齐，在另一端量出差异。这就是所谓的“零点法”。

迈克耳孙的仪器草图如图 36 所示，它便是利用零点法来比较光沿两个相互垂直的方向的速度差的。

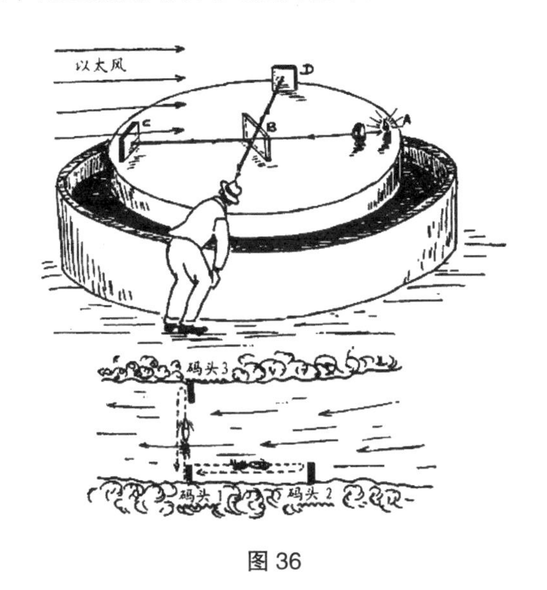

图 36

这套仪器的中心部件是一个玻璃片 B，上面镀着一层薄薄的半透明的银，可以使入射光的一半发生反射，并让其余的一半透过。于是，光源 A 发出的光束被 B 分成两个相互垂直的部分，这两束光分别被与中心玻璃片等距的镜子 C 和 D 反射回 B。从 D 返回的光有一部分会穿过银膜，从 C 返回的光有一部分会被银膜反射，在仪器入口处被分开的这两束光在进入观察者眼睛时会重新结合起来。根据大家所熟知的一条光学定律，这两束光会彼此干涉，形成一套肉眼可见的明暗条纹。如果距离 BD 与 BC 相等，两束光将会同时返回中心部件，亮条纹会位于图像中心。如果稍微改变距离，使一束光有所延迟，则条纹就会向左或向右移动。

由于该仪器位于地球表面，而地球正快速穿过空间，所以我们必然会预期，以太风正以地球运动的速度吹过地球。例如，假定这股风沿着从 C 到 B 的方向刮去（如图 36 所示），我们来看看它会给赶往相会地点的两束光的速度造成什么差别。请记住，其中一束光是先逆风后顺风，另一束光则是在风中来回横穿。那么哪一束光先回来呢？

设想河上有一艘汽船逆流而上从 1 号码头行驶到 2 号码头，然后再顺流驶回 1 号码头。水流在前一半航程起阻碍作用，在归程则起辅助作用。你也许认为这两种作用会彼此抵消吧？但事实并非如此。为了理解这一点，设想这艘汽船以水流的速度行驶。在这种情况下，它永远到不了 2 号码头！不难看到，在所有情况下，水流的存在将使整个航行的时间增加一个因子：

$$\frac{1}{1-\left(\frac{V}{v}\right)^2},$$

其中 v 是船速，V 是水流速度。[①] 例如，倘若船速是水流速度的 10 倍，则整个航行的时间为：

① 事实上，如果用 l 表示两个码头之间的距离，请记住顺流时的合成速度为 $v+V$，逆流时为 $v-V$，我们得到整个航行的时间为：

$$t=\frac{l}{v+V}+\frac{l}{v-V}=\frac{2vl}{(v+V)(v-V)}=\frac{2vl}{v^2-V^2}=\frac{2l}{v}\cdot\frac{1}{1-\frac{V^2}{v^2}}$$

$$\frac{1}{1-\left(\frac{1}{10}\right)^2}=\frac{1}{1-0.01}=\frac{1}{0.99}=1.01(\text{倍}),$$

也就是说，比在静水中的时间长百分之一。

同样，我们也能计算出在河水中来回横渡所耽搁的时间。这里的耽搁是因为要想从 1 号码头驶到 3 号码头，船的行驶方向须稍稍倾斜，以补偿在水流中的漂移。在这种情况下，耽搁的时间要少一些，其因子为：

$$\sqrt{\frac{1}{1-\left(\frac{V}{v}\right)^2}}$$

对于上面那个例子来说，时间只增加了 0.5%。这个公式很容易证明，有兴趣的读者可以自行验证。现在，将河流替换成流动的以太，将船替换成在其中传播的光波，便可得到迈克耳孙的实验方案。现在，光束从 B 到 C 再返回 B 的时间增加的因子为：

$$\frac{1}{1-\left(\frac{V}{c}\right)^2},$$

其中 c 是光在以太中的传播速度。而光束从 B 到 D 再返回 B 的时间增加的因子则为：

$$\sqrt{\frac{1}{1-\left(\frac{V}{c}\right)^2}}\text{。}$$

由于以太风的速度等于地球运动的速度，为每秒 30 公里，光的速度为每秒 30 万公里，因此这两束光将分别延迟 0.01% 和

0.005%。因此，借助于迈克耳孙的仪器，光束逆着以太风行进和顺着以太风行进的速度差异是很容易观察到的。

然而，在作这项实验时，迈克耳孙竟然未看到干涉条纹有丝毫移动，可以想见他当时是何等惊讶！

显然，无论光是沿着以太风传播，还是横穿以太风，以太风对光速都没有影响。

这个事实太让人惊讶，迈克耳孙起初还不敢相信，但一次次地精心重复实验无可置疑地表明，他最初得到的结果虽然令人惊讶，却是正确的。

对这个出乎意料的结果，唯一可能的解释似乎就是大胆假设，迈克耳孙那张安装镜子的巨大石桌沿着地球穿过空间的方向有轻微的收缩（所谓的菲茨杰拉德收缩①）。事实上，如果距离BC收缩了一个因子

$$\sqrt{1-\frac{V^2}{c^2}}$$

而距离BD保持不变，那么两束光的耽搁时间就变得相同了，因此便不会出现所预期的干涉条纹移动。

然而，迈克耳孙那张桌子有可能收缩，这话说起来容易，理解起来难。的确，我们会预料在有阻滞介质中运动的物体会有某种收缩，比如由于船尾螺旋桨的驱动力和船头水的阻力，在湖上行驶的汽船会有些微的压缩。不过，这种机械压缩的程度依赖于造船材料的抗拉强度，钢制船体的压缩程度会比木制船体小一

① “菲茨杰拉德收缩”之名源自第一个引入这种观念的物理学家菲茨杰拉德，他认为这种收缩是运动的一种纯机械效应。

些。然而，导致迈克耳孙实验中否定结果的收缩只依赖于运动速度，而丝毫不依赖于所涉材料的抗拉强度。倘若安装镜子的那张桌子并非由石头制成，而是由铸铁、木头或其他任何材料制成的，收缩的量也将完全一样。因此很显然，我们这里讨论的是一种普遍效应，它使所有运动物体都以完全相同的程度发生收缩。或者按照爱因斯坦教授 1904 年对这种现象的描述，我们这里讨论的是空间本身的收缩。所有以相同速度运动的物体都会以相同的方式收缩，这仅仅是因为它们都被嵌在同一个收缩的空间中。

关于空间的性质，我们在前面两章已经谈了不少，以使上述陈述听起来显得合理。为把情况说得更清楚一些，可以设想空间具有弹性胶冻的某些性质，其中留有不同物体边界的痕迹；当空间由于受到挤压、拉伸或扭转而变形时，所有嵌在其中的物体的形状会自动以同一种方式发生改变。这些因空间变形而导致的变形不同于各种外力所导致的个体变形，外力在变形的物体内部产生了应力和应变。图 37 显示的二维情况也许有助于解释这种重要的区别。

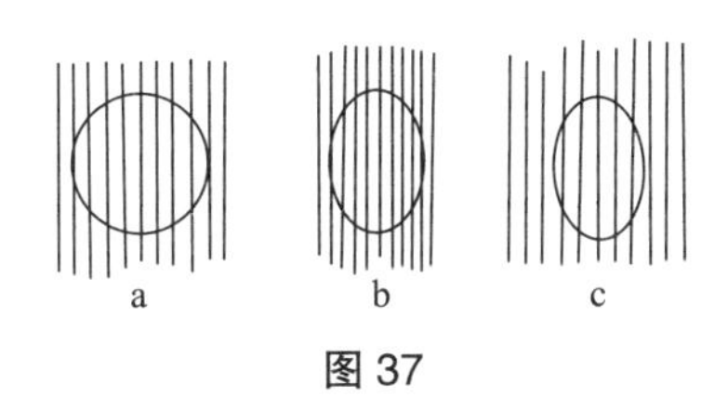

图 37

空间收缩效应虽然对于理解物理学的基本原理非常重要，但在日常生活中却几乎未受注意，这是因为与光速相比，我们在

日常经验中遇到的最高速度仍然微不足道。例如，一辆以每小时50英里的速度行驶的汽车，其长度只减小到原来的

$$\sqrt{1-(10^{-7})^2}=0.999\,999\,999\,999\,99$$

倍，这相当于汽车从头到尾只减少了一个原子核的直径那么长！一架时速超过600英里的喷气式飞机，其长度只减少了一个原子直径那么长。就连时速超过25000英里的100米长的星际火箭，其长度也只是减少了百分之一毫米。

不过，如果设想物体以光速的50%、90%和99%运动，其长度将分别缩短为静止长度的86%、45%和14%。

所有高速运动物体的这种相对论收缩效应可见于一位不知名作者所写的一首打油诗：

> 菲斯克小伙剑术精，
> 出剑迅速如流星，
> 由于菲茨杰拉德收缩性，
> 长剑变成小铁钉。

当然，这位菲斯克先生出剑必须快如闪电才行！

根据四维几何学的观点，很容易把所有运动物体的这种普遍收缩解释为时空坐标系的旋转使物体不变的四维长度的空间投影发生了改变。事实上，根据上一节讨论的内容，你一定还记得，从运动系统所作的观察必须通过空间轴和时间轴都旋转某个角度（角度的大小取决于速度）的坐标来描述。因此，如果在静止系统中，四维距离百分之百地投影在空间轴上（图38a），

那么在新的坐标轴中，它的空间投影总会更短（图 38b）。

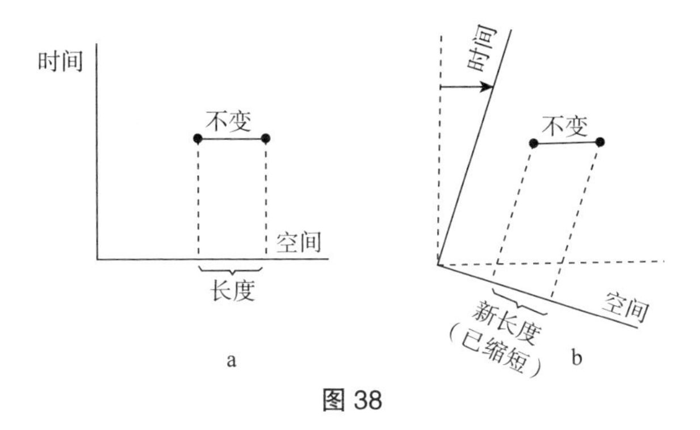

图 38

请务必记住，所预期的长度缩短只和两个系统的相对运动有关。如果所考虑的物体相对于第二个系统静止，因此表示为一条与新空间轴平行的长度不变的线，那么它在原空间轴上的投影将缩短同样的倍数。

因此，指明两个坐标系中哪一个“真正”在运动不仅没必要，而且没有物理意义。重要的仅仅是它们在作相对运动。于是，假定未来某个“星际交通公司”的两艘高速行驶的载人飞船在地球与土星之间的某地相遇，每艘飞船上的乘客透过舷窗都能看到另一艘飞船显著变短了，而自己乘坐的这艘飞船却注意不到有什么收缩。争论哪艘飞船“真正”缩短了是没有意义的，因为无论哪艘飞船，在另一艘飞船上的乘客看来都缩短了，而在它自己的乘客看来却没有缩短。[①]

① 当然，这只是理论上的描述。实际上，即使真有两艘飞船以这样的速度相遇，每艘飞船上的乘客也看不到另一艘，一如你无法看到速度只有飞船若干分之一的子弹。

四维时空理论也使我们明白，为什么运动物体速度接近光速时，才会有明显的相对论收缩。事实上，时空坐标轴旋转的角度取决于运动系统走过的距离与所需时间之比。如果用米来测量距离，用秒来测量时间，那么这个比值就是用米 / 秒表示的常用速度。然而，四维世界中的时间间隔是用普通的时间间隔乘以光速表示的，而决定旋转角度的比值又是用米 / 秒表示的运动速度除以用同样的单位表示的光速，因此只有当两个运动系统的相对速度接近光速时，旋转角度及其对距离测量的影响才会变得显著。

时空坐标系的旋转既影响了长度测量，影响了对时间间隔的测量。但可以表明，由于第四个坐标具有特殊的虚数性，[①] 空间距离缩短时，时间间隔会膨胀。如果把一只钟安置于一辆高速行驶的汽车中，它将比安置在地面上的钟走得慢些，相继两次嘀嗒声的时间间隔会加长。和长度的缩短一样，运动时钟的变慢也是一种普遍效应，只取决于运动速度。因此，无论是最现代的手表，还是你祖父的旧式摆钟，抑或是计时沙漏，只要运动速度相同，变慢的程度就会相同。当然，这种效应并不限于被我们称为“钟”和“表”的特殊机械；事实上，所有物理过程、化学过程或生理过程都将以相同的程度变慢。因此，如果你在疾驰的飞船上煮鸡蛋做早餐，你不必担心因手表走得太慢而把鸡蛋煮老了，因为鸡蛋内部的过程也会相应地变慢。如果你看着表把鸡蛋煮上五分钟，你仍然能吃上平日里吃的“五分钟蛋”。这里我们之所

① 或者也可以说，是由于四维空间中的毕达哥拉斯公式在时间方面发生了扭曲。

以用飞船而不是火车餐车作例子，是因为时间膨胀也和长度的收缩一样，只有在速度接近光速时才变得比较明显。时间膨胀的因子也和空间收缩一样是 $\sqrt{1-\frac{v^2}{c^2}}$。区别在于，这里不是把它用作乘数，而是用作除数。如果一个物体运动得非常快，以至于长度减少了一半，那么时间间隔会变成两倍长。

运动系统中时间速度的变慢会对星际旅行产生一个有趣的影响。假设你决定造访距离太阳系 9 光年的天狼星的一颗行星，并且乘坐了一艘几乎能以光速行驶的飞船。你自然会以为，天狼星的往返之旅至少需要 18 年，因此准备随身携带大量食物。不过，如果你乘坐的飞船真能以接近光速的速度行驶，这种担心就是完全没有必要的。事实上，如果你以光速的 99.999 999 99% 移动，你的手表、心脏、呼吸、消化和心理过程都将减慢 70 000 倍，因此从地球到天狼星再返回地球（在留在地球上的人看来）所花的 18 年在你看来将只有几个小时。事实上，如果你吃过早饭就从地球出发，那么当你的飞船降落在天狼星的一颗行星表面上时，你正好可以吃中饭。如果你时间很紧，吃过午饭就马上返航，那么你很可能赶得上在地球上吃晚饭。不过，如果你忘了相对论定律，你到家时定会大吃一惊，因为亲友们会认为你已在太空中不知所踪，因此已经自行吃过 6570 顿晚饭了！由于你正以近乎光速的速度旅行，地球上的 18 年对你而言只是一天而已。

那么，运动得比光还快会怎么样呢？对这个问题的回答亦可见于一首相对论打油诗：

年轻女孩名伯蕾，
健步如飞光难追；
爱因斯坦来指点，
今日出行昨夜归。

的确，如果速度接近光速可以使运动系统中的时间变慢，那么超过光速不就能把时间倒转了吗！此外，由于毕达哥拉斯根式下面代数符号的改变，时间坐标会变成实数，从而成为空间距离；一如超光速系统中的所有长度都经过零而变成虚数，从而成为时间间隔。

如果所有这一切是可能的，图 33 中那个爱因斯坦变尺为钟的戏法就会成为现实了，只要在此过程中他能设法超过光速。

不过，物理世界虽然荒唐，但并非那么疯狂。这种魔术式的操作显然是不可能实现的，这可以简单地总结为：任何物体都不能以光速或超光速运动。

这条基本自然定律的物理学基础在于一个已被无数实验直接证明的事实，即在运动速度接近光速时，运动物体所谓的惯性质量（反映了物体对进一步加速的机械反抗）会无限增大。于是，如果一颗子弹以光速的 99.999 999 99% 运动，它对进一步加速的反抗就相当于一枚 12 英寸的炮弹；如果以光速的 99.999 999 999 999 99% 运动，这颗小子弹的惯性反抗将会相当于一辆满载的卡车。无论给这颗子弹施加多大努力，我们也无法征服最后一位小数，使其速度正好等于宇宙中所有运动的速度上限即光速！

三、弯曲空间和重力之谜

看完前面这几十页关于四维坐标系的讨论，读者们必定感到头晕脑胀，对此我深表歉意。现在，我邀请读者到弯曲空间中散个步。人人都知道曲线和曲面是什么，但“弯曲空间”又是什么意思呢？这种现象之所以难以想象，与其说在于这个概念的不同寻常，不如说在于我们能从外部观察曲线和曲面，却只能从内部来观察三维空间的曲率，因为我们本身就在三维空间之中。为了理解一个三维的人如何来构想他所处的空间的曲率，我们先来考虑生活在表面上的假想的二维影子生物的状况。图 39a 和 39b 中有一些影子科学家，他们在“平面世界”和“曲面（球面）世界”上研究自己二维空间的几何学。可供研究的最简单的几何图形当然是三角形，即由连接三个几何点的三条直线所组成的图形。大家在中学几何学里都学过，平面上画的任何平面三角形的三个内角之和都是 180°。但很容易看到，上述定理并不适用于在球面上画的三角形。的确，由两条经线和一条纬线所形成的球面三角形就有两个直角的底角，顶角的值则可介于 0° 与 360° 之间。以图 39b 中那两个影子科学家所研究的三角形为例，三个角之和等于 210°。于是我们看到，通过测量其二维世界中的几何图形，影子科学家们无须从外面观察便可发现那个世界的曲率。

将上述观察运用于又多了一维的世界，我们自然能够得出结论说，生活在三维空间中的人类科学家无须跃入第四维，只要测量连接其空间中三点的三条直线之间的夹角便可确定那个空间的曲率。如果三个角之和等于 180°，那么空间就是平坦的，否则就是弯曲的。

不过在作进一步讨论之前，我们先要弄清楚“直线”一词是什么意思。看到图 39a 和图 39b 所示的两个三角形，读者们也许会说，平面三角形（图 39a）的各边是真正的直线，而球面上的各边（图 39b）则是球面上大圆[①]的弧，其实是弯曲的。

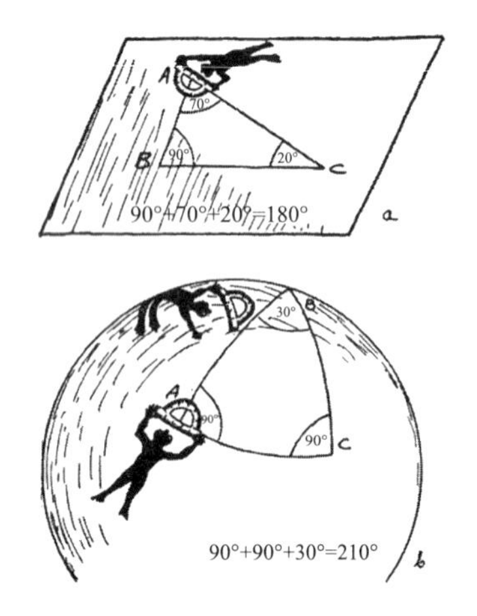

图 39 “平面世界”和“曲面世界”上的二维科学家们正在检查关于三角形内角和的欧几里得定理

这种基于我们常识几何学观念的说法会使影子科学家们根本不可能发展出他们二维空间的几何学。直线概念需要一种更一般的数学定义，使它不仅能在欧几里得几何中获得一席之地，

① 大圆是一个穿过球心的平面切割球面所得到的圆。赤道和子午线均为这样的大圆。

还能把表面和空间中更复杂的线包括进来。要想作这样一种推广，可以把直线定义为某个表面或空间中描绘两点之间最短距离的线。在平面几何中，上述定义当然符合我们常见的直线概念；而在更复杂的曲面的情况下，它会引出一族定义明确的线，在这里所起的作用就如同普通“直线”在欧几里得几何中所起的作用。为了避免误解，我们常常把描绘曲面上最短距离的线称为测地线，因为这种观念最早是在测地学——即测量地球表面的科学——中被引入的。事实上，当我们谈起纽约与旧金山的直线距离时，我们是指“笔直地”沿着地球表面的曲线走，而不是像一台巨型钻机那样笔直地钻透地球。

这种把“广义直线”或“测地线”看成两点之间最短距离的定义暗示，作这种线有一种简单的物理方法，那就是在两点之间拉紧一根绳子。如果在平面上做，你会得到一条普通的直线；如果在球面上做，你会发现这根绳子沿着一个大圆的弧张紧，它对应于球面上的测地线。

通过类似的办法，我们也可以查明我们所身处的三维空间是平坦的还是弯曲的。我们只需在空间中的三个点之间拉紧绳子，看看由此形成的三个角之和是否等于 180°。不过，在设计这样一个实验时必须记住两点：一是实验必须在非常大的尺度上进行，因为曲面或弯曲空间的一个微小部分对我们来说可能显得很平坦，我们显然不能通过在后院里测量出来的结果来确定地球表面的曲率；二是此表面或空间也许在某些区域是平坦的，而在另一些区域是弯曲的，因此可能需要作完整的测量。

爱因斯坦在创立关于弯曲空间的广义理论时包含了一个了

不起的想法，那就是假定物理空间在巨大的质量附近会变弯曲；质量越大，曲率就越大。为了用实验来验证这个假说，我们可以环绕一座大山钉三个木桩，在木桩之间拉紧绳子（图 40a），然后测量绳子在三个木桩处形成的夹角。即使选择了最大的山，哪怕是喜马拉雅山，你也会发现，考虑到可能的测量误差，三个角之和将正好等于 180° 。但这个结果并不必然意味着爱因斯坦是错的，并不表明大质量的存在不会使其周围的空间发生弯曲，因为即使是喜马拉雅山，可能也不会使周围的空间弯曲到能用我们最精密的测量仪器记录下来。大家还记得伽利略试图用遮光灯测量光速时的惨败吧！（图 31）

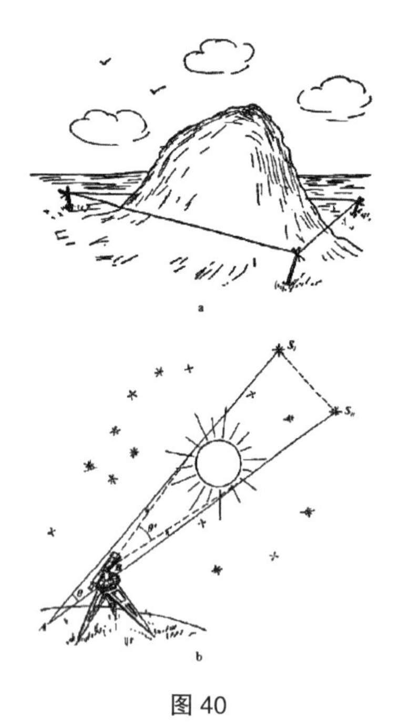

图 40

因此不要灰心，找个更大的质量再试一次，比如太阳。

如果你在地球上某个点拴根绳子扯到一颗恒星上去，再从这颗恒星扯到另一颗恒星上，然后再回到地球上原来那个点，并让太阳围在绳子组成的三角形内。你瞧，这下要成功了！你会看到，这三个角之和将与 180° 有显著不同。如果你没有足够长的绳子来作这项实验，可以把绳子换成一束光线，因为光学告诉我们，光总是走所有可能路线中最短的。

图 40b 是这项测量光线夹角的实验的示意图。位于太阳两侧的恒星 S_I 和 S_{II} 发出的光线会聚到经纬仪中，这样便测出了它们的夹角。然后等太阳离开时再重复进行实验，并把两个角度加以比较。如果有所不同，就证明太阳的质量改变了其周围空间的曲率，使光线偏离了原路。这个实验最初是爱因斯坦为了检验自己的理论而提出来的。将它与图 41 所示的二维类比相比较，读者们可以获得更好的理解。

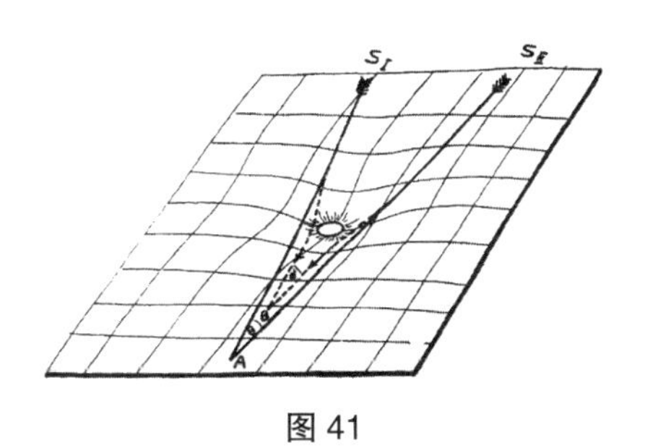

图 41

在通常条件下做爱因斯坦的这项实验显然有一个实际障碍：耀眼的太阳光使我们看不到它周围的星星。不过在日全食期间，星星在白天也是清晰可见的。1919 年，一支英国天文远征队前往西非的普林西比群岛进行实际检验，那里是当年日全食的最佳观测地点。结果发现，两颗恒星的角距离在有太阳和没有太阳介于其间的情况下相差 1.61"±0.30"。而爱因斯坦的理论预言这个值为 1.75"。后来所做的各种远征也得到了类似的观测结果。

当然，1.5 角秒并不大，但已足以证明，太阳的质量的确迫使它周围的空间发生了弯曲。

如果能用其他某个大得多的星体来代替太阳，关于三角形内角和的欧几里得定理就会出现若干分甚至若干度的误差。

一个内部的观察者需要一定的时间和丰富的想象力，才能习惯于弯曲三维空间的观念，不过一旦被正确理解，它就会和我们所熟知的其他任何古典几何学概念一样清晰明确。

我们还需要再前进一步，才能完全理解爱因斯坦的弯曲空间理论及其与万有引力这个基本问题的关系。我们不要忘了，刚才一直在讨论的三维空间只是充当着所有物理现象背景的四维时空世界的一部分。因此，空间的弯曲本身仅仅反映了更一般的四维时空世界的弯曲，而表示这个世界中光线运动和物体运动的四维世界线必须被看成超空间中的曲线。

从这种观点来考察问题，爱因斯坦得出了一个著名结论：重力现象仅仅是四维时空世界的弯曲所产生的效应。事实上，太阳施加某个力直接作用于行星，使之围绕太阳沿圆形轨道运动，这种旧的说法现在可以被视为不当而加以抛弃。更准确的说法则是：太阳的质量使它周围的时空世界发生了弯曲，图 30 中行星的世界线之所以是那个样子，仅仅因为它们是穿过弯曲空间的测地线。

这样一来，作为一种独立的力的重力概念就从我们的思想中彻底消失了。取而代之的则是纯粹的空间几何学概念，在这个空间中，所有物体都按照其他大质量所造成的弯曲沿着“最直的线”或测地线运动。

四、封闭空间和开放空间

在结束本章之前，还须简要讨论一下爱因斯坦时空几何学中的另一个重要问题，那就是宇宙是否有限。

迄今为止，我们一直在讨论空间在大质量附近的局域弯曲，这就好像宇宙这张巨大的脸上散布着各种“空间粉刺”。但撇开这些局域偏差不谈，宇宙的脸是平坦的还是弯曲的？如果是弯曲的，又是以何种方式弯曲的呢？图42对长有“粉刺”的平坦空间和两种可能的弯曲空间做出了二维描绘。所谓的“正曲率”空间对应于球面或其他任何封闭的几何形体的表面，无论朝着什么方向，它都以“同样的方式”弯曲。与之相反的“负曲率”空间则在一个方向上向上弯，在另一个方向上向下弯，很像一个马鞍面。这两种弯曲的区别很容易弄清楚：你可以从足球和马鞍上分别割下一块皮子，试着把它们在桌面上摊平。你会注意到，如果既不伸展又不收缩，那么两者都摊不成平面。足球皮的边缘必须伸展，马鞍皮的边缘必须收缩；足球皮的中心周围没有足够的材料将它摊平，而马鞍皮的材料又多了些，要想弄得平坦光滑总会折叠起来。

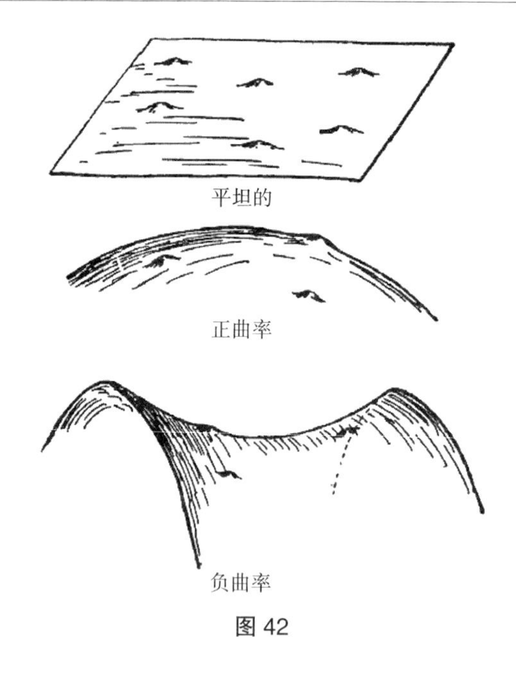

图 42

对于这一点还能作另一种表述。假如我们（沿着表面）从某一点开始数距离它 1 英寸、2 英寸、3 英寸等范围内“粉刺”的个数，我们会发现：在平坦的表面上，“粉刺”个数是像距离的平方即 1，4，9... 那样增长的；在球面上，“粉刺”数目的增长会比平面上慢一些；而在“马鞍”面上则比平面上快一些。于是，生活在表面上的二维影子科学家虽然无法从外面打量该表面的形状，但仍然能通过计算落在不同半径的圆内的粉刺数来觉察它的弯曲状况。这里我们还会注意到，正曲率与负曲率之间的差别显示于对相应三角形角度的测量。正如我们在上一节看到的，画在球面上的三角形的内角和总是大于 180°。如果你在马鞍面上画一个三角形，会发现它的内角和总是小于 180°。

上述由曲面得到的结果可以推广到弯曲的三维空间，并得到下表：

空间类型	远距离状况	三角形内角和	体积增长情况
正曲率（类似球面）	自行封闭	$>180°$	慢于半径立方
平　直（类似平面）	无穷伸展	$=180°$	等于半径立方
负曲率（类似马鞍面）	无穷伸展	$<180°$	快于半径立方

这张表可以用来回答我们生活的这个空间究竟是有限的还是无限的。我们将在讨论宇宙大小的第十章来探讨这个问题。

第三部分

微观世界

第六章　下降的阶梯

一、希腊观念

我们在分析物体的性质时，不妨先从某个“正常大小”的熟悉物体开始，然后再一步步进入其内部结构，以寻求目力所不及的所有物质性质的最终来源。让我们先从一碗端上餐桌的蛤肉杂烩汤开始讨论。我们之所以选择蛤肉杂烩汤，与其说是因为它味道鲜美、营养丰富，不如说是因为它是所谓混合物的一个很好的例子。不借助显微镜就可以看出，它是由许多不同成分混合而成的：蛤蜊片、洋葱丝、番茄块、芹菜段、土豆丁、胡椒粒、肥肉末，所有这一切都混在盐水里。

我们在日常生活中遇到的物质（尤其是有机物）大都是混合物，不过在许多情况下，我们需要借助显微镜才能认识这一点。例如，用低倍放大镜就能看到，牛奶是小滴奶油悬浮在一种均匀的白色液体中而形成的乳状液。

普通的土壤是一种精细的混合物，其中含有石灰石、高岭土、石英、铁的氧化物、其他矿物质、盐类以及由腐烂的动植物所形成的有机物质。如果把一块普通的花岗岩表面磨光，我们便立即可以看出，这块石头是由三种不同的物质（石英、长石和云母）的小结晶体牢固结合而成的一个坚实的东西。

在我们对物质内部结构的研究中，混合物的构成只是这座下降阶梯的第一级，接下来我们可以对组成混合物的每一种纯净成分进行直接研究。对于像一根铜丝、一杯水或室内空气（当然，悬浮的灰尘不予考虑）这样真正纯净的物质，用显微镜是显示不出有什么不同成分的，这些材料自始至终都显得是连续的。诚然，铜丝乃至几乎任何固体（除了由不结晶的玻璃材料所组成的那些固体）经过高倍放大都会显示出一种所谓的粗晶结构，但是在纯净物中，我们看到的晶体却都是同样本性的——铜丝中是铜晶体，铝锅中是铝晶体，等等，就像在食盐中只能找到氯化钠晶体一样。通过使用慢结晶这种专门技术，我们可以把食盐、铜、铝或任何其他纯净物的晶体增加到任何尺寸，每一小块这样的“单晶”物质都会完全同质，就像水或玻璃一样。

根据用肉眼和最精密的显微镜所作的这些观察结果，我们能否正当地假设这些所谓的纯净物无论放大到何种程度都不变样呢？换句话说，我们能否认为，一块铜、一粒盐、一滴水无论多么小，它们的性质都和大块儿完全一样，而且总能进一步分割成更小的部分呢？

第一个提出并试图回答这个问题的人是希腊哲学家德谟克利特（Democritus），他生活在大约2300年前的雅典。他对这个问题的回答是否定的。他更倾向于相信，某种物质无论看起来多么同质，都必定是由大量（他并不知道量有多大）很小（他也不知道有多小）的粒子构成的。他把这些粒子称为“原子”，意思是“不可分者”。不同物质中原子的数目虽然有所不同，但物质性质的差异仅仅是表面的，而不是实在的。火原子和水原子其实是一样的，只是表面上有所不同而已。事实上，所有物质都是由同样的永恒原子所构成的。

与德谟克利特同时代的恩培多克勒（Empedocles）对此的看法有所不同。他认为有几种不同的原子，这些原子以不同的比例混合起来，形成了各种各样的物质。

基于当时已知的一些初步的化学事实，恩培多克勒认为有四种原子对应于土、水、气、火这四种据称基本的物质。

根据这种观点，例如土壤是由土原子与水原子紧密混合而成的；混合得越好，土壤就越好。从土壤中长出的植物将土原子、水原子与来自太阳光的火原子结合起来，形成复合的木头分子。水元素逸出之后，木头就成了干柴。干柴的燃烧被认为是把木头分子分解或打碎成原来的火原子和土原子；火原子从火焰中逸出，土原子则作为灰烬留下来。

这种对植物生长和木头燃烧的解释其实是错误的。不过在科学的这个婴儿阶段，它倒显得非常合理。我们现在知道，植物生长所需的大部分物质并不像古人或许多现代人所以为的那样来自土壤，而是来自空气。除了为植物的生长提供支撑，并且充当一个蓄水器来保存植物所需的水分，土壤本身只提供植物生长所需的一小部分盐类。只要有顶针所包围的那一点儿土壤，即可种出一株大玉米。

实际上，大气是氮气与氧气的混合物，而不像古人以为的是一种简单元素，它还包含着一定数量的由氧原子和碳原子所构成的二氧化碳分子。在阳光的作用下，植物的绿叶吸收了大气中的二氧化碳，二氧化碳又与植物根部提供的水分发生反应，形成植物中的各种有机物质。其中一部分氧气会回到大气中，这个过程便是“室内植物使空气清新”的原因。

木柴燃烧时，木头分子再次与空气中的氧结合，重新变成二氧化碳和水蒸气从灼热的火焰中逸出。

至于“火原子”，古人曾认为进入了植物的物质结构，但实际上并不存在。阳光只提供了打破二氧化碳分子、从而形成可被植物消化的大气养料所需的能量；而且既然火原子并不存在，也就显然不能用火原子的“逃逸”来解释火焰；事实上，火焰是聚集起来的受热气流，因燃烧过程中释放的能量而变得可见。

我们再用一个例子来说明对化学变化看法的古今之别。大家知道，让矿石在高炉中经受高温，可以冶炼出不同的金属。初看起来，大多数矿石都和普通的石头差不多，难怪古代科学家们认为矿石和其他石头是由同一种土原子构成的。然而若把一块铁矿石丢入烈火，他们发现从中得出的东西与普通石头完全不同——一种闪闪发光的坚硬物质，可以用来制作优良的刀和矛头。对此现象最简单的解释是说，金属由土与火结合而成，或者换句话说，金属分子中结合了土原子和火原子。

在对金属作了这样的一般解释之后，他们又解释了铁、铜、金等不同金属的不同性质，说不同比例的土原子和火原子参与了它们的构成。闪闪发光的黄金不是显然比黑沉沉的铁包含着更多的火吗？

但如果是这样，为什么不往铁里加些火，或者干脆往铜里加些火，把它们变成贵重的黄金呢？中世纪那些讲求实际的炼金术士们正是作了这样的推理，才日夜守在烟熏火燎的炉旁，试图用贱金属合成出黄金。

从他们的观点来看，他们的工作就和现代化学家提出一种生产合成橡胶的方法一样合理。其理论和实践的谬误在于，他们认为黄金和其他金属是合成的而不是基本的。但如果不尝试，谁又能知道哪种物质是基本的，哪种物质是合成的呢？倘若没有这些早期的化学家们将铁铜变成金银的徒劳尝试，我们也许永远不会知道金属是基本的化学物质，而含金属的矿石则是由金属原子和氧原子结合而成的复合物（现代化学家所说的金属氧化物）。

铁矿石在高炉灼热的烈火中变成了金属铁，这并不像古代炼金术士们以为的那样是由于原子（土原子和火原子）的结合，而是由于原子的分离，即氧原子离开了复合的铁氧化物分子。暴露在潮湿中的铁的表面会生锈，这并不是铁在分解过程中火原子逃逸后剩下了土原子，而是铁原子与空气或水中的氧原子结合成了复合的铁氧化物分子。①

---

① 炼金术士会用以下公式来表示对铁矿石的处理：

土原子 + 火原子 ⟶ 铁分子，
（矿石）

把铁的生锈表示为：

铁分子 ⟶ 土原子 + 火原子。
（锈）

而我们则会把这些过程写为：

铁氧化物分子 ⟶ 铁原子 + 氧原子
（铁矿石）

和

铁原子 + 氧原子 ⟶ 铁氧化物分子。
（锈）

从以上讨论可以清楚地看出，古代科学家们对物质和内部结构和化学变化本质的构想基本上是正确的，他们的错误在于没有正确理解什么是基本物质。事实上，恩培多克勒所列出的四种基本物质其实都不基本：气是几种不同气体的混合物，水分子是由氢原子和氧原子构成的，土的组成非常复杂，包含许多不同成分，而火原子则根本不存在。

实际上，自然之中存在着92种而不是4种不同的化学元素，即存在着92种不同的原子。其中像氧、碳、铁、硅（大多数岩石的主要成分）等化学元素在地球上相当丰富，大家也都很熟知；另一些则非常稀少，像镨、镝、镧之类的元素你也许从未听说过。除了这些天然元素，现代科学还用人工方法成功地制造出几种全新的化学元素，本书稍后还会讨论它们。其中的钚元素注定要在原子能的释放方面起重要作用（无论作为战争用途还是和平利用）。这92种基本元素的原子以各种比例相结合，便形成了水、黄油、油、土壤、石头、骨头、茶、炸药等无数复杂的化学物质。还有许多化合物，比如甲基异丙基环已烷，或氯化三苯基吡喃鎓，虽然化学家可能熟知，但大多数人恐怕连念都念不下来。目前，人们正在一卷又一卷地编写化学手册来总结无数原子组合的性质和制备方法呢。

二、原子有多大？

德谟克利特和恩培多克勒在谈到原子时，本质上是把他们的论证建基于一种哲学观念，即我们无法想象物质能被分成越来越小的部分而永远达不到一个不可再分的单元。

现代化学家在谈到原子时，意思则要明确得多，因为要想理解化学的基本定律，就必须精确知道基本的原子及其在复杂分子中的组合。根据化学的基本定律，不同的化学元素只有按照明确的重量比例才能结合起来，这些比例必定反映了这些元素原子的相对重量。例如，化学家们得出结论说，氧原子、铝原子和铁原子的重量分别是氢原子质量的16倍、27倍和56倍。不过，虽然不同元素的相对原子重量是最重要的基本化学信息，但真正的原子重量是多少克，在化学研究中根本不重要。了解这些精确的重量丝毫不会影响其他化学事实，也不会影响化学定律和化学方法的运用。

然而，物理学家在思考原子时首先必定会问："原子的真实大小是多少厘米？重多少克？一定量的物质含有多少分子或原子？能够对单个分子和原子进行观察、计数和操纵吗？"

有许多种不同的方法来估计原子和分子的大小，其中一种最为简单，倘若德谟克利特和恩培多克勒碰巧想到了这种方法，兴许也能在没有现代实验设备的情况下使用它。如果构成某个物体（比如一根铜丝）的最小单位是原子，那就显然不可能把该物体变成比这样一个原子的直径还薄的薄片。于是，我们可以试着把这根铜丝拉长，直到它最终成为一个单个原子链；或者把它砸成厚度只有一个原子直径的铜箔。不过，对于铜丝或任何其他固体材料而言，这项任务几乎是不可能完成的，因为这种材料不可避免会在达到想要的最小厚度之前断裂。但把液体材料（比如水面上的一个油膜薄层）铺展为一层由它的单个分子所组成的“地毯”却很容易。在这层薄膜中，“个体”分子彼此之间只在横向相连，而没有纵向堆积。只要认真和耐心，读者们可以亲自做这项实验，用简单的方法测量出油分子的大小。

取一个浅而长的容器（图 43），将它置于桌子或地板上，使之完全水平。往里加水到将近溢出，在容器上搭一根金属线，近乎与水面接触。现在，如果向金属线的一侧加入一小滴纯油，油就会布满金属线这一侧的整个水面。若是沿着容器边缘朝另一侧移动金属线，油层就会随着金属线而铺展开来，变得越来越薄，其厚度最终会等于单个油分子的直径。达到这一厚度之后，金属线的任何进一步移动都会导致这层连续的油膜破裂，形成水洞。知道了滴入水中的油量以及油膜破裂以前的最大面积，很容易算出单个油分子的直径。

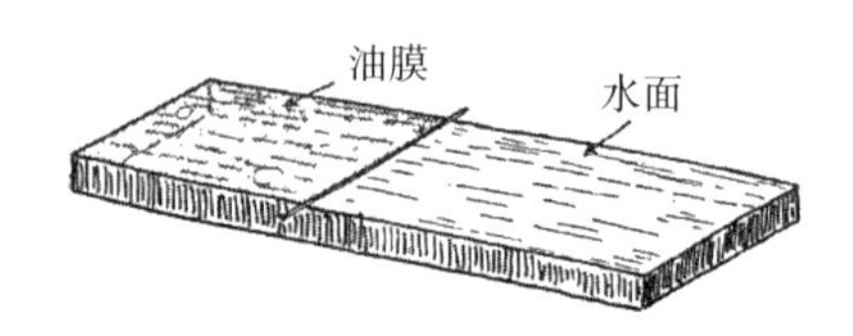

图 43　水面上的油膜薄层伸展得太过就会断裂

做这个实验的时候，你会注意到另一个有趣的现象。当把油滴在水面时，你首先会看到油面上熟悉的彩虹色，你也许在港口附近的水面上多次见到过这种颜色。它是从油层上下两个界面反射出来的光线干涉的结果。不同位置之所以有不同的颜色，是因为油层在扩散过程中各处的厚度不均匀。如果稍等片刻让油层铺匀，整个油面就会有均一的颜色。随着油层变得越来越薄，其颜色将按照光线波长的减小逐渐由红转黄，由黄转绿，由绿转蓝，再由蓝转紫。如果油面的面积再扩展下去，颜色就完全消失了。这并不意味着油层不存在，而是油层的厚度已经小于最短的可见波长，其颜色已经超出我们的视觉范围。不过，你仍然能够分清油面与清晰的水面，因为从这个薄层上下表面反射出来的两束光线会发生干涉，使光的总强度减小。于是，当颜色消失时，油面仍将因为显得有些“昏暗”而区别于清晰的水面。

实际做这项实验的时候，你会发现，1 立方毫米的油可以覆盖大约 1 平方米的水面。但若想把油膜进一步拉开，就会露出清晰的水面了。

三、分子束

还有一个有趣的方法可以演示物质的分子结构，那就是研究气体或蒸气经由小孔涌向周围的真空。

假定有个抽空的大玻璃泡，内置一个小电炉，所谓的电炉其实是一个壁上钻有小孔的陶制圆筒，外面缠有供热的电阻丝。如果把某种低熔点金属比如钠或钾放入电炉，圆筒中就会充满金属蒸气，并将从圆筒上的小孔泄漏到周围的空间。一旦碰到冷的玻璃壁，金属蒸气就会附在上面。玻璃壁各处形成的镜子般的金属沉积薄层将会清楚地显示出物质逸出电炉之后的行进过程。

此外我们还会看到，如果炉温不同，玻璃壁上金属膜的分布也会不同。炉温很高时，炉子内部金属蒸汽的密度会很大，这时的现象就像水蒸气从茶壶或蒸汽机里逸出。从小孔出来的金属蒸汽会朝四面八方扩散（图 44a），充满整个玻璃泡，并且较为均匀地沉积在整个内壁上。

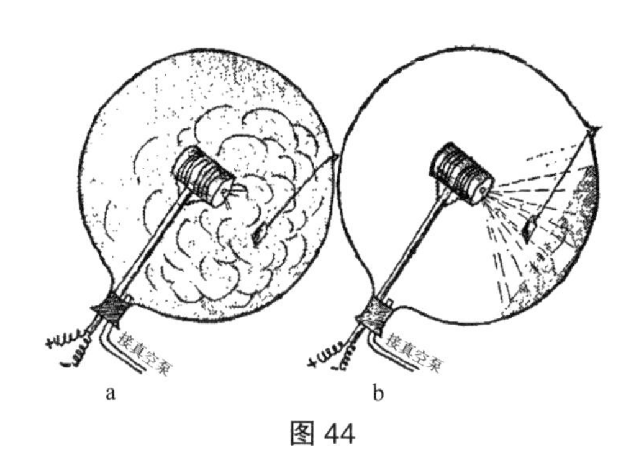

图 44

然而炉温较低时，炉内蒸汽的密度也会较低，此时现象就完全不一样了。从小孔逸出的物质不再朝四面八方扩散，而是似乎沿一条直线运动，其中大部分都沉积在正对着炉子开口的玻璃壁上。如果在开口前面放一个小物体（图 44b），这种现象就更加明显了。物体背后的玻璃壁上不会形成沉积，这块空白沉积区域的形状将和障碍物的几何影子完全一样。

如果我们还记得，蒸汽是由空间中沿四面八方彼此冲撞的大量分子形成的，那么就很容易理解密度大小不同的蒸汽逸出时为何会有那样的行为差异。蒸汽密度很高时，气流从小孔冲出就像惊慌失措的人流从失火剧场的出口涌出来一样，从门口出来之后，他们在大街上四散奔逃时仍然在相互冲撞；而蒸汽密度很低时，就好像从门里一次只出来一个人，因此可以直线前进而不受干涉。

这种从炉孔排出的低密度蒸汽物质流被称为“分子束”，它是由并排飞越空间的大量分子组成的。这种分子束对于研究分子的某些性质非常有用。例如，我们可以用它来测量热运动的速度。

斯特恩（Otto Stern）最早发明了这种装置来研究分子束的速度，它实际上等同于斐索用来测定光速的仪器（见图 31）。它的两个齿轮被安装在同一个轴上，只有以正确的角速度旋转时才能让分子束通过（图 45）。斯特恩用一块隔板拦住从这样一个仪器发出的一束很细的分子束，表明分子运动的速度一般来说是很大的（200℃时钠原子的速度是每秒 1.5 公里），而且随着气体温度的升高，分子运动的速度还会加大，这便直接证明了热的运动论。根据这种理论，物体热量的增加纯粹是物体分子无规则热运动的加剧。

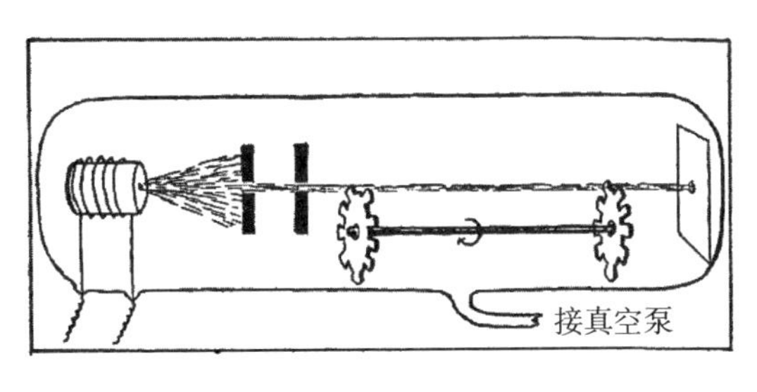

图 45

四、原子摄影

上面这个例子几乎无可置疑地证明了原子假说的正确性。但既然“眼见为实”，要证明分子和原子存在，最令人信服的证据莫过于亲眼见到这些微小的单元本身了。直到最近，英国物理学家布拉格（William Lawrence Bragg）才用他发明的对晶体内原子和分子进行摄影的方法实现了这样一种视觉演示。

但不要以为给原子摄影很容易，因为在给这么小的物体拍照时，必须考虑一个事实：如果照明光线的波长大于被拍摄物体的尺寸，照片就会非常模糊。你总不能用刷墙的刷子来画波斯细密画吧！和微小的微生物打交道的生物学家都很清楚这个困难，因为细菌的大小（约 0.000 1 厘米）与可见光的波长类似。要使细菌的像更加清晰，需要用紫外光给细菌摄影，才能获得更好的效果。但分子的尺寸及其在晶格中的距离实在太小（0.000 000 01 厘米），无论可见光还是紫外光都无法用来绘制它们。想要看到单独的分子，就必须使用波长比可见光短数千倍的射线或所谓的 X– 射线。

但这样一来，我们又碰到了一个似乎无法解决的困难：X– 射线几乎可以穿透任何物质而不发生衍射，因此使用 X– 射线时，无论透镜还是显微镜都不会管用。当然，这种性质以及 X– 射线强大的穿透力在医学上很有用，因为 X– 射线穿透人体时的衍射会把所有 X– 射线底片都弄模糊。但正是由于这种性质，我们似乎不可能得到任何一张用 X– 射线拍摄的放大照片！

初看起来，情况似乎没有什么希望，但布拉格找到了一个非常巧妙的办法来解决困难。他的思考基于阿贝（Ernst Abbé）提出的显微镜的数学理论。根据阿贝的说法，任何显微镜图像都可以被视为大量分离图样的叠加，而每一个图样又是以某个角度贯穿视场的平行暗带。图 46 是一个简单的例子，表明黑暗视场中央处一个明亮的椭圆区域可以通过四个分离的暗带图样叠加而成。

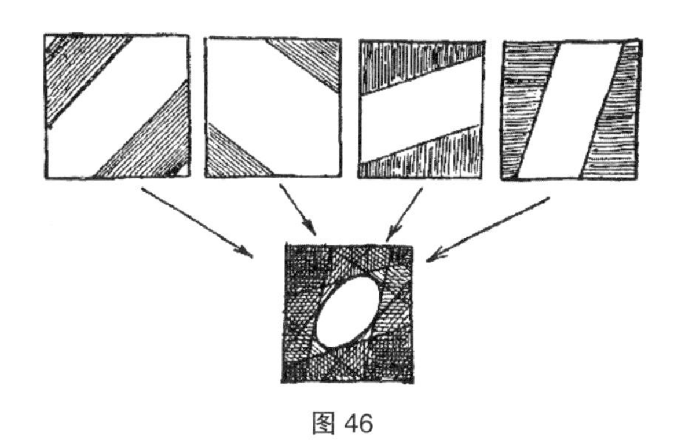

图 46

根据阿贝的理论，显微镜的运作过程是：（1）把原有图像分解成大量分离的暗带图样；（2）把每一个图样放大；（3）把这些图样重新叠加在一起，得到放大的图像。

这个过程类似于用几块单色板印制彩色图片的方法。如果单独看每一块色板，你可能看不出图片究竟画了什么，然而它们一旦以恰当的方式叠印出来，整个画面就清晰分明地呈现出来了。

由于不可能制造出能够自动完成所有这些操作的X-射线透镜，我们不得不逐步进行：先从各个角度拍摄大量单独的X-射线晶体暗带图样，再以恰当的方式将它们叠印在一张感光纸上。于是，我们做的是和X-射线透镜完全一样的事情，只不过透镜几乎一瞬间就能完成，而一个技巧娴熟的实验员却要忙上好几个小时。因此，布拉格的方法只能用来拍摄分子总是待在原地的晶体，而不能拍摄分子在疯狂乱舞、四处冲撞的液体和气体。

虽然用布拉格的方法拍摄的照片不能“咔嚓”一下就到手，

但合成出来的照片同样完美而准确。如果因技术理由而不能在一张底片上拍下整座大教堂，那么不会有人反对用几张图合成出一幅大教堂照片。

插图 1 便是以这种方式拍摄的六甲苯分子的 X- 射线照片，化学家将它写成：

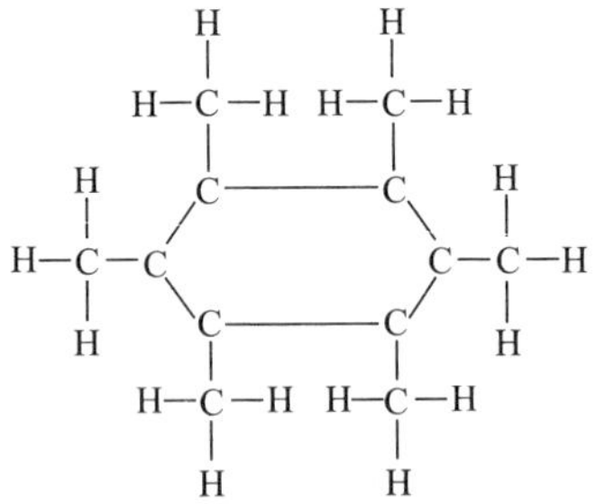

```
              H       H
              |       |
           H—C—H   H—C—H
              |       |
     H        C———————C        H
     |       /         \       |
  H—C—C                 C—C—H
     |       \         /       |
     H        C———————C        H
              |       |
           H—C—H   H—C—H
              |       |
              H       H
```

由六个碳原子构成的碳环以及与之相连的另外六个碳原子都在照片上清晰地呈现出来。较轻的氢原子的印记则几乎看不到。

即使是最最多疑的人，在亲眼看见这样的照片之后，也会同意分子和原子的存在性得到证实了吧。

五、将原子剖开

德谟克利特所说的“原子”在希腊文中的意思是“不可分者”，也就是说，这些微粒代表着将物质分成其组分的最终可能界限，换句话说，原子是所有物体所由以构成的最小、最简单的组成部分。数千年后，“原子”这个最初的哲学观念被纳入了精确的物质科学，在大量经验证据的基础上成了有血有肉的实体。此时，相信原子是不可分的这个信念仍然存在着。人们假想，不同元素的原子之所以有不同的性质，是因为几何形状有所不同。例如，氢原子被认为近乎球形，钠原子和钾原子则被认为具有长椭球的形状。另一方面，氧原子被认为是面包圈形的，但中心那个洞几乎完全封闭，这样一来，将两个球形的氢原子放入氧原子面包圈两边的洞内，就会构成一个水分子（H_2O）。至于水分子中的氢被钠或钾所取代，则被解释为拉长的钠原子和钾原子比球形的氢原子更适合氧原子面包圈中间的洞（图 47）。

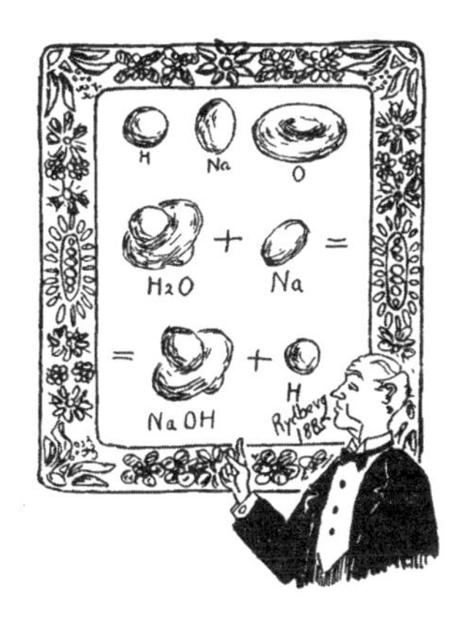

图 47　右下角的签名是：里德伯，1885 年

这些观点认为，不同元素之所以会发射不同的光谱，是因为不同形状的原子有不同的振动频率。根据这种推理，物理学家们曾试图用观测到的各元素发射的光的频率来确定不同原子的形状，就像我们对小提琴、教堂钟声、萨克斯的声音差异所作的声学解释一样。

然而，完全基于原子的几何形状来解释各种原子的物理、化学性质的这些尝试无一取得有意义的进展，直到人们意识到原子并不仅仅是各种几何形状的简单物体，而是有着大量独立运动部分的复杂结构，对原子性质的理解才向前迈出了实质性的一步。

著名英国物理学家汤姆孙（Joseph John Thomson）第一次对精细的原子躯体作了解剖。他表明，各种化学元素的原子都是由带正电和带负电的部分构成的，电吸引力把它们结合在一起。汤姆孙设想，原子是由大体上均匀分布的正电荷和在其内部浮动的许多带负电的粒子构成的（图 48）。带负电粒子（或汤姆孙所谓的电子）的总电荷数等于总的正电荷，因此整个原子是电中性的。但由于原子对电子的束缚不太强，可能会有若干个电子离去，剩下一个被称为正离子的带正电的部分；另一方面，有的原子会从外部得到若干个额外的电子，因而有了多余的负电荷，因此被称为负离子。这种将多余的正电或负电赋予原子的过程被称为电离过程。汤姆孙的这种观点建立在法拉第（Michael Faraday）经典成果的基础上，法拉第已经证明，只要原子带电，那么其电荷总是 5.77×10^{-10} 个静电单位的电量的整数倍。但汤姆孙比法拉第走得更远：他将一个个粒子的性质归因于这些电荷，提出了从原子中获取电子的方法，还对高速飞过空间的自由电子束进行了研究。

汤姆孙研究自由电子束的一个特别重要的成果是估算了电子的质量。他用强电场从某种材料（比如热电炉丝）中提取出一束电子，让它从一个充电电容器的两个极板之间穿过（图

49）。由于电子束带负电，或者说得更准确一些，电子本身就是自由的负电荷，所以电子束会被正极板吸引，被负极板排斥。

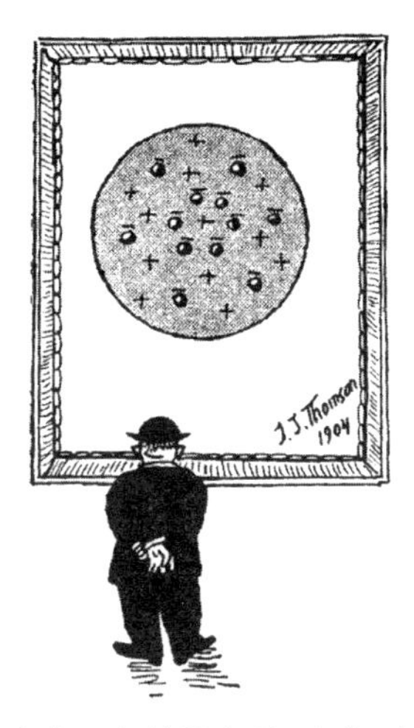

图 48　图中右下角的签名是：汤姆孙，1904 年

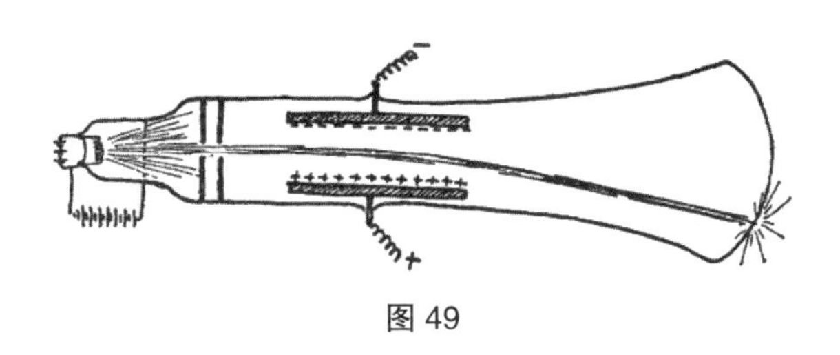

图 49

让电子束打在电容器后面的荧光屏上，便很容易看出由此导致的电子束的偏离。知道了电子的电量和在给定电场中的偏离，就能估算出电子的质量。它的确很小，汤姆孙发现电子的质量只有氢原子质量的 1/1840，这暗示原子的主要质量包含在它带正电的部分中。

汤姆孙虽然正确地认为原子中有一群带负电的电子在运动，却又误以为正电荷均匀地分布在整个原子中。卢瑟福（Ernest Rutherfard）在1911年表明，不仅原子的大部分质量，而且原子的正电荷都集中在位于原子中心的一个极小的原子核内。这个结论得自他著名的 α 粒子散射实验。α 粒子是某些极不稳定的元素（比如铀或镭）的原子自动衰变时射出的微小的高速粒子，由于其质量被证明与原子的质量相当，又带正电，所以一定是原来原子中带正电部分的片段。α 粒子穿过靶材料的原子时，会受到原子中电子的吸引力和带正电部分排斥力的影响。但由于电子极轻，它们对入射 α 粒子的影响不会超过一群蚊子对一头受惊大象的影响。另一方面，原子中质量很大的带正电部分与距离足够近的入射 α 粒子的正电荷之间的斥力，必定会使 α 粒子偏离正常的路径，朝着四面八方散射。

然而，卢瑟福在研究 α 粒子束穿过一个铝膜薄层的散射时，得出了一个令人惊讶的结论：要想解释观测到的结果，必须假设入射的 α 粒子与原子的正电荷之间的距离小于原子直径的千分之一，而这只有在入射的 α 粒子和原子带正电的部分比原子本身小数千倍时才是可能的。因此，卢瑟福的发现将汤姆逊原子模型中广为散布的正电荷缩小成一个位于原子正中心的微小的原子核，而那群带负电的电子则留在外边。这样一来，原子不再像电子充当瓜子的西瓜，而是像一个微缩的太阳系，其中原子核代表太阳，电子代表行星（图50）。

图 50　左下角的签名是：卢瑟福，1911 年

以下事实更进一步加强了原子与太阳系的相似性：原子核包含着整个原子质量的 99.97%，而整个太阳系质量的 99.87% 都集中于太阳，电子间距与电子直径之比也大致等于行星间距与行星直径之比（数千倍）。

然而，最重要的相似之处在于：原子核与电子之间的电吸引力和太阳与行星之间的引力都服从同样的数学平方反比律。[①] 这使得电子绕原子核描出圆形或椭圆形的轨道，就像行星和彗星在太阳系中运动描出的轨道一样。

根据上述关于原子内部结构的观点，各种化学元素原子之间的差异应当归因于有不同数目的电子在围绕原子核运转。既然整个原子是电中性的，所以绕核运转电子的数目必定取决于

① 即力的大小与两个物体之间距离的平方成反比。

原子核本身所带的基本正电荷的数目，而这个数可以根据原子核的电相互作用使 α 粒子在散射过程中发生的路径偏转直接估算出来。卢瑟福发现，如果按照原子重量的递增顺序将化学元素排成序列，那么每一种元素的原子都比前一种元素增加一个电子。于是，氢原子有 1 个电子，氦原子有 2 个，锂原子有 3 个，铍原子有 4 个，这样以此类推，最重的天然元素铀的原子总共有 92 个电子。[①]

这个为原子指定的数值通常被称为相关元素的原子序数，它与该元素在化学家按照化学性质所作分类中的位置数相同。

于是，任何元素的所有物理、化学性质都可以单纯用绕核旋转的电子的数目来刻画。

到了 19 世纪末，俄国化学家门捷列夫（D. Mendeleev）注意到，以自然序列排成的元素的化学性质具有明显的周期性。他发现元素的性质每隔几步就重复一次。图 51 描绘了这种周期性，图中所有已知元素都排列在围绕圆柱表面的一条螺旋形带子上，每一列的元素都具有相似的性质。我们看到，第一组只有氢和氦两种元素；然后是两组各有 8 个元素；再后来，每隔 18 个元素，元素性质就重复一次。如果我们还记得，沿着这个元素序列每走一步，原子就会相应地增加一个电子，那么我们必定会得出结论说：观察到的化学性质之所以具有周期性，必定是因为原子的电子有某些稳定的构形——或者说“电子壳层”——在重复出现。第一层填满时有两个电子，接下来两层填满时各有 8 个电子，再

① 现在利用“炼金术”（见后）可以用人工方法制造出更为复杂的原子，比如用来制造原子弹的人造元素钚有 94 个电子。

往后则各有 18 个电子。由图 51 我们还注意到，在第六和第七个周期中，性质的严格周期性变得有些混乱，这两组元素（所谓的镧系和锕系）必须被置于从规则的圆柱表面伸出的一条带子上。这种反常是由于这些元素的电子壳层结构发生了某种内部重构，把相关原子的化学性质弄乱了。

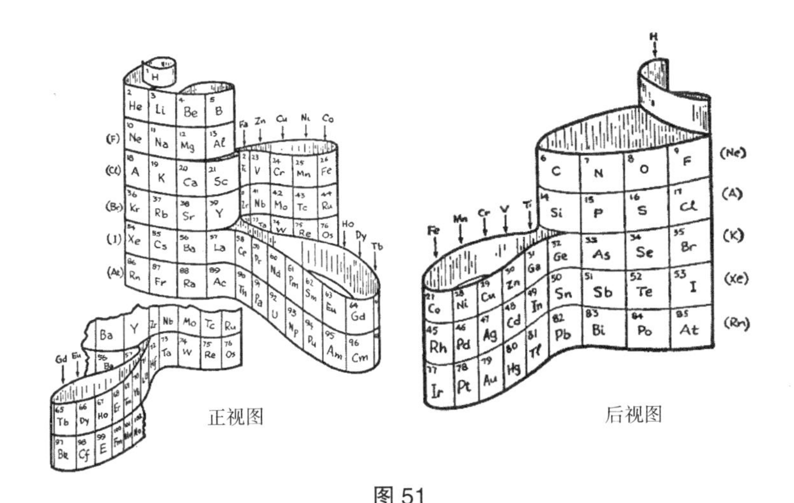

图 51

既然有了原子结构图，我们就来试着回答一下，将不同元素的原子结合在一起，形成无数种化合物的复杂分子的力是怎样的呢？例如，为什么钠原子和氯原子会合在一起形成食盐分子呢？图 52 显示了这两个原子的壳层结构：氯原子的第三个电子壳层要想填满还缺少一个电子，而钠原子的第二个壳层填满后还多出一个电子。这样一来，钠原子的这个多余的电子必然倾向于进入氯原子，把那个电子壳层填满。这种电子转移使得钠原子（因失去一个电子）带正电，氯原子带负电。这两个带电原子

（或现在所谓的离子）之间的电吸引力使它们结合在一起，形成一个氯化钠分子，亦即食盐分子。同样道理，氧原子的外壳层缺少两个电子，因此会从两个氢原子那里“绑架”走它们仅有的电子，形成一个水分子（H_2O）。另一方面，氧原子和氯原子之间、氢原子和钠原子之间就没有结合的倾向，因为前者都是想要不想给，后者都是想给不想要。

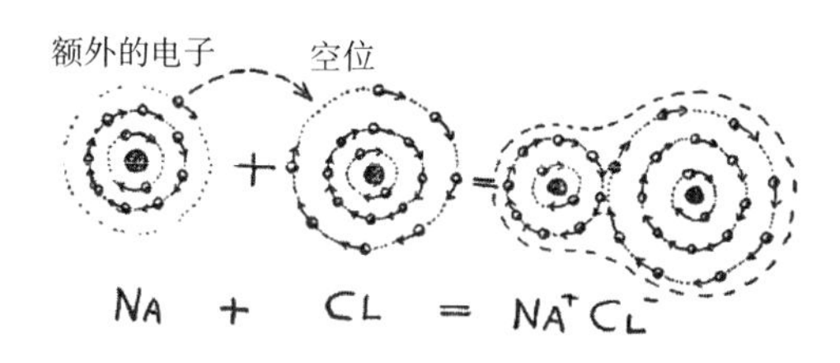

图 52　钠原子与氯原子结合成氯化钠分子的示意图

氦、氖、氩、氙等电子壳层已填满的原子都非常满足。它们既不需要给出也不需要拿来额外的电子，而是愿意非常孤独地待着，从而使相应的元素（所谓“稀有气体”）在化学上显示为惰性。

在讨论原子及其电子壳层的这一节的最后，我们还要谈一下原子的电子在通常所谓的“金属”物质中所起的重要作用。金属物质不同于所有其他物质，因为金属原子的外壳层很松，往往会释放一个或几个电子。因此，金属内部充满了大量不受束缚的电子，仿佛一群流离失所的人在漫无目标地游荡。如果给一根金属丝的两端加上电压，这些自由电子就会沿着电压的方向涌过去，从而形成我们所说的电流。

自由电子的存在也使物质具有良好的热传导性，不过我们还是以后再谈这个话题吧。

六、微观力学和不确定性原理

我们在上一节看到，原子以及围绕其中心核旋转的电子所组成的系统非常像太阳系，因此我们自然会期待，支配行星绕日运转的业已建立的天文学定律也适用于原子系统。特别是，电吸引力的定律与引力定律很相似——这两种情况下的吸引力都与距离的平方成反比——这暗示原子的电子必定沿着以原子核为焦点的椭圆轨道运动（图 53a）。

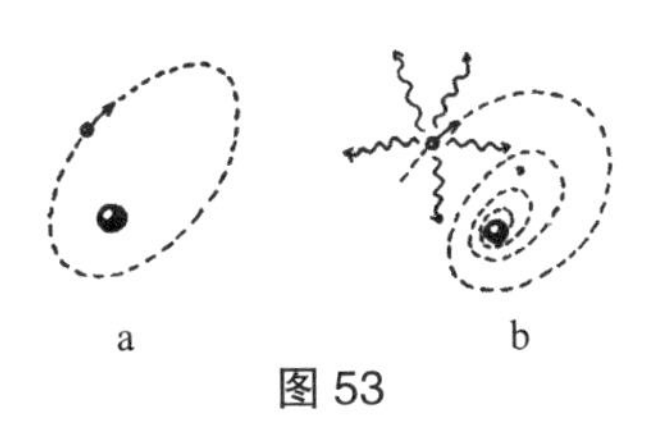

图 53

然而，按照描绘我们行星系统运动的方式来为原子中电子的运动建立一幅一致图像的各种努力，直到不久前还导致了一场未曾预料的大灾难，以致人们一度认为，要么是物理学家变得愚蠢至极，要么便是物理学本身出了问题。麻烦本质上源于这样一个事实：与太阳系的行星不同，原子的电子带有电荷，因此其绕核旋转必定会像任何振动或转动的电荷那样产生强烈的电磁辐射。由于辐射会带来能量损失，所以可以逻辑地假定，原子的电子会沿一条螺旋轨道接近原子核（图 53b），最后当轨道运动的动能完全耗尽时落到原子核上。由已知的电荷和电子的旋转频率很容易计算出，电子失去全部能量而落到原子核上，这个过程的时间不会超过百分之一微秒。

因此直到最近，物理学家还坚定地相信，行星式的原子结构只能持续一秒钟的极其微小的一部分，它注定会刚一形成就几乎立即瓦解。

然而，尽管物理学理论做出了这样不幸的预言，实验却表明原子系统其非常稳定，电子一直在围绕中心的原子核快乐地转动，既不损失任何能量，也没有任何瓦解的趋势！

这怎么可能呢！为什么把过去已经很确定的力学定律用于电子会导出与观测事实如此矛盾的结论呢？

为了回答这个问题，我们需要回到那个最基本的科学问题，即科学的本性问题。究竟什么是“科学”？对自然事实进行“科学解释”是什么意思呢？

举一个简单的例子。我们还记得，许多古人都相信大地是平的。我们很难对这种信念进行指责，因为如果你来到一片开阔的原野上，或者乘船渡河，你会亲眼看到，除了偶尔可能有几座山，大地表面看起来的确是平的。古人的错误不在于说“从某一给定的观察点看，大地是平的”，而在于把这句话推广到实际观察的界限之外。事实上，一旦观察超出了习惯的界限，比如研究月食期间地球落在月亮上的影子，或者麦哲伦著名的环游世界，便立即证明这种外推是错误的。我们现在说地球看起来是平的，仅仅是因为我们只能看见整个地球表面的很小一部分。同样，正如第五章所说，宇宙空间可能是弯曲而有限的，但是从有限的观察来看，它显得平坦而无限。

但这些东西与我们在研究原子中电子的力学行为时所碰到的矛盾有什么关系呢？回答是，在做这些研究时，我们已经暗地里假定，原子结构所精确服从的那些定律，也在支配着巨大天体的运动以及我们在日常生活中习惯于处理的“正常尺寸”的物体的运动，因此可以用同样的方式来描述原子结构。而事实上，我们所熟知的力学定律和概念都是针对大小与人相当的物体凭借经验建立的。后来同样的定律又被用来解释行星、恒星等更大物体的运动，天体力学使我们能够极为精确地计算出几百万年之前和之后的各种天文现象，这种成功似乎使人们不再怀疑能将惯常的力学定律有效地外推，以解释巨大天体质量的运动。

但我们有什么把握相信，这种用来解释巨大天体和炮弹、钟摆、陀螺等物体运动的力学定律，也能适用于比我们手头最小的机械装置都要小和轻许多亿倍的电子的运动呢？

当然，没有理由事先假定通常的力学定律必定无法解释原子微小组分的运动，但话又说回来，倘若真的无法解释，也不必太过惊讶。

因此，这些悖谬的结论缘于像天文学家解释太阳系中行星的运动那样来确定电子的运动。面对着这些结论，我们首先应当考虑在把经典力学运用于极小尺寸的粒子时，其基本概念和定律是否要发生变化。

经典力学的基本概念是运动粒子的轨迹以及沿其轨迹运动的速度。过去人们一直认为，任何运动的物质微粒在任一时刻都处在空间的某个确定的位置上，该微粒的相继位置形成了一条被称为轨迹的连续的线，这是不言自明的，它是对任何物体运动进行描述的基础。给定物体在不同时刻所处位置的间距除以相应的时间间隔，便引出了速度的定义。整个经典力学就建立在位置和速度这两个概念的基础上。直到最近，可能没有哪位科学家想到过用来描述运动现象的这些最基本的概念会有什么不对的，哲学家们也常常视之为先验的东西。

然而，尝试用经典力学定律来描述微小原子系统中的运动所导致的彻底失败表明，这里存在着某种根本的错误，而且人们越来越认为，这种错误延伸到了经典力学最基本的观念。运动物体的连续轨迹以及它在任一时刻的明确速度，这两个基本的运动学概念在运用于原子内部的微小组分时似乎太过粗糙。简而言之，在把我们所熟知的经典力学观念推广到极小质量的过程中，情况已经确切无疑地表明，我们必须彻底改变这些观念。不过，如果旧的经典力学概念并不适用于原子世界，那么在更大物体的运动方面，它们也不可能绝对正确。于是我们得出结论说：必须认为经典力学背后的原理仅仅是对“真实情况”的很好的近似，一旦被运用于比最初的预想更为精细的系统，这些近似就会完全失效。

通过研究原子系统中的力学行为以及提出所谓的量子力学，为物质科学引入了全新的要素，那就是发现两个不同物体之间任何可能的相互作用都存在着一个下限。这一发现破坏了运动物体的轨迹这个古典定义。事实上，说运动物体具有数学上精确的轨迹，就意味着有可能通过某种特殊的物理仪器来记录这一轨迹。但不要忘了，记录任何运动物体的轨迹，都必然会干扰原来的运动；事实上，如果该运动物体对记录其空间相继位置的测量仪器施加某种作用，那么按照作用与反作用相等的牛顿定律，该仪器也会对运动物体施加作用。如果像经典物理学所认为的那样，两个物体（这里是运动物体和记录其位置的仪器）之间的相互作用能够任意小，我们就能设想一种非常敏感的理想仪器，它既能记录运动物体的相继位置，又不会对物体的运动产生实际干扰。

然而，物理相互作用下限的存在彻底改变了这种情况，因为我们不再能把记录仪器对运动造成的干扰减到任意小。这样一来，观测活动对运动造成的干扰就成了与运动本身密不可分的一部分。于是，我们不再能谈论一条无限细的表示轨迹的数学曲线，而不得不代之以一条粗细有限的弥散的带子。从新力学的角度来看，经典物理学中数学上清晰的轨迹变成了弥散的宽带。

然而，物理相互作用的最小量（或者通常所说的作用量子）数值非常小，只有当我们研究微小物体的运动时才变得重要。例如，虽然一颗手枪子弹的轨迹并不是一条在数学上清晰的曲线，但这条轨迹的“粗细”却比子弹材料原子的直径小很多倍，因此几乎可以看成零。但对于那些更轻从而更容易受到观测行为干扰的物体来说，我们发现其轨迹的“粗细”变得越来越重要了。对于绕中心的原子核旋转的电子而言，轨迹的粗细与原子的直径相当，因此电子的运动不能再用图 53 那样的线来表示，而必须用图 54 的方式来描绘。在这些情况下，粒子的运动不能再用我们所熟悉的经典力学术语来描述，粒子的位置和速度都有某种不确定性（海森伯［Werner Heisenberg］的不确定性原理和玻尔［Niels Bohr］的并协原理）。[①]

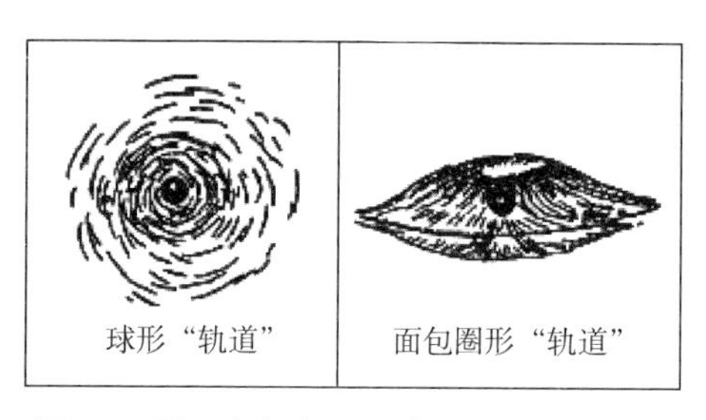

图 54 原子内部电子运动的微观力学图像

新物理学中这项惊人的进展将运动粒子的轨迹、精确位置和速度等我们所熟知的概念扔进了垃圾堆，这似乎使我们不知所措。倘若不能用这些业已接受的基本原则来研究电子的运动，我们对电子运动的理解该以什么为基础呢？应当用什么数学方法来取代经典力学方法，才能顾及量子物理学的事实所要求的位置、速度、能量等的不确定性呢？

要想回答这些问题，可以考察古典光论领域中的一个类似情形。我们知道，日常生活中观察到的大多数光学现象都可以通过假设光沿直线传播来解释。不透明物体投下的影子形状，平面镜和曲面镜所成的像，透镜和各种更复杂的光学系统的运作，都可以基于光线的反射和折射所遵循的基本定律而得到解释（图55a、b、c）。

但我们也知道，当光学系统中通路的几何尺寸与光的波长相当时，这种试图用光线来表示光的直线传播的几何光学方法

① 对不确定性原理的更详细讨论请参见拙作《物理世界奇遇记》（*Mr. Tompkins in Wonderland*，The Macmillan Co., New York, 1940）。

就完全失效了。这时发生的现象被称为衍射，它完全超出了几何光学的范围。一束光在通过一个微孔（数量级为 0.000 1 厘米）之后不再沿直线传播，而是成扇形散开（图 55d）。如果一束光射到一面划有许多平行细线的镜子（“衍射光栅”）上，光就不再遵循我们所熟知的反射定律，而是被抛向若干不同方向，具体方向取决于光栅的线条间距和入射光的波长（图 55e）。我们还知道，当光从铺展在水面上的油膜薄层反射回来时，会产生一系列特殊的明暗条纹（图 55f）。

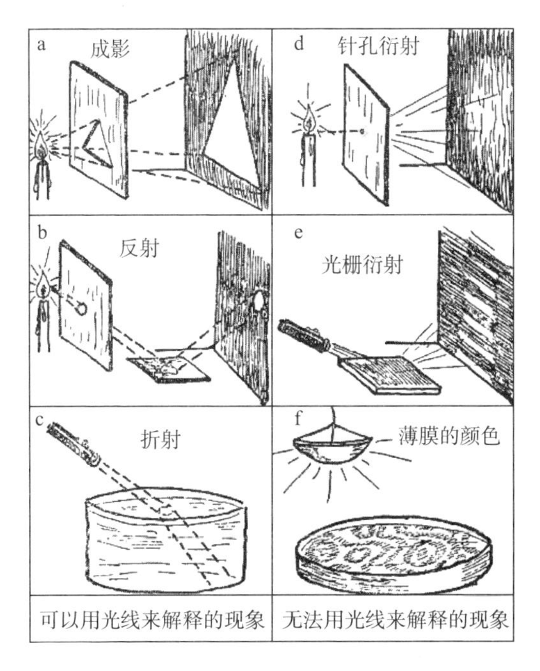

图 55

在所有这些情况下，“光线”这个熟悉的概念完全无法描述所观察到的现象。我们必须认识到，光能在整个光学系统所占据的空间中有一种连续的分布。

不难看到，光线概念无法运用于衍射现象，非常类似于机械轨迹概念无法运用于量子物理学现象。正如光学中不存在无限细的光束，量子力学原理也不允许我们谈论无限细的物体粒子轨迹。在这两种情况下，我们描述现象时不再能说有某种东西（光或粒子）沿着某些数学的线（光线或机械轨迹）来传播，而只能通过在整个空间中连续铺展的“某种东西”来描述观测到的现象。就光学而言，这“某种东西”是光在各个点的振动强度；就力学而言，这“某种东西”则是新引入的位置不确定性的观念，即运动粒子在任一时刻可以处在几个可能位置当中的任何一个位置，而不是处在一个预先确定的位置。我们不再能精确说出运动粒子在给定时刻位于何处，不过其范围可以根据“不确定性原理”的公式计算出来。研究光的衍射的波动光学定律和研究粒子运动的新的波动力学或微观力学（德布罗意［L. de Broglie］和薛定谔［Erwin Schrödinger］发展出来）定律之间的相似性，可以用实验来清楚地说明。

图 56 显示了斯特恩用来研究原子衍射的装置。用本章前述方法产生的一束钠原子从晶体表面反射出来。形成晶格的规则排列的原子层在这里充当着入射粒子束的衍射光栅。入射的钠原子从晶体表面反射出来后，被收集到按不同角度放置的一些小瓶子里，并对其数目进行认真统计。图 56 中的虚线代表实验结果。我们看到，钠原子并非沿一个明确的方向被反射（用玩具枪向金属板发射滚珠也是如此），而是分布在有明确界限的角度

内，形成的图样非常类似于通常的 X- 射线衍射图样。

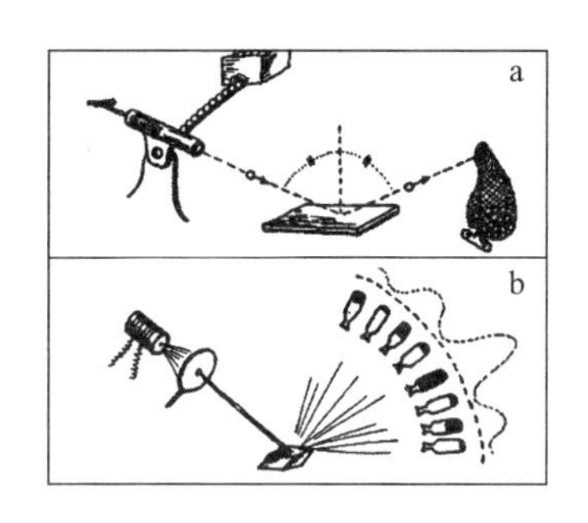

图 56

a. 可用轨迹概念解释的现象（滚珠从金属板上的反弹）

b. 不能用轨迹概念解释的现象（钠原子从晶体表面的反射）

这种实验不可能基于经典力学来解释，经典力学描述的是原子沿着明确的轨迹运动。然而从新的微观力学的角度来看，却是完全可以理解的，因为新的微观力学像现代光学处理光波的传播那样来处理粒子的运动。

第七章　现代炼金术

一、基本粒子

我们知道，各种化学元素的原子有着相当复杂的力学系统，许多电子在围绕着中心的原子核旋转，那么我们自然会追问：这些原子核是最终不可分的物质结构单元，还是可以继续分成更小、更简单的部分呢？是否有可能将这92种不同的原子减少成几种真正简单的粒子呢？

早在19世纪中叶，这种简单化的渴望就促使英国化学家普鲁特（William Prout）提出了一个假说：各种化学元素的原子都有一种共性，它们都是以不同程度“集中”起来的氢原子罢了。该假说的根据在于：用化学方法测定的不同元素的原子量与氢元素的原子量之比非常接近于整数。于是根据普鲁特的说法，既然氧原子的重量是氢原子的16倍，那它一定是由聚在一起的16个氢原子构成的，原子量为127的碘原子一定是由127个氢原子聚集而成的，等等。

然而，当时的化学发现并不利于接受这个大胆的假说。通过精确地测量原子量，事实表明，大多数元素的原子量只是与整数非常接近，有少数则根本不接近。（例如，氯的化学原子量为

35.5。）这些似乎与普鲁特的假说直接相抵触的事实使它受到了怀疑，普鲁特直到去世也不知道自己实际上是多么正确。

直到1919年，他的假说才因为英国物理学家阿斯顿（Aston）的发现而重新受到注意。阿斯顿表明，普通的氯其实是两种不同氯元素的混合物，它们拥有相同的化学性质，但原子量不同，一种是35，一种是37。化学家所测定的非整数原子量35.5只是该混合物的平均值。[①]

对各种化学元素的进一步研究揭示了一个惊人的事实：大多数元素都是由化学性质相同而原子量不同的几种组分混和而成的。于是，它们被称为“同位素”（isotopes）[②]，即在元素周期表中占据同一位置的东西。事实上，不同同位素的质量总是一个氢原子质量的整倍数，这给普鲁特被遗忘的假说带来了新生。我们在上一节看到，原子的主要质量都集中于原子核，因此可以用现代语言将普鲁特的假说重新表述成：不同种类的原子核是由不同数量的基本的氢原子核构成的，氢原子核因其在物质结构中的作用而被赋予了“质子”（proton）这个专名。

不过，以上陈述需要作一项重要修改。以氧原子核为例，由于氧在元素的天然排序中是第八位，所以氧原子应包含8个电子，氧原子核也应带8个正电荷。但氧原子的重量是氢原子的16倍，所以如果假设氧原子核由8个质子所构成，那么电荷数是对的，但质量不对（均为8）；如果假设它由16个质子所构成，

---

① 由于较重的氯元素占25%，较轻的占75%，所以平均原子量为：$0.25\times37+0.75\times35=35.5$，这正是早期化学家发现的数值。

② 源自意指“相等”的希腊词ισος和意指“位置”的希腊词τοπος。

那么质量对了，电荷数又错了（均为16）。

显然，要想摆脱这个困难，只有假设在构成复杂原子核的质子中，有一些失去了原有的正电荷，成为电中性的。

早在1920年，卢瑟福就曾提出存在着这种无电荷的质子或者我们现在所谓的"中子"，不过用实验发现它还要等到12年后。需要注意的是，不要把质子和中子看成两种完全不同的粒子，而要看成现在被称为"核子"的同一种基本粒子的两种不同的带电状态。事实上，我们已经知道，质子可以失去正电荷而变成中子，中子也可以获得正电荷而变成质子。

将中子作为原子核的结构单元引入进来，刚才讨论的困难便得到了解决。为了理解氧原子核为何有16个质量单位但只有8个电荷单位，可以认为它是由8个质子和8个中子构成的。原子量为127、原子序数为53的碘的原子核有53个质子和74个中子，而重元素铀（原子量为238，原子序数为92）的原子核则有92个质子和146个中子。[①]

就这样，在提出近一个世纪后，普鲁特的大胆假说才最终得到了应有的认可。现在我们可以说，已知的无穷无尽的物质都只是源于两种基本粒子的不同结合：（1）核子，它是物质的基本粒子，要么可以带一个正电荷，要么呈电中性；（2）电子，带负电的自由电荷（图57）。

---

① 从原子量表中我们可以看到，元素周期表开头的那些元素，原子量等于原子序数的2倍，这意味着这些元素的原子核包含有相同数目的质子和中子。而重元素的原子量增加得更快，这表明这些元素的原子核中的中子多于质子。

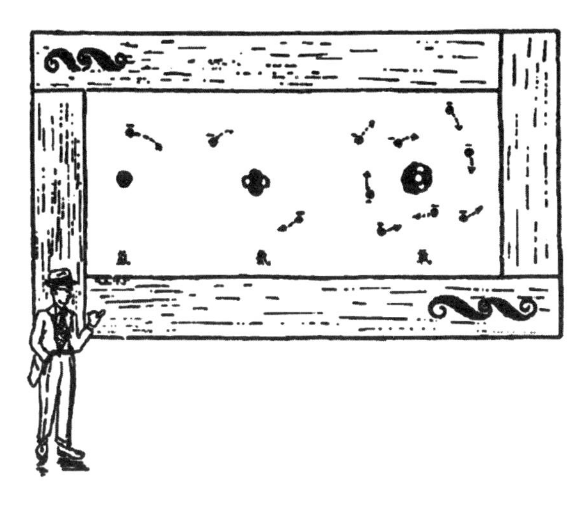

图 57

以下是《物质烹饪全书》(*The Complete Cook Book of Matter*)中的几个菜谱。它们显示了在宇宙厨房中，每一道菜是如何用核子和电子烹制出来的。

水　将 8 个中性核子和 8 个带电核子结合成核，外面围上 8 个电子，便成了氧原子。用这种方法制备出大量氧原子。再给单个带电核子配上单个电子，便成了氢原子。用这种方法制备出数目为氧原子两倍的氢原子。给每一个氧原子加上两个氢原子，将如此得到的水分子混合在一起置于杯中，保持冷却。

食盐　将 12 个中性核子和 11 个带电核子结合成核，外面围上 11 个电子，便成了钠原子。将 18 个或 20 个中性核子和 17 个带电核子结合成核，外面围上 17 个电子，便成了氯原子的两种同位素。以这种方法制备出同样数目的钠原子和氯原子，将它们排成三维国际象棋棋盘的样式，形成规则的食盐晶体。

TNT　将6个中性核子和6个带电核子结合成核，外面围上6个电子，便成了碳原子。将7个中性核子和7个带电核子结合成核，外面围上7个电子，便成了氮原子。再按照水的上述配方制备出氧原子和氢原子。将6个碳原子排成一个环，环外则有第7个碳原子。将3对氧原子与环上的3个碳原子相连，并且在氧原子与碳原子之间分别放置1个氮原子。给环外的那个碳原子连上3个氢原子，给环内剩下的两个碳原子也各连上1个氢原子。把这样得到的分子规则地排列起来，形成许多小晶体，并把所有这些小晶体压在一起。不过操作时要小心，因为这种结构不稳定，很容易爆炸。

我们已经看到，中子、质子和带负电的电子是构造任何物质的必要单元，但这份基本粒子清单似乎还不太完备。事实上，如果普通的电子是带负电的自由电荷，为什么不能有带正电的自由电荷即正电子呢？

此外，如果作为物质基本单元的中子可以获得一个正电荷而变成质子，它为何就不能带负电而变成负质子呢？

回答是：自然中的确存在着正电子，除了电荷符号，它与通常的负电电子完全相似。负质子也有可能存在，但还未被实验物理学成功地探测到。

在我们这个物理世界中，正电子和负质子（如果有的话）的数量之所以没有负电子和正质子多，是因为这两组粒子可以说是彼此敌对的。众所周知，一正一负两个电荷碰到一起时会彼此抵消。既然这两种电子不过是带正电和带负电的自由电荷罢了，所以不能指望它们会共存于同一个空间区域。事实上，一旦正电子与负电子相遇，它们的电荷会立即相互抵消，两个电子将不再作为个体粒子而存在。两个电子的这样一个相互湮灭过程将在其相遇点产生强烈的电磁辐射（γ 射线），辐射的能量就是两个湮灭电子的初始能量。根据物理学的基本定律，能量既不能创造也不能毁灭，我们这里看到的不过是自由电荷的静电能变成了辐射波的电动能罢了。这种因正负电子相遇而产生的现象，玻恩（Max Born）教授称之为两个电子的“狂野婚姻”[①]，更为忧郁的布朗（T. B. Brown）教授则称之为“双双自杀”。[②] 图 58a 显示了这种相遇状况。

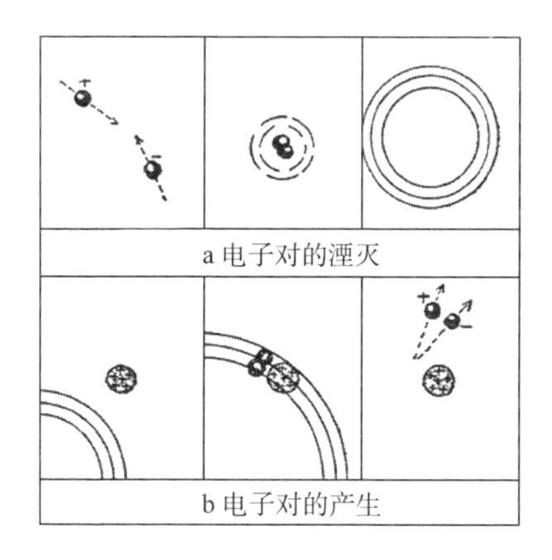

图 58 两个电子的“湮灭”产生电磁波，以及电磁波经过原子核附近“产生”一个电子对的过程示意图

两个相反电荷的电子的“湮灭”过程的逆过程是“电子对的产生”，即强烈的 γ 射线导致似乎从虚无中产生了一个正电子

① M. Born, *Atomic physics* (G. E. Stechert & Co., New York, 1935).

② T. B. Brown, *Modern Physics* (John Wiley & Sons, New York, 1940).

和一个负电子。我们说“似乎”从虚无中产生，是因为每一个新电子对的产生都要消耗 γ 射线所提供的能量。事实上，形成一个电子对所消耗的辐射能量精确地等于湮灭过程中所释放的能量。当入射辐射靠近某个原子核时，电子对的产生过程最容易发生，[①] 图 58b 是该过程的示意图。大家知道，硬橡胶棒和毛织物彼此摩擦时会带上相反的电荷，这便是表明两种相反电荷可以从起初没有电荷的地方产生的一个例子。这并不值得大惊小怪。如果有足够多的能量，我们就能制造出任意数量的正负电子对。但要明确一个事实：相互湮灭过程很快会使它们不复存在，并把原来消耗的能量如数交回。

这种“大量生产”电子对的一个有趣例子是所谓的“宇宙射线簇射”现象，这是从星际空间射来的高能粒子流在大气层引发的。虽然这些在宇宙的空旷空间中纵横穿梭的粒子流究竟从何而来仍然是科学的一个未解之谜，[②] 但我们已经非常清楚电子在以惊人的速度轰击大气层的上层时发生了什么。这种高速电子在靠近大气层原子的原子核时，原有的能量会逐渐失去，并以 γ 辐射的形式释放出来（图 59）。这种辐射引发了无数电子对产生过程，新生的正、负电子沿着原有电子的路径继续前进。这些

---

① 虽然从原则上讲，电子对可以在完全空虚的空间中形成，但电子对的形成过程大大得益于原子核周围的电场。

② 这些高能粒子的速度高达光速的 99.999 999 999 999 9%，对其来源所作的最简单（但也可能最可信）的解释是认为，它们的加速是由于太空中飘浮的巨大气体尘埃云（星云）之间存在着极高的电势。事实上，我们可以预期，这些星云积累电荷的过程就类似于大气层中的普通雷云积累电荷的过程，不过前者的电势差要大得多。

次级电子仍然有很高的能量，会引发更多的γ辐射，从而产生更多的新电子对。穿过大气层时，这个陆续倍增的过程多次重复，以至于当原初的电子最终到达海平面时，有一半正、一半负的次级电子相伴随。不用说，高速电子穿透大质量物体时也会产生这种宇宙射线簇射，不过由于物体密度较高，分支过程发生的频率要高得多（见插图2a）。

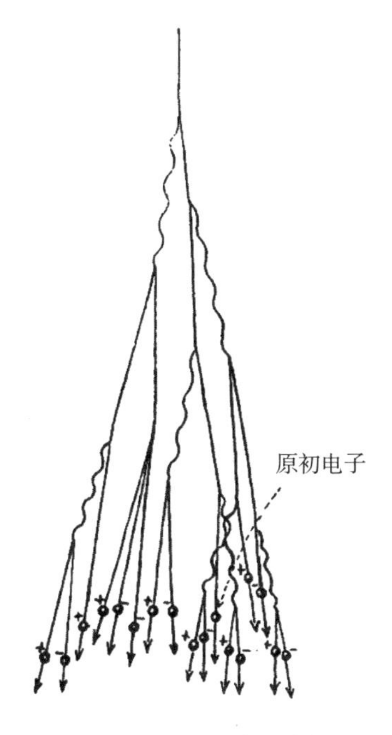

图59　宇宙射线簇射的起源

现在我们转到负质子是否可能存在的问题。可以预期，这种粒子可由中子获得一个负电荷或者失去一个正电荷而得到。但不难理解，这种负质子和正电子一样是无法长时间存在于任何普通物质中的。事实上，它们将立即被最近的带正电的原子核吸引和吸收，进入原子核结构之后很可能会变成中子。因此，即使这种负质子的确能作为基本粒子的对称粒子而实际存在于物质中，发现它们也绝非易事。别忘了，正电子是在普通负电子的概念被引入科学之后又过了近半个世纪才被发现呢。倘若负质子的确可能存在，我们就可以设想反原子和反分子的存在。它们的核由普通的中子和负质子所构成，外面围绕着正电子。这些“反”原子将和普通原子拥有完全相同的性质，我们根本说不出“反水”、“反黄油”等等与普通的水和黄油有什么不同，除非是把普通物质和“反”物质放到一起。但如果这样两种相反的物质碰到一起，带有相反电荷的电子就会立即发生湮灭，带有相反电荷的质子也会立即相互中和，其爆炸的剧烈程度会超出原子弹。因此，如果真的存在着由反物质构成的星系，那么从我们这个星系抛出一块普通的石头到那里，或者从那里抛来一块石头，着陆时会立即变成一颗原子弹。

现在我们必须抛开这些关于反原子的奇想而去考虑另一类基本粒子。这种粒子也许同样不同寻常，而且会实际参与各种可观测的物理过程。它就是所谓的“中微子”，是“从后门”进入物理学的。虽然招致了各方面的反对，但它已经在基本粒子家族中占据了牢固的位置。它是如何被发现和得到认可的，这是现代科学中最令人激动的侦探故事之一。

中微子的存在是用数学家所谓的“归谬法”发现的。这项令人激动的发现并非始于存在着某种东西，而是始于丢失了某种东西。这种丢失的东西就是能量，因为按照一条最古老也最稳固的物理学定律，能量既不能创生也不能消灭，如果发现本应存在的能量丢失了，这就表明一定有个贼或一群贼把能量拿走了。于是，一些讲求秩序、喜欢给事物起名字的科学侦探就把这些尚未看到踪影的能量大盗命名为“中微子”。

不过我们讲得有点快了，现在还是回到这桩“能量盗窃案”上来。我们已经看到，每一个原子的原子核都是由核子构成的，其中约有一半核子是中性的（中子），其余的带正电（质子）。如果给原子核额外增加一个或多个中子和质子，从而打破质子与中子相对数目的平衡，[1]那么就必定会出现电荷的调整。如果中子太多，就会有一些中子释放出负电子而变成质子；如果质子太多，就会有一些质子释放出正电子而变成中子。图 60 描绘了这两类过程。原子核的这种电荷调整就是通常所谓的 β 衰变，从原子核中释放出来的电子被称为 β 粒子。原子核的内部转变是一个明确的过程，它必定总是与定量能量的释放有关，这些能量被传递给出射电子。因此我们可以预期，给定物质释放出来的 β 电子应当有相同的速度。然而，对 β 衰变过程的观测证据与这种预期完全相反。事实上，我们发现给定物质释放出来的电子拥有从零到某一上限的不同动能。既然没有发现其他粒子，也没有其他辐射能够平衡这一差异，β 衰变过程中的“能量盗窃案”就变得非常严重了。一度有人认为，这乃是著名的能量守恒定律失效的第一项实验证据，那对于整幢精美的物理学理论大厦而言真是一场极大的灾难。但还有一种可能：也许丢失的能量是被

① 这可以通过轰击原子核来做到，本章稍后将会描述这种方法。

某种新的粒子带走了，我们目前的观测方法尚未察觉到它。泡利（Wolfgang Pauli）曾经提出，这种偷窃核能的“巴格达窃贼”的角色可由一些被称为中微子的假想粒子来扮演，它们不带电，质量不大于普通电子的质量。事实上，根据高速粒子与物质相互作用的一些已知事实可以断言，任何现有的物理仪器都察觉不到这种不带电的轻粒子，它们在任何屏蔽材料中都可以轻而易举地穿过极大距离。一层金属薄膜就能把可见光完全挡住，穿透性很强的 X- 射线和 γ 射线需要穿过几英寸厚的铅，强度才会显著减低，而一束中微子却能轻而易举地穿透几光年厚的铅！难怪用任何观测手段都发现不了中微子，它们能被发现仅仅是因为其逃逸导致了能量亏空。

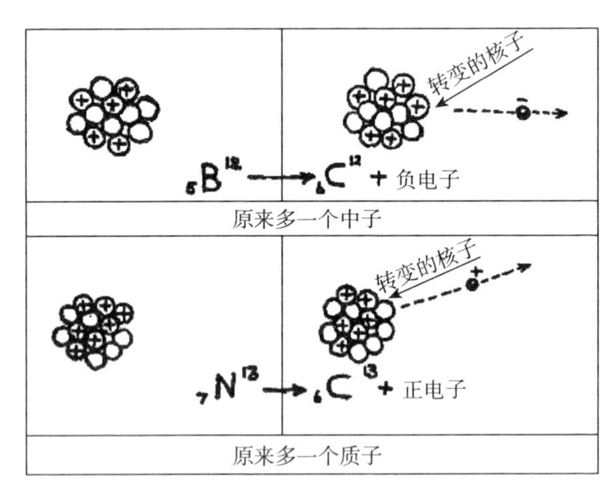

图 60　负 β 衰变和正 β 衰变的示意图
（为方便起见，所有核子都画在了同一个平面上）

虽然中微子一旦离开原子核就捕捉不到了，但我们可以研究中微子离开原子核所引起的次级效应。用步枪射击时，枪身会向后撞击你的肩膀；大炮发射重型炮弹时，炮身会沿炮架向后坐。原子核射出高速粒子时，也应发生这种力学反冲效应。事实上，我们的确观测到，发生 β 衰变的原子核总会沿着与出射电子相反的方向获得一定的速度。但这种原子核反冲的特殊之处其实在于：无论被射出的电子是快是慢，原子核的反冲速度总是大致相同（图 61）。这就有点奇怪了，因为我们本来预期一颗快速的炮弹会在炮身中引起比慢速的炮弹更大的反冲。对这个谜的解释是：原子核在射出电子时总会连带地射出一个中微子，以保持能量平衡。如果电子速度快，携带着大部分能量，中微子的速度就会慢一些，反之亦然。因此在这两种粒子的共同作用下，总会观测到原子核有较大的反冲。如果这种效应尚不能证明中微子的存在性，恐怕别的东西也证明不了了。

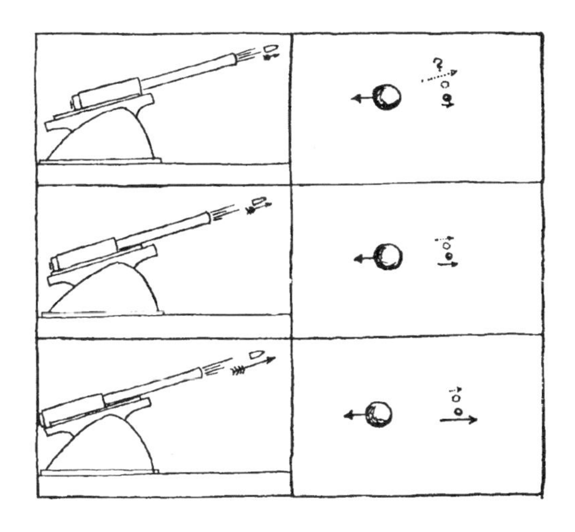

图 61

现在，我们把前面的讨论结果总结一下，列出参与构成宇宙的完整的基本粒子清单，指出它们之间的关系。

首先是核子，它们是物质的基本粒子。就目前所知，核子要么是电中性的，要么带正电，但也可能存在着带负电的核子。

然后是电子，它们是带正电或负电的自由电荷。

还有神秘的中微子，它们不带电，大概比电子轻得多。①

最后是电磁波，它们在空间中传播电磁力。

物理世界的所有这些基本成分不仅相互依赖，而且能以各种方式相结合。比如中子可以通过发射一个负电子和一个中微子而变成质子（中子→质子＋负电子＋中微子），质子又可以通过发射一个正电子和一个中微子而重新变成中子（质子→中子＋正电子＋中微子）。电荷相反的两个电子可以变成电磁辐射（正电子＋负电子→辐射），也可以反过来由辐射产生（辐射→正电子＋负电子）。最后，中微子可以与电子结合成宇宙射线中的不稳定粒子，即所谓的介子，它有时被错误地称为“重电子”（中微子＋正电子→正介子；中微子＋负电子→负介子；中微子＋正电子＋负电子→中性介子）。

中微子与电子的结合载有过量内能，于是，这两种粒子结合起来的质量要比各自的质量之和大 100 倍左右。

图 62 是参与构成宇宙的基本粒子的示意图。

① 在这方面，最新的实验证据表明，中微子的重量还不到电子的十分之一。

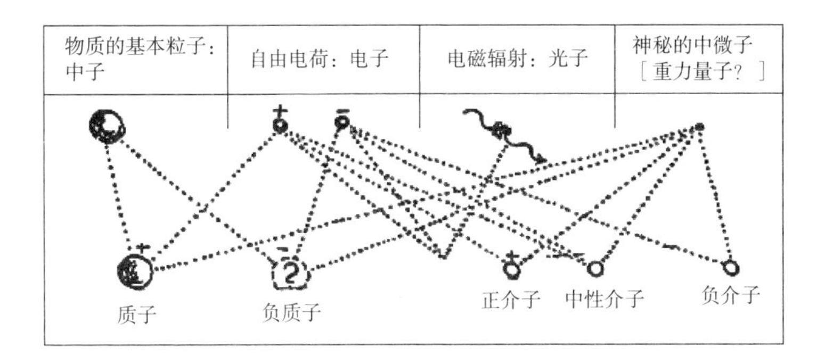

图 62 现代物理学的基本粒子及其不同组合

“但这次到头了吗？”你也许会问，“我们凭什么认为核子、电子和中微子真是基本的，而不能再分成更小的组分了呢？仅仅在半个世纪之前，人们不还以为原子是不可分的吗？今天的原子显示出了多么复杂的图像啊！”回答是，虽然我们无法预言物质科学的未来发展，但我们有可靠得多的理由相信，这些基本粒子的确是不可再分的基本单元。我们已经知道，原本认为不可分的原子显示出了各种极为复杂的化学、光学等性质，而现代物理学的基本粒子的性质却极为简单，在简单性上甚至堪比几何点的性质。此外，不同于经典物理学的大量“不可分原子”，我们现在只剩下了三种有本质不同的东西：核子、电子和中微子。虽然我们非常渴望把万物还原为最简单的形式，但也不可能把某种东西归于一无所有。看来，我们对物质基本要素的寻求已经触到底了。

二、原子的心脏

既已了解构成物质的基本粒子的本性和性质，现在我们可以更详细地研究每一个原子的心脏即原子核了。在某种程度上，原子的外层结构类似于一个微缩的行星系统，而原子核本身的结构却是完全不同的图像。首先，将原子核维持在一起的力显然不是纯粹的电力，因为核子中有一半（中子）不带电，另一半（质子）带正电，因此会相互排斥。如果粒子之间只存在斥力，如何可能得到一群稳定的粒子呢！

因此，为了理解原子核的各个组分为何能保持在一起，必须假定它们之间存在着某种吸引力，既作用于带电粒子，也作用于不带电的粒子。这种与所涉粒子本性无关、使之保持在一起的力通常被称为“内聚力”。例如普通液体中就存在内聚力，它阻止各个分子朝四面八方飞散。

原子核的各个核子之间也有这种内聚力，它防止原子核在质子之间电斥力的作用下分崩离析。因此，在原子核外，形成各个原子壳层的电子有足够的空间来回运动，而原子核的图像却是，许多核子就像罐头里的沙丁鱼一样紧紧堆在一起。本书作者最先提出，可以假定原子核物质的构造方式与普通液体类似。和普通液体一样，原子核也有表面张力现象。大家也许还记得，液体之所以有表面张力现象，是因为液体内部的粒子被相邻粒子朝各个方向同等地拉动，而位于表面的粒子只受到向内的拉力（图 63）。

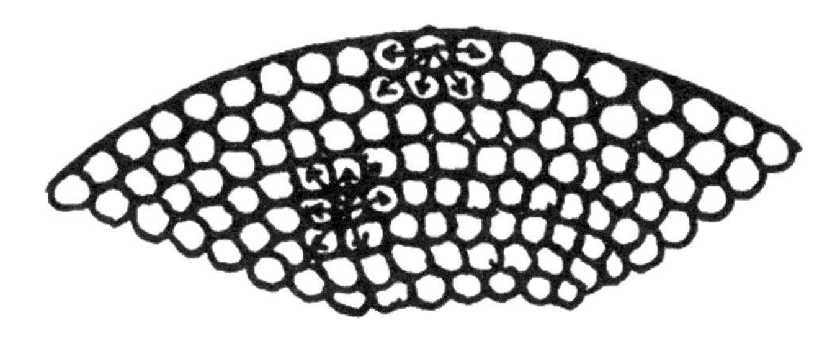

图 63　对液体表面张力的解释

这使得任何不受外力作用的液滴都有保持球形的倾向，因为对于给定的体积而言，球体的表面积最小。因此，可以把不同元素的原子核简单地看成是由一种普遍的“核液体”所组成的不同尺寸的液滴。但不要忘了，这种核液体虽然在定性上非常类似于普通液体，但在定量上却与之差异甚大。事实上，核液体的密度比水的密度大

240 000 000 000 000

倍，表面张力则比水大

1 000 000 000 000 000 000

倍。为了更好地理解这些巨大的数，考虑下面这个例子。图 64 中有一个约 2 英寸见方的倒 U 字形线框，其上横搭一根直丝。在由此形成的框中覆上一层肥皂膜，这层膜的表面张力将把横丝向上拉。在横丝下方悬挂一个小重物，可以对抗这个表面张力。如果这层膜由普通的肥皂水制成，且厚度为 0.01 毫米，那么其自重将是 1/4 克左右，能够承受大约 3/4 克的总重量。

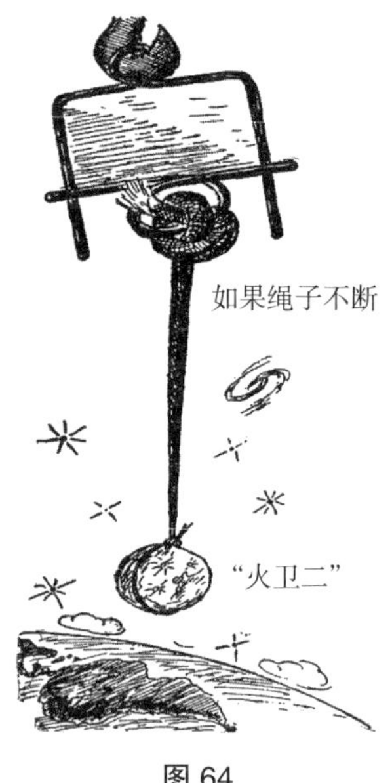

图 64

倘若能用核液体制成一层类似的膜，那么这层膜的总重量将是 5 千万吨（约为 1 千艘远洋邮轮的重量），横丝上将能悬挂 1 万亿吨的东西，这大约是火星的第二颗卫星“火卫二”的重量！要用核液体吹出这样一个肥皂泡，肺得多么强大才行啊！

在把原子核看成微小的核液滴时，绝不要忽视这些液滴是带电的，因为约有一半核子是质子。原子核之所以不稳定，首要原因就在于核内存在着两种相反的力：一种是试图把原子核分成好几块的核子之间的电斥力，另一种则是把原子核维持在一起的表面张力。如果表面张力占优势，原子核就不会自行分裂，两个原子核在彼此接触时会像两个普通液滴一样具有融合在一起（聚变）的趋势。

反过来，如果电斥力抢了上风，原子核就会倾向于自动分裂成几个高速飞离的碎块。这种分裂过程通常被称为“裂变”。

1939 年，玻尔和惠勒（John Archibald Wheeler）对不同元素原子核中表面张力与电斥力的平衡作了精确的计算，并且得出了一个极为重要的结论：元素周期表中前一半元素（大约到银为止）的原子核是表面张力占上风，更重的原子核则是电斥力占上风。因此，所有比银更重的元素的原子核原则上都不稳定，如果外界刺激的作用足够强，就会碎裂成两块或更多块，并且释放出相当多的内部核能（图 65b）。反之，当总原子量不超过银原子的两个轻原子核相互靠近时，就可能自发产生一个聚变过程（图 65a）。

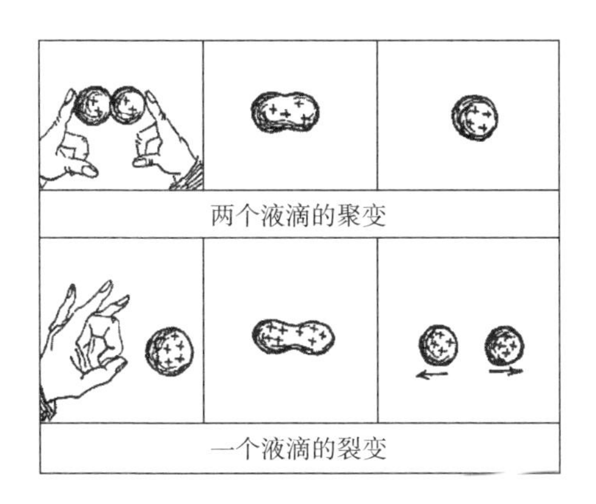

图 65

不过要记住，除非我们做了干预，否则无论是两个轻原子核的聚变，还是一个重原子核的裂变，在通常条件下都不会发生。事实上，要使两个轻原子核发生聚变，我们必须克服其电荷之间的斥力，使它们相互靠近；要迫使一个重原子核发生裂变，就必须猛烈地轰击它，使它以足够大的幅度振动。

这种必须有初始的激发才能实现某个过程的事态，在科学上被称为亚稳态。悬崖峭壁上的岩石、口袋里的火柴、炸弹里的TNT炸药，都是亚稳态的例子，每一种情况下都有大量能量等待被释放。但如果不踢岩石，岩石就不会滚下；不划或不加热火柴，火柴就不会点燃；不用雷管引爆，TNT就不会爆炸。在我们生活的世界上，除银块[①]以外几乎每一个物体都是潜在的核爆炸物。但我们并没有被炸得粉身碎骨，这是因为核反应的启动是极其困难的，或者用更科学的语言来说，是因为核转变需要极高的活化能。

就核能而言，我们生活（或者更确切地说，是最近生活）的世界很像一个爱斯基摩人的世界，这个爱斯基摩人居住在冰点以下的环境中，所能接触的固体只有冰，液体只有酒精。他从未听说过火，因为用两块冰彼此摩擦是生不出火的；他只会把酒精看成一种好喝的饮料，因为他无法把其温度升到燃点。

当人类最近发现可以将原子内部蕴藏的巨大能量释放出来时，那种巨大的惶恐和惊讶多么像这个爱斯基摩人第一次看到酒精灯燃起时的心情啊！

然而，一旦开启核反应的困难得到克服，一切麻烦就得到了应有的报偿。例如，取等量的氧原子和碳原子，按照方程式

$$O+C \rightarrow CO+\text{能量}$$

① 要记住，银原子核既不发生聚变也不发生裂变。

将其化合，那么每克混合物将会释放 920 卡[①] 的热量。如果将这两种原子的普通化合（分子聚合，图 66a）替换成它们原子核的聚变（图 66b）：

$$_{6}C^{12}+{}_{8}O^{16}={}_{14}Si^{28}+\text{能量},$$

那么每克混合物将会释放 14 000 000 000 卡的热量，是前者的 1500 万倍。

同样，每克复杂的 TNT 分子分解成水分子、一氧化碳分子、二氧化碳分子和氮气（分子裂变）会释放大约 1 000 卡热量，而同样重量的物质（比如汞）在核裂变过程中会总共释放 10 000 000 000 卡热量。

但不要忘了，大多数化学反应在几百度的温度下就很容易发生，而即使温度达到几百万度，相应的核转变可能也没有开始呢！启动核反应的这种困难说明，整个宇宙尚无在一次剧烈的爆炸中变成纯银的危险，所以大家尽请放宽心。

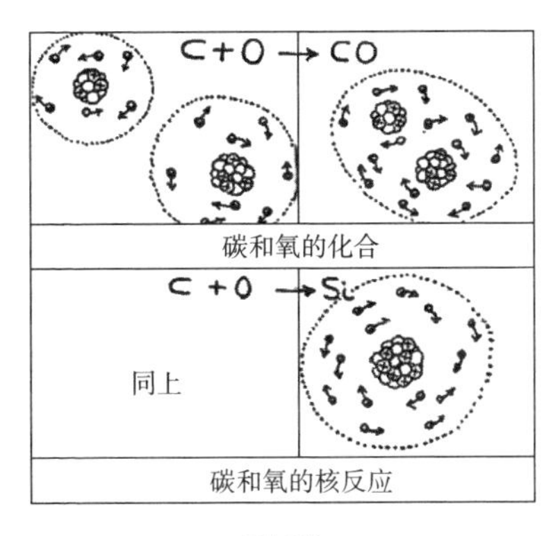

图 66

① 卡是热量单位，将 1 克水的温度升高 1℃所需的能量为 1 卡。

三、轰击原子

原子量的整数值为原子核的复杂性提供了强有力的证据，但只有通过直接的实验证据，将原子核打碎成两块或更多块，才能最终证明这种复杂性。

1896 年，贝克勒耳（Becquerel）发现的放射性最早暗示的确有可能实现这种打碎过程。事实表明，铀和钍等位于周期表末端的元素会自动发出穿透性很强的辐射（类似于普通的 X- 射线），原因在于这些原子在缓慢地自发衰变。通过对这一新发现的现象进行认真的实验研究，人们很快便得出结论说，重原子核在衰变中自动分裂成两个非常不等的部分：（1）被称为 α 粒子的小块，它是氦的原子核；（2）原有原子核的剩余部分，它是子元素的原子核。铀原子核碎裂时释放出 α 粒子，由此产生的子元素（被称为铀 X_I）的原子核经过电荷的内部重新调整，释放出两个带负电的自由电荷（普通电子），变成了比原来的铀原子核轻四个单位的铀同位素原子核。接着又是一系列 α 粒子发射和更多的电荷调整，直到最终变成稳定的铅原子核，才不再继续衰变。

另外两个放射系也有交替发射 α 粒子和电子的类似的放射性嬗变，那就是以重元素钍开始的钍系和以锕开始的锕系。这三个系的元素都会持续地自发衰变，直到最终剩下三种不同的铅同位素。

我们在上一节谈到，元素周期表中后一半元素的原子核是不稳定的，因为破坏性的电力超过了倾向于把原子核维持在一起的表面张力。好奇的读者若是将它与上述自发放射性衰变对比一下，可能会感到诧异：既然所有比银重的原子核都是不稳定的，为什么只有铀、镭、钍等少数几种最重的元素才能观测到自发衰变呢？答案在于，虽然从理论上讲，所有比银重的元素都应被视为放射性元素，而且它们也的确在慢慢衰变成较轻的元素，但在大多数情况下，自发衰变发生得非常缓慢，以致无法注意到。碘、金、汞、铅等大家所熟知的元素的原子经过数百年也只能分裂一两个，这实在太慢了，即使最灵敏的物理仪器也无法将它记录下来。只有那些最重的元素，其自发分裂的倾向才能强到产生明显的放射性。[①] 这种相对的嬗变率还决定了不稳定原子核的分裂方式。例如，铀原子核就能以许多不同的方式裂开：它可以自动分裂成两个相等的部分，三个相等的部分，或者若干个大小不等的部分。不过，正如通常发生的那样，最容易的方式是分裂成一个 α 粒子和剩余的子核。人们观测到，铀原子核自发分成两半的概率要比放射出一个 α 粒子的概率低约一百万倍。所以在 1 克铀中，每秒钟都有上万个原子核在发射 α 粒子而发生分裂，而要看到一次铀原子核分成相等两半的自发裂变过程，我们却要等上几分钟！

放射性现象的发现无可置疑地证明了原子核结构的复杂性，并为人工产生（或诱发）核嬗变的实验铺平了道路。这样便产生了一个问题：如果特别不稳定的重元素会自行发生衰变，那么用某种高速运动的粒子强力轰击其他稳定的原子核，能否将它

① 比如在 1 克铀材料中，每秒钟有数千个原子裂开。

们打碎呢？

带着这样的想法，卢瑟福决定用不稳定的放射性原子核自动分裂所产生的核碎块（α 粒子）来轰击各种稳定元素的原子。与今天几个物理实验室使用的巨型原子击碎器相比，1919 年他最早做核嬗变实验时使用的仪器（图 67）真是简单到了极点。它包括一个圆筒形的真空容器，上面有一扇由荧光材料制成的薄窗作为屏幕（c）。起轰击作用的 α 粒子来源于沉积在金属片上的一个放射性物质薄层（a），被轰击的靶（这里是铝）呈箔状（b），与轰击源相隔一段距离。认真调整装置，使得所有入射的 α 粒子都会嵌在箔靶上。因此，如果没有受到从被轰击的靶材料射出的次级核碎块的影响，荧光屏将始终漆黑一片。

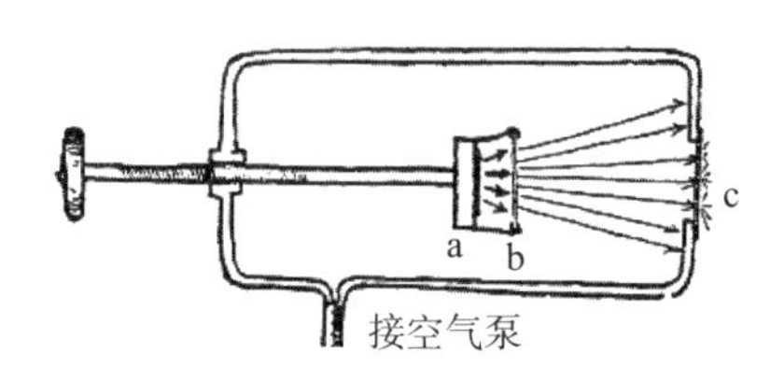

图 67 最初是如何使原子裂开的

一切就位之后，卢瑟福透过显微镜观察屏幕，他所看到的景象几乎不可能被误认为漆黑一片。整个屏幕上闪烁着成千上万个小亮点！每一个亮点都是由质子撞击荧光屏产生的，而每一个质子则是入射的 α 粒子从靶上的铝原子中撞出的一个“碎块”。就这样，元素的人工嬗变就从理论上的可能性变成了科学上的既定事实。[①]

---

① 上述过程可以表示成反应式：${}_{13}Al^{27}+{}_{2}He^{4} \rightarrow {}_{14}Si^{30}+{}_{1}H^{1}$。

卢瑟福做了这个经典实验的几十年之后，元素的人工嬗变已经成为最大和最重要的物理学分支之一。无论是轰击核的高速粒子的生产方法，还是对结果的观测，都取得了巨大进展。

有一种被称为云室（或者根据其发明者的名字被称为威尔逊云室）的仪器能使我们最清楚地亲眼看到粒子撞击原子核时发生了什么。图 68 是云室的示意图，其工作原理基于这样一个事实：像 α 粒子这样的高速运动的带电粒子在穿过空气或任何其他气体时，会使沿途的原子发生某种变形。这些粒子的强电场会使碰巧挡住它们去路的气体原子失去一个或多个电子，从而留下大量离子化的原子。这种事态的持续时间并不长，因为粒子一过，离子化的原子很快就会重新俘获电子，恢复正常状态。不过，如果这种发生电离的气体中充满了水蒸气，那么每一个离子都会形成微小的水滴——水蒸气的一个性质是，它往往会积聚在离子、灰尘等东西上——从而沿着粒子轨迹产生一条细细的雾带。换句话说，带电粒子在气体中的运动轨迹就像拖着尾烟的飞机一样变得可见。

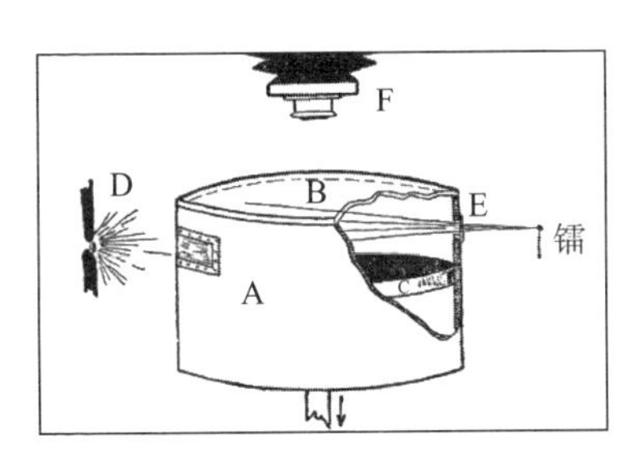

图 68　威耳逊云室的示意图

从技术角度来看，云室是非常简单的仪器，主要包括一个金属圆筒（A），一个玻璃盖（B），内有一个可上下移动的活塞（C）（移动装置未在图中画出）。玻璃盖与活塞表面之间充有空气（或按需要充有其他气体）和一定量的水蒸气。一些粒子从窗户（E）进入云室之后，如果活塞骤然下降，则活塞上部的气体将会冷却，水蒸气将开始沿着粒子的轨迹凝结成薄薄的雾带。受到从边窗（D）射入的强光照射，这些雾带将在活塞黑色表面的映衬下清晰可见，并且可以用与活塞连动的照相机（F）拍摄下来。这个简单的装置是现代物理学中最有用的仪器之一，我们由此得以拍下关于核轰击结果的美妙照片。

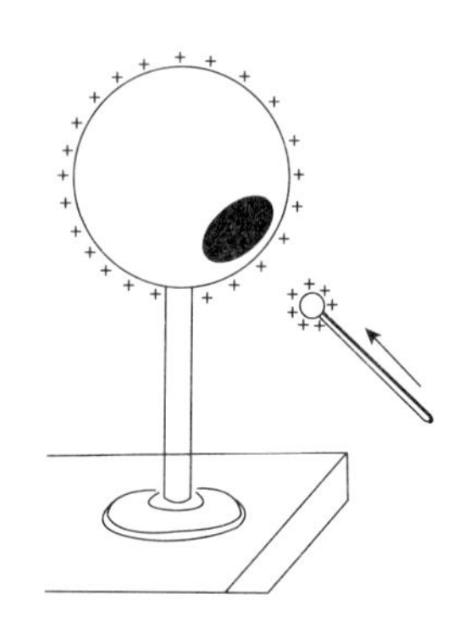

图 69 静电发生器的原理

基础物理学告诉我们，传递给一个球形金属导体的电荷会分布于它的外表面。于是，经由球上开的一个小洞，将一个小的带电导体一次次地伸进球内与球的内表面接触，将小电荷陆续引入其内部，可以使这样一个导体的电势升到任意高。在实际操作中，我们使用的是一条经由小洞进入球形导体的传动皮带，由它携带着一个小起电器所产生的电荷。

我们当然也希望设计出一些方法，能在强电场中加速各种带电粒子（离子），以产生强大的粒子束。这样不但能省去稀罕昂贵的放射性物质，还能使用其他类型的粒子（比如质子），所获得的动能也比普通放射性衰变所提供的能量高。在产生密集高速粒子束的各种仪器当中，最重要的有静电发生器、回旋加速器和直线加速器。图 69、图 70 和图 71 分别简述了它们的工作原理。

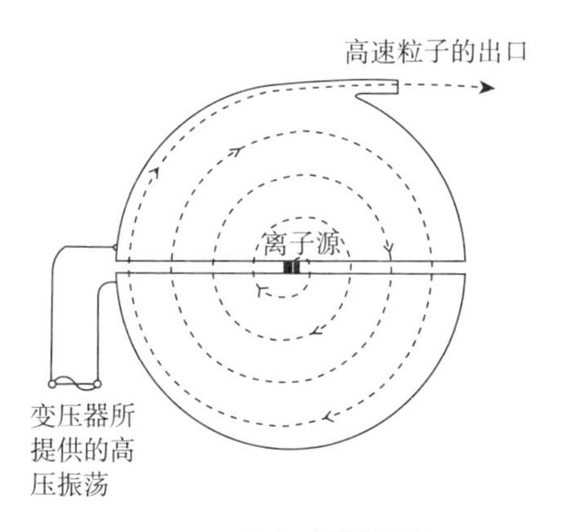

图 70　回旋加速器的原理

回旋加速器主要包括两个置于强磁场（方向与纸面垂直）中的半圆形金属盒。两个盒子与一个变压器相连，因此交替带正电和负电。从中心的离子源射出的离子在磁场中沿着圆形轨道运动，每当从一个盒子进入另一个盒子时就会被加速。离子运动得越来越快，描绘出一条展开的螺线，最后以极高的速度冲出。

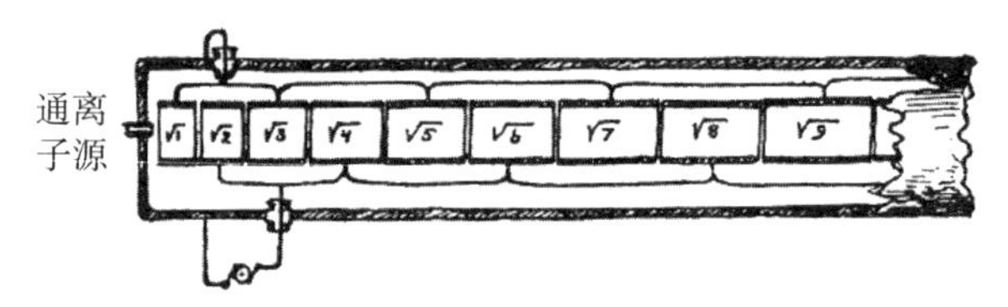

图 71 直线加速器原理

这套装置包括几个长度逐渐增大的圆筒，由变压器交替充以正电和负电。从一个圆筒进入另一个圆筒的过程中，离子被现有的电势差逐渐加速，因此能量每次都会有所增加。由于速度与能量的平方根成正比，所以如果圆筒的长度正比于整数的平方根，就能保持离子与交变电场同相位。把这套装置建造得足够长，就能把离子加速到任何想要的速度。

用上述类型的电加速器来产生各种强大的粒子束，用它们轰击由不同材料制成的靶子，便可实现一系列核嬗变，通过云室照片可以方便地对其进行研究。插图 3 和插图 4 是其中几张照片，显示了核嬗变的过程。

这种类型的第一张照片是剑桥大学的布莱克特（P. M. S. Blackett）拍摄的，它所呈现的是一束天然的 α 粒子穿过一个充有氮气的云室。[①] 首先可以看出，轨迹有明确的长度，这是因为粒子在穿过气体时会逐渐失去动能，最后停止下来。轨迹长度明显有两种类型，对应于具有不同能量的两组 α 粒子（粒子源是钍的两种同位素 ThC 和 ThC′ 的混合物）。我们还注意到，α 粒子的轨迹一般来说是笔直的，只是临近最后，粒子已经失去大部分初始能量时，才容易由途中氮原子核的非正面碰撞而显

① 布莱克特照片（本书未刊登这幅照片）上记录的核反应式是：${}_7N^{14}+{}_2He^4 \rightarrow {}_8O^{17}+{}_1H^1$。

示出明显偏折。但这张照片最明显的特征是一条特殊的 α 粒子轨迹，它显示出一种典型的分叉，一支细长，另一支粗短。这是入射的 α 粒子与云室中的氮原子核面对面碰撞的结果。细长的轨迹对应着被撞出氮原子核的质子，粗短的轨迹则对应着被撞到一旁的氮原子核本身。由于没有第三条轨迹可以对应于弹回的 α 粒子，这表明入射的 α 粒子已经附着在氮原子核上一起运动了。

由插图 3b 我们可以看到人工加速的质子与硼核碰撞的结果。从加速器管口（照片中心的黑影）发出的高速质子束射到硼片上，使原子核的碎块朝四面八方飞过周围的空气。照片上的一个有趣之处是，碎块的轨迹似乎总是以三个为一组（照片上可以看到两组，其中一组以箭头标出），这是因为被质子击中的硼原子核会分裂成三个相等的部分。[①]

插图 3a 是另一张照片，显示的是高速运动的氘核（由一个质子和一个中子形成的重氢原子核）与靶材料中另一个氘核的碰撞。[②]

照片中较长的轨迹对应于质子（$_1H^1$ 核），较短的轨迹则对应于三倍重的氢核，即所谓的氚核。

中子和质子都是构成每一个原子核的主要成分。如果没有涉及中子的核反应，云室照片是不完备的。

然而，在云室图片中寻找中子的轨迹是徒劳的，因为中子不带电，这匹“核物理学的黑马”在穿过物质时不会造成任何

---

① 核反应式为：$_5B^{11}+_1H^1 \rightarrow _2He^4+_2He^4+_2He^4$。

② 核反应式为：$_1H^2+_1H^2 \rightarrow _1H^3+_1H^1$。

电离。不过，你若看到猎人枪口在冒烟，又看到天上栽下一只鸭子，那么即使没有看见，你也知道有子弹发射过。同样，看着插图 3c 这张显示了一个氮原子核分裂成氦核（向下的轨迹）和硼核（向上的轨迹）的云室照片，你想必会意识到，这个氮核是被从左边过来的某个看不见的粒子狠狠撞了一下。事实的确如此，为了拍摄这张照片，我们在云室左壁放置了镭和铍的混合物作为快中子源。[①]

把中子源的位置和氮原子分裂的地点连接起来，我们就能看到中子穿过云室所沿的直线了。

插图 4 显示了铀核的裂变过程，它是包基尔德（Boggild）、布劳斯特劳姆（Brostrom）和劳瑞岑（Lauritsen）拍摄的。照片显示，从涂有被轰击铀层的一片铝箔，沿相反方向飞出两个裂变碎块。当然，无论是引发裂变的中子，还是裂变所产生的中子，都不会在照片上显示。

用加速粒子轰击原子核的方法而实现的各种核嬗变，我们可以一直描述下去，不过现在我们要转到轰击的效率这样一个更重要的问题。要知道，插图 3 和插图 4 只显示了单个原子解体的情况。比如为了把 1 克硼完全转化为氦，需要把其中包含的所有 55 000 000 000 000 000 000 000 个硼原子都击碎。目前最强大的加速器每秒钟能够产生大约 1 000 000 000 000 000 个粒子。即使每一个粒子都能击碎一个硼核，我们也得让这台机器运行

① 这里发生的过程的核反应式可以写成以下形式：
(a) 中子的产生：${}_4Be^9+{}_2He^4$（镭发射的 α 粒子）$\rightarrow {}_6C^{12}+{}_0n^1$
(b) 中子轰击氮原子核：${}_7N^{14}+{}_0n^1 \rightarrow {}_5B^{11}+{}_2He^4$。

5500 万秒，即大约两年才能完成这项工作。

然而，各种加速器所产生的带电核粒子的实际效力要比这低得多。在数千个粒子当中，通常只能指望有一个粒子能够击碎靶材料中的原子核。这种原子轰击的效率之所以极低，是因为原子核周围的电子能够减慢在其中穿过的带电粒子的速度。由于电子壳层的靶面积远大于原子核的靶面积，我们又显然不能让粒子都直接瞄准原子核，因此每一个粒子必须穿过原子的许多电子壳层，才有机会直接命中某个原子核。图 72 对这种情况作了图解。图中的黑色圆点表示原子核，轻影线表示电子壳层。原子的直径约为原子核直径的 10 000 倍，因此其靶面积之比为 100 000 000∶1。我们还知道，穿过一个原子的电子壳层之后，带电粒子会失去大约万分之一的能量，于是它穿过大约 1 万个原子后会完全停下来。从上述数据不难看出，在 1 万个粒子当中，大约只有 1 个粒子有机会在初始能量被原子的电子壳层耗尽之前撞到原子核上。考虑到带电粒子对靶材料的原子核施以毁灭性打击的效率是如此之低，要把 1 克硼完全嬗变，必须让一台现代加速器持续运行至少两万年！

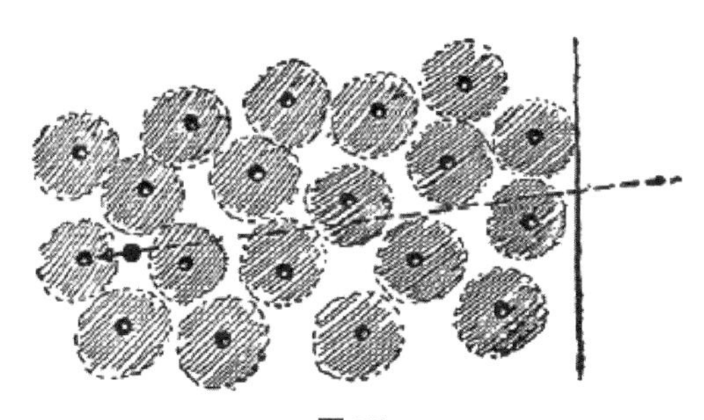

图 72

四、核子学

“核子学”是一个很不恰当的词，但和许多这样的词一样，它似乎仍在实际使用。正如“电子学”这个词被用来描述自由电子束的广泛实际应用一样，也应把“核子学”理解成对大规模释放的核能加以实际利用的科学。从前面诸节我们已经知道，（除银以外）各种化学元素的原子核都蕴藏着巨大的内能：轻元素的内能可以通过核聚变过程释放出来，重元素的内能则可以通过核裂变过程释放出来。我们还知道，用人工加速的带电粒子轰击原子核的方法虽然对于各种核嬗变的理论研究非常重要，但因效率极低而不能指望有什么实际用处。

α 粒子和质子等普通带电粒子之所以效率低下，本质上是因为它们的电荷使其在穿过原子时会失去能量，而且又难以足够靠近被轰击材料的带电原子核。既然如此，我们必定会想到，如果用不带电的中子来轰击各种原子核，也许能得到更好的结果。但这里有一个潜在的困难。由于中子可以不费吹灰之力地穿透原子核，所以它们在自然中并不以自由形式存在。即使用入射粒子将一个自由中子从某个原子核里人为地踢出来（例如用 α 粒子轰击铍核产生中子），它很快也会被其他原子核重新俘获。

于是，要想产生强大的中子束以轰击原子核，必须把中子从某种元素的原子核里一个个踢出来。这使我们又回到了带电粒子的低效。

不过，有一种办法能够摆脱这种恶性循环。如果能用中子踢出中子，而且每一个中子都能产生不止一个后代，那么这些中子就会像兔子或感染组织中的细菌一样繁殖得越来越多（参见图97）。不用多久，由一个中子产生的后代就会多到足以轰击一大块材料中的每一个原子核。

自从发现一种特殊的核反应能够实现这种中子增殖过程，核物理学便突然繁荣起来，使它离开了关注物质最隐秘性质的纯科学这座静谧的象牙塔，陷入了新闻大字标题、激烈的政治讨论和军事工业发展的旋涡。看报纸的人都知道，核能或通常所谓的原子能可以通过哈恩（Otto Hahn）和施特拉斯曼（Fritz Strassman）1938 年发现的铀核裂变过程释放出来。但不要以为裂变本身（也就是将重核分成两个近乎相等的部分）能使核反应继续下去。事实上，裂变产生的这两个核碎块都携带着许多电荷（分别携带着铀核的一半电荷左右），这使它们难以太过接近其他原子核。因此，在邻近原子电子壳层的作用下，它们将迅速失去自己的初始能量而趋于静止，不会引起进一步的裂变。

要想发展出一种自我维持的核反应，裂变过程之所以至关重要，是因为人们发现每一个裂变碎块在速度减慢之前会释放出中子（图 73）。

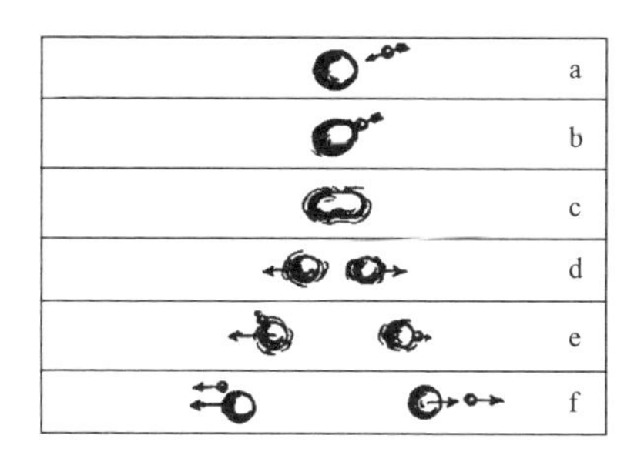

图 73　裂变过程的各个阶段

裂变之所以有这种特殊的后效，是因为重原子核的两半碎块起初就像两节断裂的弹簧一样处于剧烈的振动状态。这种振动虽然不会造成第二次裂变（即每一个碎块再分成两块），但很可能会抛射出几个核结构单元。当我们说每个碎块射出一个中子时，我们仅仅是在统计意义上说的；在某些情况下，一个碎块可能抛射出两三个中子，而在另一些情况下则可能一个也没有。当然，从一个裂变碎块中射出的中子的平均数依赖于它的振动强度，而这个强度又依赖于最初的裂变过程所释放的总能量。正如我们所知，聚变中释放的能量随着原子核的重量而增加，因此可以预计，每一个裂变碎块所产生的平均中子数也随着元素周期表而增加。例如，金核的裂变（尚未用实验方法实现，因为所需的起始能量太高）所产生的中子数可能远少于每个碎块一个，铀核的裂变为平均每块一个（每次裂变产生两个左右的中子），更重元素（如钚）的裂变所产生的中子数则应多于每块一个。

假定有100个中子进入了某种物质，为了满足中子的连续增殖条件，下一代中子显然应当多于100个。能否满足这种条件，取决于中子使这种原子核发生裂变的效率有多大，以及在一次裂变中产生的新中子平均有多少。要知道，虽然在产生裂变方面中子比带电粒子效率高得多，但也并非百分之百。事实上，进入原子核的高速中子总有可能只把一部分动能传给原子核，自己带走其余的动能。在这种情况下，动能将会消散在几个原子核上，没有一个得到足够的能量发生裂变。

根据原子核结构的一般理论可以断言，中子产生裂变的效率随着裂变元素原子量的增加而增加，对于周期表末尾的那些元素来说则接近百分之百。

现在我们给出两个有具体数值的例子，一个有利于中子增殖，一个不利于中子增殖：（1）假定快中子引起某元素裂变的效率为35%，每次裂变平均产生中子1.6个。[①]在这种情况下，100个中子会引起35次裂变，产生35×1.6＝56个下一代中子。显然，中子数每次都会迅速减少，每一代的数目都只是之前的一半左右。（2）假定有一种更重的元素，中子引起它裂变的效率升至65%，每次裂变产生的平均中子数为2.2。在这种情况下，100个中子会引起65次裂变，产生65×2.2＝143个下一代中子。每产生新的一代，中子数就会增加50%左右，这样很快就会有足够多的中子来轰击和打碎样品中每一个原子核。我们这里讨论的是渐进性分支链式反应，能发生这种反应的物质被称为裂变物质。

通过对发生渐进性分支链式反应的必要条件做出认真的实验和理论研究，我们可以得出结论：在各种各样的天然原子核当中，只有一种原子核有可能发生这种反应。这就是铀的著名轻同位素铀235，唯一的天然裂变物质。

然而，铀235在自然之中并非以纯净的形式存在，而总是与较重的非裂变同位素铀238混杂在一起（铀235占0.7%，铀238占99.3%），这有碍于引发天然铀的渐进式分支链式反应，就像水分有碍于湿木柴的燃烧一样。不过，正因为有这种不活泼的同位素的混杂，才使得很容易裂变的铀235仍然存在于自然界

① 这些数值只是为了举例而给出的，并不对应于任何实际的原子核。

中，否则它们早就被某一次链式反应彻底摧毁了。于是，要想使用铀 235 的能量，需要把铀 235 的原子核与更重的铀 238 原子核分开，或者设法不让更重的铀 238 的干扰作用奏效。对释放原子能的研究其实都在遵循这两种方法，而且都取得了成功。由于本书不打算涉及太多这种技术性问题，所以这里只是简要讨论一下。①

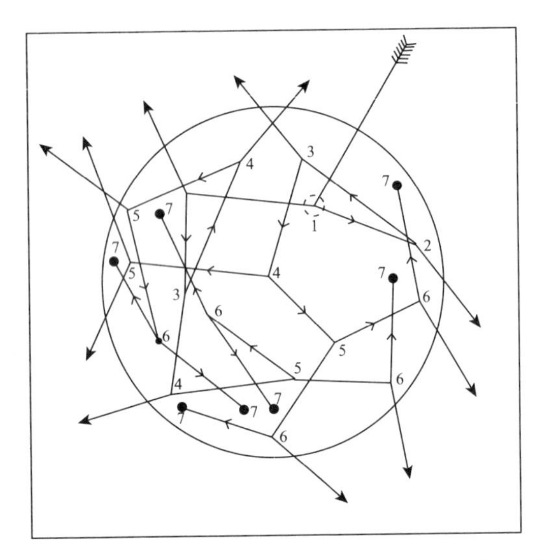

图 74 一个离群的中子在一块球形裂变物质中引起的链式反应。虽然有许多中子从表面跑掉了，但每一代中子的数目仍在增加，并最终引起爆炸

直接将铀的两种同位素分开是一个非常困难的技术问题，

① 更详细的讨论可参见 1947 年 Viking Press 出版的 Selig Hecht, *Explaining the Atom*。Eugene Rabinowitch 博士的增订版收在 Explorer 平装丛书中。

因为它们化学性质相同，通常的化工方法是做不到的。这两种原子只在质量上相差1.3%，这便启发我们用原子质量起主导作用的过程来实现分离，比如扩散、离心、离子束在电磁场中的偏转等。图75a和75b给出了两种主要分离方法的示意图，并附有简要说明。

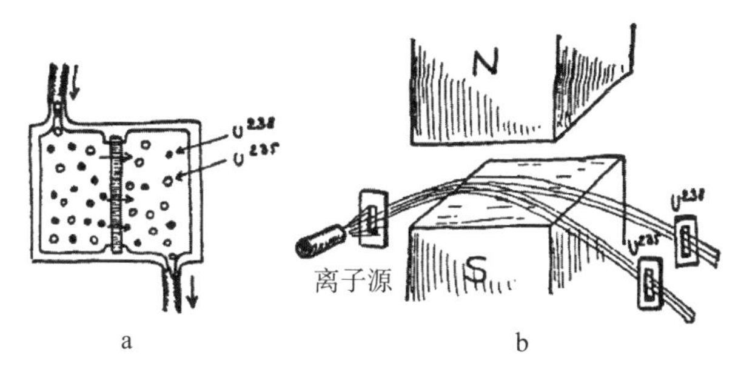

图75

a. 用扩散法来分离同位素。包含两种同位素的气体被泵入左室，并透过中央隔板扩散到右室。由于轻分子扩散得更快，所以右室的气体会富含铀235。

b. 用磁场法来分离同位素。原子束在强磁场中穿过，包含较轻的铀同位素的分子偏转得多一些。由于用宽缝才能有较高的强度，所以铀235和铀238两束粒子会有部分重叠，我们同样只得到部分分离。

所有这些方法都有一个缺点：由于这两种铀同位素的质量差异不大，所以分离过程不可能一步完成，而是需要重复多次，才能得到富含轻同位素的产物。如果重复次数足够多，便可得到较纯的铀235样品。

更巧妙的方法是用所谓的减速剂人为地减少天然铀中重同位素的干扰作用，从而实现天然铀的链式反应。要想理解这种方法，我们应当记得铀的重同位素的副作用本质上在于吸收了铀235裂变过程中产生的大部分中子，从而使渐进性链式反应无法进行。因此，如果能使中子在遇到铀235的原子核引起裂变之前不致被铀238的原子核俘获，问题便得到了解决。不过，铀238核大约是铀235核的140倍，不让铀238得到大部分中子，初看起来似乎是不可能的。但在这个问题上，一个事实帮了我们的忙：铀的两种同位素“俘获中子的能力”依中子运动速度的不同而不同。对于裂变的原子核产生的快中子来说，两种同位素的俘获能力是相同的，因此每有1个中子被铀235俘获，就有140个中子被铀238俘获。对于中等速度的中子来说，铀238的俘获能力强于铀235。但要点是，对于运动很慢的中子来说，铀235比铀238的俘获能力强得多。因此，如果能使裂变产生的中子速度慢下来，使之在遇到下一个铀原子核（铀238或铀235）之前大大减速，那么铀235核虽然数量较少，却比铀238核更有机会俘获中子。

将大量天然铀的小颗粒散布于某种能使中子减速、本身又不会俘获大量中子的材料（减速剂）中，便可得到减速装置。最好的减速剂材料是重水、碳和铍盐。图76显示了这样一个散布在减速剂各处的铀颗粒“堆”是如何实际工作的。[1]

① 关于铀堆的更详细讨论，请再次参阅原子能的专门书籍。

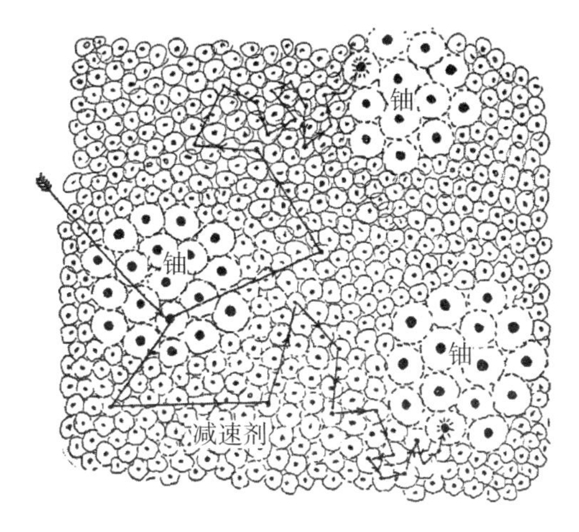

图 76　这张图看似生物细胞图，其实显示的是嵌在减速剂（小原子）当中的一团团铀原子（大原子）。左面的一团铀原子中有一个发生了裂变，产生的两个中子进入了减速剂，因与原子核发生一系列碰撞而逐渐变慢。到达另一团铀原子时，这些中子的速度已经大大降低，从而被铀 235 的原子核所俘获，因为铀 235 俘获慢中子的效率远远高于铀 238。

如上所述，只有轻同位素铀 235（只占天然铀的 0.7%）这种裂变元素才能维持渐进性链式反应，从而释放出大量核能。但这并不意味着我们不能用人工方法制造出与铀 235 性质相同而通常并不存在于自然界的其他元素来。事实上，利用某种裂变元素的渐进性链式反应中大量产生的中子，可以把通常不可裂变的原子核变成可裂变的原子核。

这种类型的第一个例子便是上述由天然铀和减速剂混合而成的“铀堆”。我们已经看到，使用减速剂可以使铀 238 俘获中子的能力减小到让铀 235 核之间发生链式反应。不过，仍然有一些中子会被铀 238 俘获。那么这时会发生什么情况呢？

当然，铀 238 俘获中子之后立刻会变成更重的同位素铀 239。但这个新核的寿命不长，它会陆续射出两个电子，变成原子序数为 94 的一种新化学元素的原子核。这种新的人造素被称为钚（Pu–239），它比铀 235 更容易裂变。如果把铀 238 替换成另一种天然放射性元素钍（Th–232），那么它在俘获中子并随后射出两个电子之后会变成另一种人造裂变元素铀 233。

于是，从天然裂变元素铀 235 开始循环进行链式反应，原则上可将所有天然铀和钍变成裂变物质，成为浓缩的核能来源。

最后，让我们粗略估算一下人类总共有多少能量可以用于未来的和平发展或自我毁灭的军事战争。根据计算，已知铀矿中的铀 235 总量如果完全转化为核能，足以让全世界的工业使用数年；但如果考虑到铀 238 可以转变成钚，所估时间会延长到几个世纪。再考虑到储量是铀四倍的钍（转变成铀 233），则至少可以用一两千年，这足以打消关于“原子能未来短缺”的任何忧虑了。

即使用尽了所有这些核能资源，而且发现不了新的铀矿和钍矿，将来的人也能从普通岩石中获得核能。事实上，和所有其他化学元素一样，几乎任何普通物质都含有少量的铀和钍。例如，每吨花岗岩含 4 克铀、12 克钍。乍看起来，这似乎很少，但我们再往下算一算。我们知道，1 公斤裂变物质所蕴藏的核能相当于 2 万吨 TNT 炸药爆炸时或 2 万吨汽油燃烧时所释放的能量。因此，1 吨花岗岩包含的这 16 克铀和钍如果变成裂变物质，会相当于 320 吨的普通燃料。这足以补偿复杂的分离过程所带来的各种麻烦了，特别是当储量丰富的矿藏面临枯竭的时候。

既已攻克铀等重元素在核裂变过程中的能量释放问题，物理学家们又处理了被称为核聚变的相反过程，即两个轻元素的原子核聚合成一个重原子核，同时释放出巨大的能量。在第十一章我们会看到，太阳的能量便来自这样一个聚变过程，普通的氢核因内部剧烈的热碰撞而结合成较重的氦核。为了复制这种所谓的热核反应以供人类使用，引发聚变的最佳材料是重氢或氘。普通的水中有少量的氘。氘核包含一个质子和一个中子。两个氘核相撞时会发生以下两种反应中的一个：

2 氘核→ He^3+ 中子；

2 氘核→ H^3+ 质子。

要想实现这种嬗变，氘必须处于几亿度的高温之下。

第一个成功实现核聚变的装置是氢弹，它用原子弹的爆炸来触发氘的反应。然而，一个更为复杂的问题是如何实现受控热核反应，以为和平目的提供大量能量。要想克服主要困难，即对极热气体进行约束，可以用强磁场把氘核约束在中心热区之内，阻止其接触容器壁（否则容器会熔化和蒸发！）。

第八章　无序定律

一、热的无序

倒上一杯水，你看到的是一种清澈而均匀的液体，没有迹象表明其内部有结构或运动（当然，这是在你不晃动杯子的情况下）。但我们知道，水只是看起来均匀。如果把水放大几百万倍，就会看出它有明显的颗粒结构，由大量紧密堆积在一起的分子所组成。

在同样的放大倍数下，我们还清楚地看到，杯中的水绝非静止不动，它的分子处于剧烈的骚动状态中，四处运动，互相推挤，宛如兴奋异常的人群。水分子或其他任何物质分子的这种无规则运动就是所谓的热运动，因为热现象正是由这种运动产生的。虽然人眼无法直接察觉到分子本身和分子的运动，但正是分子的运动刺激了人体的神经纤维，产生了所谓热的感觉。对于那些比人小得多的生物，比如悬浮在水滴中的细菌，热运动的效果就要显著得多了。这些可怜的生物会被不停运动的分子从四面八方推来推去，不得安宁（图 77）。这种有趣的现象被称为布朗运动，是英国生物学家布朗（Robert Brown）于一百多年前在研究植物花粉时最先注意到的。布朗运动非常普遍，悬浮在任何液体中的任何一种足够小的微粒，或者空气中飘浮的烟雾和灰尘，都可以观察到有这种运动。

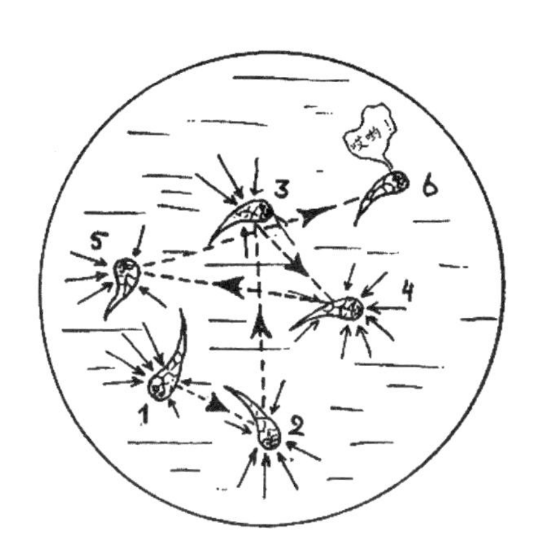

图 77　在周围分子的来回撞击下，一个细菌陆续换了六个位置（在物理上正确，在细菌学上却不太准确）

如果把液体加热，悬浮微粒的狂舞将会变得更加剧烈；如果液体冷却，运动的强度就会显著降低。因此，我们这里看到的无疑是物质内部热运动的效应。我们通常所说的温度不过是对分子运动激烈程度的量度罢了。通过研究布朗运动对温度的依赖性，人们发现温度达到 –273℃即 –459 ℉时，物质的热运动完全停止了，此时所有分子都归于静止。这似乎是最低的温度，它被称为绝对零度。谈论更低的温度是荒谬的，因为显然没有比绝对静止更慢的运动！

接近绝对零度的时候，所有物质的分子都没有什么能量，分子之间的内聚力将把它们凝聚成一块坚硬的东西。这些分子所能做的仅仅是在冻结状态下轻微颤动。温度升高时，这种颤动会变得越来越强烈；到了某个阶段，这些分子就能获得某种运动自由而彼此滑动。此时原本冻结的物质没有了硬度，变成了液体。溶解过程发生的温度取决于作用于分子的内聚力的强度。在某些物质比如氢或空气（氮氧混合物）中，分子之间的内聚力很弱，冻结状态在较低的温度下就会被热运动所打破。例如，氢要到 14K（即 –259℃）以下才处于冻结状态，而固体的氧和氮则分别在 55K 和 64K（即 –218℃和 –209℃）时才溶解。在另一些物质中，分子之间的内聚力较强，因此能在较高温度下保持固态。例如，纯酒精一直到 –114℃都能保持固态，而冻结的水（即冰）直到 0℃才融化。还有一些物质能在更高的温度下保持固态，例如铅直到 +327℃，铁直到 +1535℃才熔解，稀有金属锇则能一直坚持到 +2700℃。虽然物质处于固态时，分子被牢牢束缚在自己的位置上，但这绝不意味着它们不受热运动的影响。事实上，根据热运动的基本定律，对于给定温度下的所有物质，无论是固体、液体还是气体，每一个分子的能量是相同的。差别仅仅在于，在某些情况下，这种能量已经足以使分子离开其固定位置，而在另一些情况下，分子只能在同一地点上颤动，就像被短链子拴住的狂怒的狗。

在上一章描述的 X– 光照片中很容易观察到固体分子的这种热颤动或热振动。事实上我们已经看到，由于拍摄晶格分子照片需要相当长的时间，所以在曝光期间，分子决不能离开自己的固定位置。在固定位置周围不断颤动无助于拍摄清晰的照片，而是会导致照片的模糊。插图 1 复制的分子照片显示了这种效应。要想得到更清晰的照片，必须把晶体尽可能地冷却。这有时是通过把晶体浸入液态空气来实现的。另一方面，如果将被拍摄的晶体加热，照片会变得越来越模糊。到达熔点时，图样会完全消失，因为分子离开了自己的位置，开始在熔解物中无规则地运动。

固体熔化之后，分子仍然聚在一起，因为热运动虽然已经足以使分子脱离晶格中的固定位置，但还不足以把它们完全拆开。不过，如果温度进一步升高，内聚力就不再能把分子维持在一起了。除非被周围的容器壁所阻挡，它们将朝四面八方飞散开来。这样一来，物质当然就处于气态了。和固体的熔化一样，对于不同的物质来说，液体的气化温度也有所不同，内聚力弱的物质的气化温度要低于内聚力强的物质。汽化过程还与液体受到的压力有重大关系，因为外界压力显然会帮助内聚力把分子维系在一起。因此，正如大家所知，密闭水壶中的水的沸腾温度要比敞口水壶高，而在大气压大为降低的高山山顶，水不到 100℃就会沸腾。顺便说一句，通过测量水的沸腾温度，可以计算出大气压，这样便知道了这个位置的海拔高度。

但我们不要以马克·吐温（Mark Twain）为榜样。据说他曾把一支无液气压计放进了煮豌豆汤的锅里。这样做非但无助于你得知海拔高度，气压计上的氧化铜还会把这锅汤的滋味搞坏。

物质的熔点越高，其沸点也就越高。例如，液态氢在 –253℃沸腾，液态氧和液态氮分别在 –183℃和 –196℃沸腾，酒精在 +78℃沸腾，铅在 +162℃沸腾，铁在 +3000℃沸腾，锇要到

+5300℃以上才沸腾。[1]

图78

固体那美妙的晶体结构遭到破坏之后，其分子先是像蠕虫一样爬来爬去，而后又像惊弓之鸟一样四散飞逃。但这依然不说明热运动的破坏力已达极限。如果温度继续增加，分子的存在就会受到威胁，因为分子之间越来越剧烈的碰撞会把分子打碎成单个原子。这种所谓的热离解取决于分子的相对强度。某些有机物质的分子在几百度时会打碎成单个原子或原子团，另一些更坚固的分子，比如水分子，要到1000度以上才会解体。不过，

① 所有数值都是在标准大气压下测得的。

当温度升至几千度时，分子将不复存在，物质将是各种纯化学元素的气态混和物。

这正是温度可达6 000℃的太阳表面的情况。而在红巨星相对较冷的大气层中，[①]仍然会存在一些分子，光谱分析法已经证明了这一事实。

高温之下激烈的热碰撞不仅把分子打碎成原子，还能把原子的外层电子剥掉，这被称为热电离。如果温度升至几万度、几十万度，热电离会变得越来越显著，而到几百万度的时候，热电离过程就会完成。这样的极高温度远远超出了我们实验室中所能达到的温度，但在恒星内部特别是太阳内部却是司空见惯的。所有电子壳层都被彻底剥掉，物质成了在空间中狂奔乱撞的一堆裸原子核和自由电子的混合物。然而，虽然原子遭到彻底摧毁，但只要原子核完好无损，物质就仍然保持着基本的化学特性。如果温度下降，原子核会重新俘获自己的电子，完整的原子又形成了。

要使物质彻底热离解，将原子核打碎成各个核子（质子和中子），温度至少要升到几十亿度。即使在最热的恒星内部，我们也没有发现这样高的温度。不过几十亿年前我们的宇宙还年轻时，可能有过这种量级的温度。我们将在本书最后一章回到这个令人兴奋的问题。

于是我们看到，热运动会逐步破坏基于量子定律建筑起来的精巧的物质结构，并把这座宏伟的建筑变成一堆没有任何明

① 参见第十一章。

显规则的狂奔乱撞的粒子。

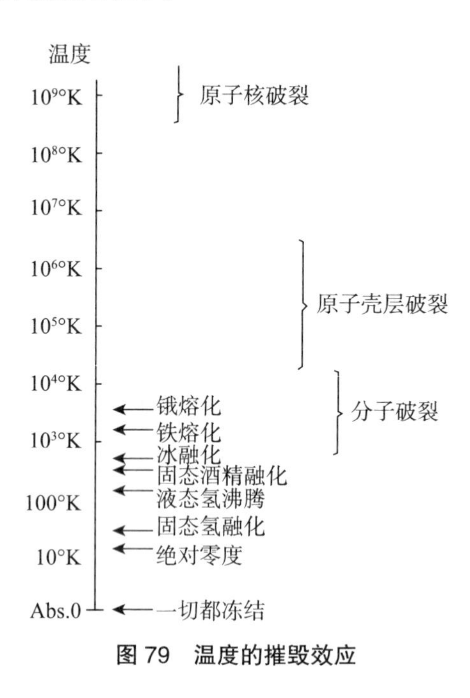

图 79 温度的摧毁效应

二、如何描述无序运动?

如果你认为, 既然热运动是不规则的, 所以不可能对它作任何物理描述, 那就大错而特错了。事实上, 热运动是完全不规则的, 这一事实本身就决定了热运动要服从一种新的定律, 即无序定律或统计定律。为了理解这一点, 我们先把注意力转向著名的 "醉鬼走路" 问题。假定我们看到一个醉鬼斜靠在城市广场中央的一根灯柱上 (天晓得他是何时和如何来到这里的), 他突然决定随便走走。于是他开始走了：先朝一个方向走几步，再朝另一个方向走几步，如此这般，每走几步就以完全不可预测的方式换个方向再走几步（图 80）。那么，这样弯弯折折走了比如 100 次之后，这个醉鬼离灯柱有多远呢？初看起来，由于每一次拐弯都无法预料，这个问题似乎是无法回答的。但更仔细地考虑一下就会发现，虽然我们说不出这个醉鬼结束走路时会在哪里，但我们可以说出他拐了相当多次弯之后离灯柱最可能有多远。为了以严格的数学方式来处理这个问题，我们以灯柱为原点沿路面画两条坐标轴，X 轴朝向我们，Y 轴向右。设 R 为醉鬼总共拐了 N 次弯之后与灯柱的距离（图 80 中 N 为 14）。假设 Xn 和 Yn 分别为醉鬼的第 N 段路径在对应轴上的投影，那么由毕达哥拉斯定理显然可以得出：

$$R^2=(X_1+X_2+X_3+\ldots+X_n)^2+(Y_1+Y_2+Y_3+\ldots+Y_n)^2,$$

其中 X 和 Y 有正有负，这取决于醉鬼的这段具体路径是远离还是接近灯柱。请注意，既然他的运动是完全无序的，所以 X 和 Y 的正值和负值应当大致同样多。在按照代数的基本规则计算上式的时候，须把括号中的每一项都与自己和括号中的其他各项相乘。于是，

$$\begin{aligned}&(X_1+X_2+X_3+\ldots+X_n)^2\\&=(X_1+X_2+X_3+\ldots+X_n)(X_1+X_2+X_3+\ldots+Xn)\\&=X_1{}^2+X_1X_2+X_1X_3+\ldots+X_2{}^2+X_1X_2+\ldots+Xn^2\end{aligned}$$

这一长串的和包含了 X 的所有平方项（$X_1{}^2$，$X_2{}^2$，$\ldots Xn^2$）和 X_1X_2、X_2X_3 等所谓的“混和积”。

图 80 醉鬼走路

到目前为止，这些数学都很简单。现在我们要用到统计学观点了。醉鬼走路是完全随机的，所以他靠近灯柱和远离灯柱的几率是相等的，因此 X 的正负概率各占一半。这样一来，那些“混和积”里总有可能找到数值相等但符号相反的可以彼此抵消的数对；拐弯次数 N 越大，就越可能有这种抵消。剩下来的只有那些 X 的平方项，因为平方项永远是正的。于是总的结果可以写成：

$$X_1^2+X_2^2+\ldots+Xn^2=NX^2,$$

其中 X 是各段路径在 X 轴上投影的平均长度。

同样，我们发现包含 Y 的第二个括号也能化为 NY^2，其中 Y 是各段路径在 Y 轴上的平均投影。这里需要重复指出，我们方才所做的严格来讲并非代数运算，而是基于统计观点，即运动的随机性导致“混和积”相互抵消。现在，我们得到醉汉与灯柱最有可能的距离为：

$$R^2=N(X^2+Y^2)$$

或

$$R=\sqrt{N}\cdot\sqrt{X^2+Y^2}\text{。}$$

但各个路径在两根轴上的平均投影就是45°的投影，因此

$$\sqrt{X^2+Y^2}$$

就等于路径的平均长度（同样由毕达哥拉斯定理得到）。用1来表示它，我们便得到

$$R=1\cdot\sqrt{N}\text{。}$$

换句话说，这个结果的意思是：醉鬼在沿着不规则路径拐了很多次弯之后，与灯柱最有可能的距离等于每段路径的平均长度乘以路径数目的平方根。

因此，如果这个醉鬼每走1米就（以不可预测的角度）拐个弯，那么走了100米之后，他与灯柱最有可能的距离只有10米。如果笔直走，不拐弯，与灯柱的距离就是100米。这表明走路时头脑清醒绝对有很大好处。

上面这个例子的统计性在于，我们所谈的并非每一个个例中的精确距离，而是最有可能的距离。一个醉鬼或许会沿直线离开灯柱，不拐弯（尽管这种情况不大可能发生），或许每一次都拐180°的弯，因此拐第二次弯时又会回到灯柱。但如果有一大群醉鬼都从同一根灯柱出发，互不干扰地沿不同的曲折路径行走，那么经过足够长的时间之后，你会发现他们将分布在灯柱四周的某个区域，他们与灯柱的平均距离可以由上述规则计算出来。图81画出了六个不规则行走的醉汉的分布情况。不用说，醉汉的数量越多，无序行走过程中拐弯的次数越多，上述规则就

越准确。

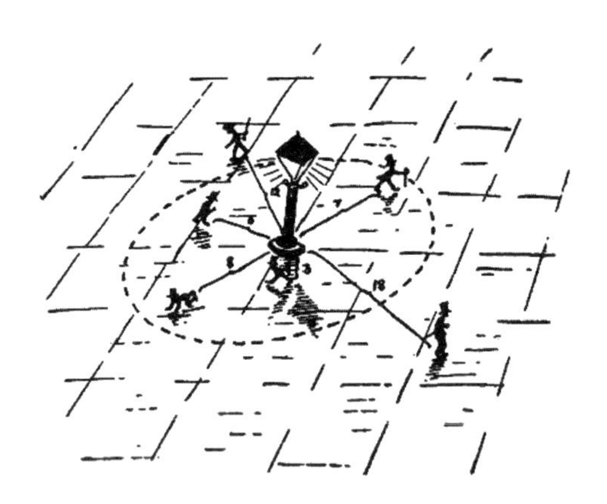

图 81 在灯柱附近行走的六个醉鬼的统计分布

现在，把一群醉鬼换成一些很小的物体，比如悬浮在液体中的植物花粉或细菌，你就会看到植物学家布朗在显微镜下看到的那种景象。当然，花粉和细菌是不会醉酒的，但正如我们已经说过的，它们被周围热运动的分子朝四面八方不停地踢来踢去，因此不得不走出曲曲折折的轨迹，就像人在酒精的作用下完全失去方向感一样。

如果透过显微镜观察悬浮在水滴中的许多微粒的布朗运动，你可将注意力集中在某时聚集在某一小区域（靠近“灯柱”）中的一组微粒。你会发现，随着时间的推移，它们会渐渐分散到整个视域，根据我们计算醉鬼距离时所依据的数学定律，它们与原点的平均距离将与时间的平方根成正比。

当然，这条定律也适用于水滴中的每一个分子。但你看不到单个分子，即使看到了，也无法将它们区分开来。要使这种运动变得可见，必须使用两种不同类型的分子，比如可以凭借颜色区分开来。现在，我们往一根化学试管里注满一半高锰酸钾溶液，使水呈漂亮的紫色，再往上面注入一些清水，注意不要把这两层液体混在一起。我们会看到，紫色将逐渐渗透到清水中。如果等待足够长的时间，你会发现，全部液体从底到顶都变得颜色均一了（图 82）。大家所熟知的这种现象被称为扩散，是高锰酸钾染料分子在水分子中的无规则热运动所引起的。我们可以设想每个高锰酸钾分子都是一个小醉鬼，被其他分子不停地推来推去。由于水分子（与气体分子相比）排列非常紧密，因此每一个分子在连续两次碰撞之间的平均自由程很短，只有亿分之一英寸左右。另一方面，由于分子在室温下的速度约为 1/10 英里每秒，所以一个分子只需一万亿分之一秒就会发生另一次碰撞。于是在 1 秒钟之内，每一个染料分子会发生万亿次的碰撞，运动方向也会改变万亿次。它在第 1 秒钟所走的平均距离将是亿分之一英寸（平均自由程）乘以 1 万亿的平方根，这便是平均扩散速度，只有百分之一英寸每秒。如果不因碰撞而偏折，此分子 1 秒钟之后将会跑到 1/10 英里以外的地方去，由此可见这种扩散速度是相当慢的。等上 100 秒钟，分子会挪到 10 倍（$\sqrt{100}=10$）远的地方；等上 10 000 秒钟，也就是大约 3 个小时，颜色才会扩散到 100 倍（$\sqrt{10000}=100$）即大约 1 英寸远的地方。的确，扩散是个相当慢的过程。所以如果你往茶杯里放糖，最好是搅动一下，而不要等待糖分子自行运动到各处。

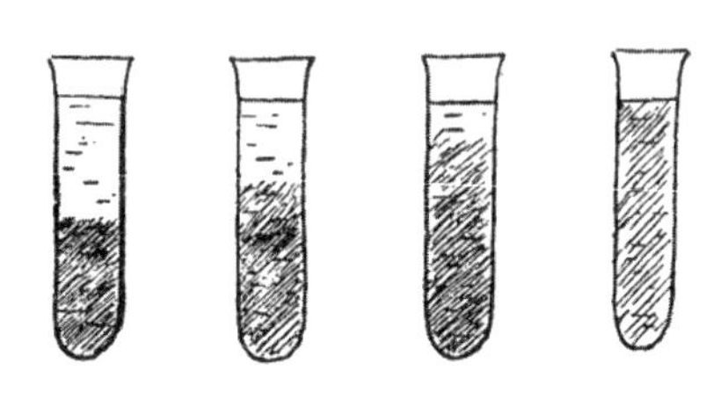

图 82

再来看一个扩散过程的例子，它是分子物理学中最重要的过程之一，让我们考虑热在铁通条中的传导方式。将通条的一端置于壁炉中。据经验可知，要过很长时间，通条的另一端才会变得烫手。但你也许不知道，热是通过电子的扩散过程而沿着金属棒传导的。无论是铁通条还是其他金属物体，内部都充满了电子。金属与玻璃等其他材料之间的区别在于，金属原子失去了一些外层电子，这些电子在金属晶格中四处游荡，会像普通气体粒子一样参与不规则的热运动。

金属外边界的表面力会阻止电子逸出，[①] 而在金属内部，电子的运动却是几乎完全自由的。若给金属丝加上一个电作用力，这些不受束缚的自由电子将会沿这个力的方向涌过去，产生电流。而非金属通常都是良好的绝缘体，因为它们的所有电子都被束缚在原子上，不能自由移动。

把金属棒的一端置于火中，这部分金属中自由电子的热运动会大大加剧，这些高速运动的电子开始携带额外的热能向其他区域扩散。这个过程很像染料分子在水中的扩散，只不过这里

① 把金属丝加热到高温状态时，其内部电子的热运动会变得更加剧烈，一些电子会逸出表面。无线电爱好者都知道，该现象已被用于电子管。

不是两种不同的粒子（水分子和染料分子），而是热电子气扩散到冷电子气所占据的区域中。不过，醉鬼走路的定律也适用于这里，热沿金属棒传导的距离与相应时间的平方根成正比。

作为扩散的最后一个例子，我们再举一个具有宇宙意义的完全不同的案例。接下来我们会看到，太阳的能量源于它自身内部深处的化学元素发生的嬗变。这些能量以强辐射的形式得到释放，"光微粒"或光量子开始了从太阳内部到太阳表面的漫长之旅。由于光速是 300 000 公里每秒，而太阳的半径仅为 700 000 公里，所以如果光量子沿直线移动而没有任何偏离，那么它只需 2 秒多钟就能跑出来。但事实并非如此。光量子在逸出过程中会与太阳物质中的原子和电子发生碰撞。光量子在太阳物质中的自由程约为 1 厘米（比分子的自由程长得多！），而太阳的半径是 70 000 000 000 厘米，所以光量子需要像醉汉那样拐 $(7\times10^{10})^2$ 或 5×10^{21} 个弯才能到达表面。既然每一步需要花 $\frac{1}{3\times10^{10}}$ 或 3×10^{-11} 秒，所以整个旅行时间为 $3\times10^{-11}\times5\times10^{21}=1.5\times10^{11}$ 秒，也就是 5000 年左右！这里我们再次看到，扩散过程是何等缓慢啊。从太阳中心到太阳表面，光要走 50 个世纪；而进入空虚的星际空间之后，光沿直线从太阳表面到达地球却只需 8 分钟！

三、计算概率

这个扩散例子只是把概率的统计定律应用于分子运动问题

的一个简单例子。在继续进行讨论，以理解支配一切物体——无论是微小的液滴，还是由恒星组成的浩瀚宇宙——热行为的至关重要的熵定律之前，我们先要了解如何计算不同的简单事件或复杂事件的概率。

最简单的概率计算问题出现在掷硬币的时候。大家都知道，此时（如果不撒谎的话）硬币正面朝上和反面朝上的概率是相等的。我们通常会说，正面朝上和反面朝上的可能性是一半对一半。若把两种可能性相加，便会得到$\frac{1}{2}+\frac{1}{2}=1$。概率论中的 1 意味着确定性。掷硬币的时候，你其实非常确定，硬币不是正面朝上就是反面朝上，除非硬币滚到沙发下面不见了踪影。

现在，如果你把一枚硬币连掷两次，或者同时掷出两枚硬币（这两种情况是一样的），那么不难看出，结果会出现图 83 所示的四种可能性。

图 83　掷两枚硬币的四种可能组合

第一种情况是得到两个正面，最后一种情况是得到两个反面，而中间的两种情况其实得到的是同样的结果，因为正反面出现的顺序（以及哪枚正面、哪枚反面）是无所谓的。于是我们说，得到两个正面的概率是$\frac{1}{4}$，得到两个反面的概率也是$\frac{1}{4}$，得到一次正面、一次反面的机会是$\frac{1}{2}$。这里同样有$\frac{1}{4}+\frac{1}{4}+\frac{1}{2}=1$，这意味着在三种可能的组合当中，你必得其一。现在我们再来看看将一枚硬币投掷三次的情况。此时总共有 8 种可能性，总结如下表：

第一次投掷	正	正	正	正	反	反	反	反
第二次投掷	正	正	反	反	正	正	反	反
第三次投掷	正	反	正	反	正	反	正	反
	Ⅰ	Ⅱ	Ⅱ	Ⅲ	Ⅱ	Ⅱ	Ⅲ	Ⅳ

从这张表可以看出，掷出三次正面的概率是$\frac{1}{8}$，掷出三次反面的概率也是$\frac{1}{8}$，其余的概率则被掷出二正一反和二反一正这两种情况平分，即各为$\frac{3}{8}$。

这张关于不同可能性的表正在迅速扩展，但我们还是看看将一枚硬币投掷四次时的情况。这时有如下 16 种可能性：

第一次投掷	正	正	正	正	正	正	正	正	反	反	反	反	反	反	反	反
第二次投掷	正	正	正	正	反	反	反	反	正	正	正	正	反	反	反	反
第二次投掷	正	正	反	反	正	正	反	反	正	正	反	反	正	正	反	反
第四次投掷	正	反	正	反	正	反	正	反	正	反	正	反	正	反	正	反
	Ⅰ	Ⅱ	Ⅱ	Ⅲ	Ⅱ	Ⅲ	Ⅲ	Ⅳ	Ⅱ	Ⅲ	Ⅲ	Ⅳ	Ⅲ	Ⅳ	Ⅳ	Ⅴ

这里掷出四个正面的概率为$\frac{1}{16}$，掷出四个反面的概率也是

$\frac{1}{16}$。掷出三正一反和三反一正的概率各为$\frac{4}{16}$即$\frac{1}{4}$，正反数目相等的概率为$\frac{6}{16}$即$\frac{3}{8}$。

随着投掷的次数越来越多，如果以类似的方式列下去，这张表会长得写不完。例如，若投掷十次，将会有2×2×2×2×2×2×2×2×2×2=1024种可能性。但我们根本不需要写下这么长的表，因为根据我们前面所列的那些简单例子的表，就可以看出简单的概率法则，并把它们直接运用于更为复杂的情况。

首先我们看到，掷出两个正面的概率等于第一次和第二次均掷出正面的概率之积，即

$$\frac{1}{4}=\frac{1}{2}\times\frac{1}{2}。$$

同样，接连掷出三个正面和四个正面的概率也为每一次均掷出正面的概率之积，即

$$\frac{1}{8}=\frac{1}{2}\times\frac{1}{2}\times\frac{1}{2};\ \frac{1}{16}=\frac{1}{2}\times\frac{1}{2}\times\frac{1}{2}\times\frac{1}{2}。$$

于是，如果问连掷10次均掷出正面的机会有多大，你只需把$\frac{1}{2}$自乘10次便可得到答案，结果是0.000 98。这表明出现这种情况的机会其实非常小，大约一千次中只有一次！这便是“概率相乘”规则，它说的是：如果你想得到几个不同的事物，你可以把单独得到每一个事物的数学概率相乘而得到总的数学概率。如果你想得到许多个事物，而每一个事物都不那么有把握得到，那么你得到所有这些东西的机会实在是小得可怜！

此外还有一条“概率相加”规则，它说的是：如果你只想得到几个事物当中的一个（无论哪个都行），那么这个概率将等于得到单个事物的数学概率之和。

投掷同一个硬币两次、得到正面反面各一的例子很容易说明这条规则。你这里想要的要么是“先正后反”，要么是“先反后正”，其中每一种组合的概率都是$\frac{1}{4}$，因此得到其中任何一种的概率为$\frac{1}{4}+\frac{1}{4}=\frac{1}{2}$。于是，如果你想求“既有这个，又有那个，还有那个，……”的概率，就应把各项单独的数学概率相乘；如果你想求“这个，或那个，或那个，……”的概率，就应把各项单独的数学概率相加。

在前一种情况下，你什么事物都想要，那么你想要的事物越多，这种机会就越小；在后一种情况下，你只想要其中某一个事物，那么可供选择的事物清单越长，你得到满足的机会就越大。

如果试验的次数很多，概率定律就会变得更加精确。投掷硬币的实验是一个很好的例证。图 84 显示了这一点，它给出了投掷两次、三次、四次、十次和一百次硬币时得到正面和反面相对次数的概率。从图中可以看出，随着投掷次数的增多，概率曲线变得越来越尖锐，正面和反面各占一半时出现的极大值也变得越来越显著。

因此，如果投掷两次、三次甚或四次，每一次均得到正面或反面的机会仍然很大。而若投掷十次，甚至连 90% 是正面或反面的机会都不大可能出现。如果投掷次数更多，比如一百或一千次，那么概率曲线会变得像针一样尖，哪怕只是稍稍偏离一半对

一半的分布，也已经变得几乎不可能。

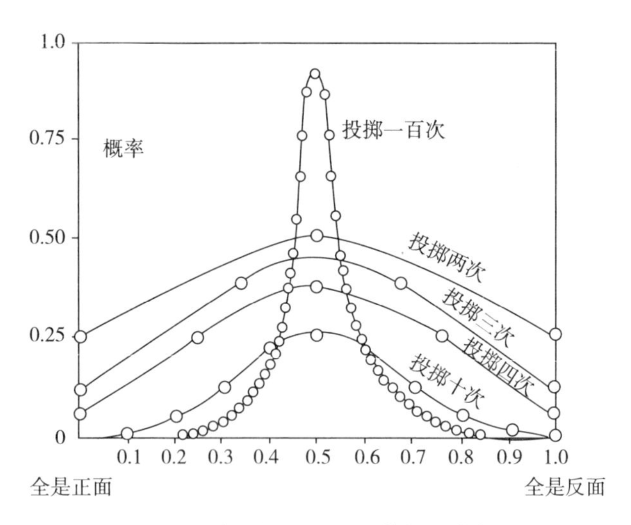

图 84　得到正面和反面的相对次数

现在，让我们用刚刚学到的简单的概率计算规则来判断在一种著名的扑克牌游戏中，五张牌的各种不同组合的相对概率是多少。

我先来简单介绍一下这个游戏：每位玩家摸五张牌，得到最高组合者赢。这里我们不考虑为获得更好的牌而交换几张牌所增加的复杂性，也不考虑虚张声势吓唬对方相信你有一手好牌而认输的心理策略——虽然虚张声势才是这种游戏的核心，并使著名的丹麦物理学家玻尔（Niels Bohr）提出了一种全新的游戏：无须用牌，玩家们只需谈论自己想象中的组合来吓唬对方就行。这完全超出了概率计算的领域而成了一个纯粹心理学的问题。

作为概率计算的练习，现在我们来计算一下这种扑克牌游戏中出现某些组合的概率。其中一种组合被称为“同花”，即五张牌均属于同一花色（图 85）。

图 85　同花（黑桃）

要想摸到同花，第一张牌是什么无关紧要，只要计算出另外四张也是同一花色的概率就行了。一副牌共有 52 张，每种花色有 13 张，[1] 因此摸去第一张牌之后，这种花色就只剩 12 张了。于是，第二张牌也属于这一花色的概率为 $\frac{12}{51}$。同样，第三、第四、第五张牌也属于同一花色的概率分别为 $\frac{11}{50}$、$\frac{10}{49}$ 和 $\frac{9}{48}$。既然希望所有五张牌都是同一花色，就需要用到概率乘法规则。你会发现，得到同花的概率为：

$$\frac{12}{51}\times\frac{11}{50}\times\frac{10}{49}\times\frac{9}{48}=\frac{11880}{5997600}\approx\frac{1}{500}。$$

但不要以为每玩 500 次就肯定能摸到一次同花。你也许一

① 这里未考虑玩家可随意代替任意一张牌的额外的“百搭”所引起的复杂性。

次都摸不到，也可能摸到两次。这里只是概率计算。你可能连摸500多次一次同花也摸不到，也可能第一次就摸个同花。概率论所讲的只是，摸500次可能会摸到一次同花。根据同样的计算方法你也可以得知，玩这种游戏3000万次，大约会有10次摸到5张A牌（包括“百搭”在内）。

另一种扑克牌组合被称为“满堂红”［有三张相同及另两张相同的一手牌］（full hand，亦作 full house），它更为罕见，因此也更有价值。“满堂红”由一个“对”和一个“三条”所组成（即有两张牌为两种花色的同一点数，另外三张牌为三种花色的另一点数，比如图86所示的两个5和三个Q）。

图86 满堂红

要想得到满堂红，头两张牌是什么无关紧要，但摸到这两张牌之后，后三张牌当中必须有两张与头两张之一的点数相同，第三张与另一张的点数相同。由于还有六张牌可以符合点数（如果已经摸到一张5和一张Q，那就还有三张5和三张Q），所以第三张牌符合要求的机会是$\frac{6}{50}$。由于在剩下的49张牌中只有5

张符合要求的牌，所以第四张牌也符合要求的机会是$\frac{5}{49}$。第五张也符合要求的机会是$\frac{4}{48}$。因此，得到满堂红的总概率为：

$$\frac{6}{50}\times\frac{5}{49}\times\frac{4}{48}=\frac{120}{117600},$$

这大约是得到同花概率的一半。

以类似的方法，还能计算出“顺子”（即点数连续的几张牌）等其他组合的概率，以及因“百搭”的存在和换牌的可能性所导致的概率变化。

通过这种计算我们发现，扑克牌中使用的级别次序的确对应于数学概率的次序。我不知道这种安排是以前的某位数学家提出来的，还是全世界的数百万赌徒冒着丧失财富的危险，在经常光顾的赌窟里纯粹由经验确立的。如果是后者，我们得承认，这是一个关于复杂事件相对概率的极好的统计研究课题！

概率计算的另一个有趣例子是“生日重合”问题，它会引出非常出乎意料的回答。回想一下，你是否曾在同一天受邀参加两个不同的生日宴会。你也许会说，收到两份邀请的机会很小，因为你大约只有 24 位朋友可能邀请你，而他们的生日有一年的 365 天可以选择呢！既然有那么多可能的日期可供选择，你的 24 位朋友中有两人同日吃蛋糕的可能性一定非常小吧。

然而，虽然听起来似乎令人难以置信，但你的判断绝对是错误的。事实上，在这 24 个人当中，有一对甚至几对人生日重合的概率是相当高的，出现重合的概率其实比不出现重合的概率还要大。

要想证明这个事实，你可以列出一张包含24人左右的生日表，或者干脆从《美国名人录》之类的工具书上随机选出24个人，对他们的生日进行比较。我们还可以运用在掷硬币和扑克牌的问题中已经熟悉的简单的概率计算规则来确定这些概率。

我们先来计算24个人生日各不重合的概率。先看第一个人的生日是哪天，当然，这可以是一年当中的任何一天。那么，第二个人的生日与第一个人不相重合的概率有多大呢？由于这个（第二个）人可以出生在一年当中的任何一天，所以他的生日与第一个人重合的概率为$\frac{1}{365}$，不相重合的概率为$\frac{364}{365}$。同样，第三个人的生日与前两个人都不重合的概率为$\frac{363}{365}$，因为一年中有两天已被排除。接下来的人的生日与前面任何一个人都不重合的概率依次为$\frac{362}{365}$，$\frac{361}{365}$，$\frac{360}{365}$等，最后一个人的概率为$\frac{365-23}{365}$即$\frac{342}{365}$。

由于我们想知道这些生日当中存在一次重合的概率，我们须将以上所有这些分数相乘，这样便得到了所有这些人的生日都不重合的概率：

$$\frac{364}{365}\times\frac{363}{365}\times\frac{362}{365}\times\cdots\times\frac{342}{365}。$$

如果使用某些高等数学方法，几分钟便可算得乘积。但如果不懂这些方法，就只能辛苦地将它直接乘出来了，[①]不过这也费不了太多时间。结果约为0.46，这表明生日都不重合的概率稍小

① 如果可以，请使用计算尺或对数表！

于一半。换句话说，在你的这 24 位朋友当中，任何两人生日都不重合的概率为 46%，有两人或更多人生日重合的概率为 54%。于是，如果你有 25 个或更多个朋友，却从未在同一天受邀参加两场生日宴会，那么你就可以相当确定地断言，要么你的大多数朋友并未组织生日宴会，要么他们根本没有邀请你去！

生日重合问题是一个很好的例子，说明在判断复杂事件的概率时，常识判断可能是完全错误的。我曾问过很多人这个问题，包括不少著名的科学家，但除一个人以外，所有人都下了从 2:1 到 15:1 的赌注打赌说，这种重合不会发生。倘若那位老兄接受了所有这些赌注，他现在已经发财了！

需要反复强调的是，即使我们能按照既定的规则将不同事件的概率计算出来，并且挑出其中最有可能发生的事件，我们也根本不确定这就是即将发生的事情。除非我们检验数千次、数百万次甚至数十亿次，否则就只能推测说“可能”会怎样，而不是“一定”会怎样。如果只作少数几次检验，概率定律就不那么管用了。我们来看一个用统计分析来破译一小段密码的例子。比如爱伦·坡（Edgar Allan Poe）在其著名小说《金甲虫》（*The Gold Bug*）中描写了一位勒格让（Legrand）先生，他在南卡罗来纳荒凉的海滩上散步时捡到了一张半埋入湿沙的羊皮纸。在勒格让先生的海滨小屋里用火烘烤之后，这张羊皮纸上显示出了一些神秘的墨水笔迹，这些笔迹在冷的时候看不见，加热后则转为红色，变得清晰可读。其中有一个头盖骨，暗示这份文件是一个海盗写的；还有一个山羊头，证明这位海盗正是著名的基德

（Kidd）① 船长；还有几行印刷符号，似乎在暗示一处藏宝地点（见图 87）。

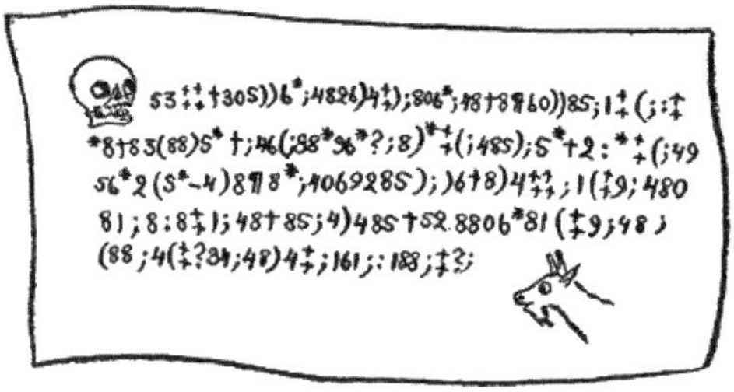

图 87 基德船长的讯息

让我们按照爱伦·坡的说法，相信 17 世纪的海盗熟悉分号、引号等排印符号以及‡、†、¶ 等符号。

勒格让先生急于得到这笔钱，遂绞尽脑汁想破译这段神秘的密码。最后，他基于不同英文字母出现的相对频率进行破译。其方法的根据在于，任何一段英文，无论是莎士比亚的一首十四行诗，还是华莱士（Edgar Wallace）的一部侦探小说，如果数一数不同字母出现的次数，你会发现字母“e”出现得最为频繁，然后依次是：

a，o，i，d，h，n，r，s，t，u，y，c，f，g，l，m，w，b，k，p，q，x，z。

勒格让先生数了数基德船长密码中出现的不同符号，发现出现次数最多的是数字 8。“啊哈，”他说，“这就是说，8 最有可能代表字母 e。”

① 英文中小山羊是 Kid，基德是 Kidd，两者词形和发音都很相像。——译注

他说的不错。但这只是很有可能，而不是完全确定。事实上，如果这段密码写的是"You will find a lot of gold and coins in an iron box in woods two thousand yards south from an old hut on Bird island's north tip"（在鸟岛北端旧棚屋南面两千码的树林中有一个铁盒子，里面有许多黄金和硬币），那么这其中就连一个"e"都没有！不过概率定律帮了勒格让先生的忙，他真的猜对了。

第一步走对之后，勒格让先生自信满满，又以同样方式按照出现的概率次序将各个字母加以排列。下表按照使用的相对频率对基德船长讯息中的各个符号作了排列：

符号	出现次数		
8	33次	e	e
;	26	a	t
4	19	o	h
‡	16	i	o
(	16	d	r
*	13	h	n
5	12	n	a
6	11	r	i
†	8	s	d
1	8	t	
0	6	u	
g	5	y	
2	5	c	
i	4		
3	4	g	g
?	3	l	u
¶	2	m	
-	1	w	
.	1	b	

表中第二栏是按照各个字母在英语中出现的相对频率

排列的，因此有理由假设第一栏中的符号就代表同一行第二栏中的字母。但根据这种排列，基德船长讯息的开头就成了 *ngiiugynddrhaoefr...*

这根本没有意义！

怎么回事呢？是不是这个诡计多端的老海盗使用了一些特殊的词，其中包含的字母所遵循的频率规则不同于英语常用词中字母出现的频率规则呢？根本不是。原因仅仅在于，这段讯息太短了，统计抽样检验尚不能很好地起作用，最大可能的字母分布尚未出现。倘若基德船长用这样一种复杂的方法把财宝藏起来，以至于密码指令占了好几页纸甚至一整本书，那么勒格让先生用概率规则解出这个谜的把握就会大得多。

如果掷 100 次硬币，你会比较确信正面朝上的次数有 50 次左右；但若仅掷 4 次，正面朝上的次数则可能有 3 次或 1 次。一般来说，试验的次数越多，概率定律就越精确。

由于这段密码中的字母数量不足，无法运用统计分析方法，勒格让先生只好根据不同英语单词的细微结构进行分析。首先，他依然假设出现频率最多的符号“8”代表 e，因为他注意到，这段较短的讯息中多次出现“8 8”这个组合（5 次）。大家知道，字母 e 在英语词中常常双写，比如在 *meet*，*fleet*，*speed*，*seen*，*been*，*agree* 等单词中。此外，如果“8”真的代表 e，那么它应该会作为“the”这个词的一部分而经常出现。检查这段密码的文本就会发现，“；4 8”这个组合在其中出现了 7 次，倘若真是如此，我们就必须断言，“；”代表 *t*，“*4*”代表 *h*。

读者们可以去阅读爱伦·坡的这篇小说，寻找破译基德船长这段讯息的进一步细节。它的全文如下：“A good glass in the bishop’s hostel in the devil’s seat.Forty-one degrees and thirteen minutes northeast by north.Main branch seventh limb east side.Shoot from the eye of the death’s head,A beeline from the tree through the shot fifty feet out”（主教旅店的魔鬼座中有个好玻璃杯。北偏东41 度 13 分。主干东侧的第七根树枝。从骷髅的眼睛处开一枪。沿开枪方向从那棵树直走 50 英尺）。

勒格让先生最后破译的不同字母的正确含义列在表中最后一栏。可以看到，它们与根据概率定律所推测的字母不甚相符。这当然是因为这段文本太短，概率定律没有什么机会发挥作用。但即使在这个小小的“统计样本”中，我们也能注意到各个字母有按照概率论要求的次序进行排列的趋势，如果这段文本中的字母数量大得多，这种趋势就会变成一条几乎牢不可破的规则。

用大量试验来实际检验概率论的预测的例子似乎只有一个，那就是美国国旗与火柴这个著名问题。

要想处理这个概率问题，你需要一面美国国旗，即它的一个部分由红白条所组成。如果没有旗子，可以拿一大张纸，在上面画几道等距的平行线。还需要一盒火柴——任何火柴都可以，只要短于红白条的宽度就可以。此外还需要希腊字母 π，它对应于我们的英文字母“p”，也被用来表示圆的周长与直径之比。你也许知道，它在数值上等于 3.1415926535...（我们还知道更多位数字，但无需继续写下去）。

现在把旗子铺在桌子上，掷一根火柴到旗子上（图 88）。它可能完全落在一条带子之内，也可能压在两条带子的边界上。这两种情况各有多大可能性呢？

图 88

根据我们确定其他概率的程序，必须先数出对应于某种可能性的情况有多少。

但火柴难道不是有无穷多种方式可以落在旗子上吗？怎么能数出所有可能性呢？

让我们更仔细地考察一下这个问题。如图 89 所示，火柴落在条带上的位置可由火柴中心与最近的边界之间的距离以及火柴与条带方向所成的角度来刻画。图中给出了火柴落下的三个典型例子。为简单起见，假定火柴长度等于条带宽度，比如都是 2 英寸。如果火柴中心离边界很近，成的角又很大（如情况 a），那么火柴将与边界相交。如果情况相反，角度很小（如情况 b）或距离很大（如情况 c），则火柴将全都落在一条带子的边界内。说得更精确些，如果半根火柴在竖直方向的投影大于条带的一半宽度，则火柴将与边界相交（如 a），反之则不相交（如 b）。

这一陈述可以用图 89 下半部分的图形表示出来。横轴给出的是火柴落下后所成的角度（以弧度为单位），纵轴则是半根火柴在竖直方向的投影长度；在三角学中，这个长度被称为给定角度的正弦。显然，当角度为零时，正弦值也为零，因为这时火柴呈水平方向。当角度为 π/2 即直角时，[①] 正弦值等于 1，因为此时火柴呈竖直方向，与其投影重合。对于介于其间的角度，正弦值由我们所熟悉的正弦曲线给出。（图 89 只画出了完整曲线的四分之一，即从 0 到 π/2。）

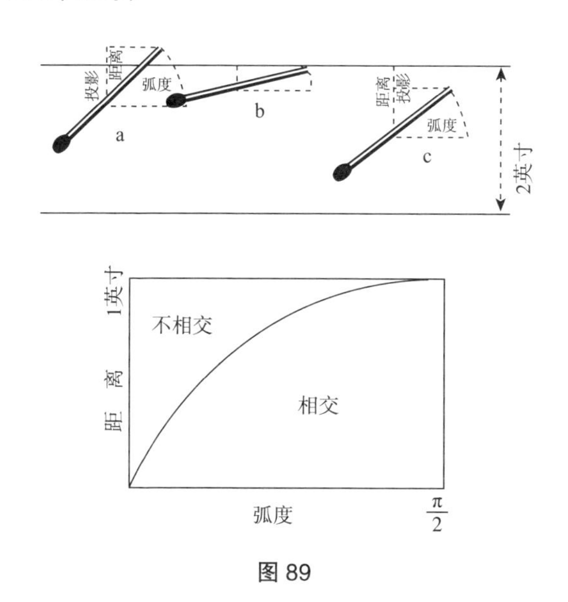

图 89

构造这张示意图之后，估算火柴与边界相交或不相交的概

① 半径为 1 的圆的周长是其直径的 π 倍，即 2π，因此四分之一圆周的长度是 $\frac{2\pi}{4}$ 即 $\frac{\pi}{2}$。

率就很方便了。事实上，正如我们所看到的（再看图 89 上半部分的三个例子），如果火柴中心与边界的距离小于相应的投影，即小于这个角度的正弦值，火柴就会与条带的边界相交。这意味着，图中表示这个距离和角度的点位于正弦曲线以下。相反，当火柴完全落在条带边界以内时，将会给出正弦曲线以上的点。

于是，按照我们计算概率的规则，相交概率与不相交概率之比将等于曲线下的面积与曲线上的面积之比；或者说，要想计算两个事件的概率，可以用与之相应的两块面积分别除以整个矩形的面积。可以用数学方法证明（参见第二章），图中正弦曲线下的面积恰好等于 1。由于整个矩形的面积是 $\frac{\pi}{2}\times 1=\frac{\pi}{2}$，所以我们发现，火柴（其长度等于条带的宽度）与边界相交的概率为 $\frac{1}{\pi/2}=\frac{2}{\pi}$。

在这个最意想不到的场合，π 出现了，18 世纪的科学家布丰（George Louis Leclerc Buffon）最先注意到了这个有趣的事实，因此这个火柴和条带的问题也被称为布丰问题。

勤勉的意大利数学家拉泽里尼（Lazzerini）实际做了一个实验。他掷了 3408 根火柴，发现共有 2 169 根与边界相交。用这个实验的精确记录去检验布丰公式，发现 π 的值可以用 $\frac{2\times 3\,408}{2\,169}$ 来代替，即 3.141 592 9。直到小数点后第七位，它才与精确值有所不同！

这当然是对概率定律之有效性的一个极为有趣的证明，但与投掷数千次硬币，用总投掷数除以正面朝上的数目来确定“2”

相比，却也并非更有趣。在后一种情况下，你得到 2.000 000…的误差一定会和拉泽里尼确定 π 值的误差一样小。

四、“神秘”的熵

从以上这些来自日常生活的概率计算的例子可以知道，如果涉及的数目很小，这种预测往往会令人失望；而当数目增多时，预测会变得越来越准。这就使概率定律特别适用于描述构成哪怕最小物质片段的几乎数不清的分子或原子。因此，对于六七个醉鬼每人走二十多步的情况，醉鬼走路的统计定律只能给出近似的结果；但如果运用于每秒钟经历数十亿次碰撞的数十亿个染料分子，统计定律却能导出最为严格的物理扩散定律。我们还可以说：在扩散过程中，试管中原先溶解于一半水中的染料会趋向于均匀分布在整个液体中，因为这种均匀分布比原先的分布有更大的可能性。

同样道理，在你坐着读这本书的整个房间里均匀充满着空气。你从未想到房间里的这些空气会不经意地自行聚拢在某个角落，使你在椅子上感到窒息。不过，这件恐怖的事情在物理上并非完全不可能，而只是可能性极小罢了。

为了澄清这一点，我们设想房间被一个假想的竖直平面分成两等分，此时这两部分中的空气分子最有可能是什么分布呢？当然，这个问题等同于前面讨论的投掷硬币的问题。任选一个分子，它处于房间左半边或右半边的机会是相等的，就像掷出的硬币正面朝上或反面朝上的机会相等一样。

如果不考虑其他分子的位置，那么第二个、第三个以及所有其他分子处于房间左半边或右半边的机会也是相等的。[①] 因此，分子在两半房间中的分布问题就如同大量投掷的硬币的正反面分布问题，我们已经在图 84 中看到，一半对一半的分布是最有可能的。从图中我们还可以看到，随着投掷次数的增多（我们这里是气体分子的数目变大），50% 的可能性变得越来越大，当数目非常大时，这种可能性几乎变成了确定性。由于普通大小的房间里约有 10^{27} 个分子，[②] 所以它们同时聚在房间左半边或右半边的概率为

$$\left(\frac{1}{2}\right)^{10^{27}} \approx 10^{-3\times10^{26}},$$

即 1 比 $10^{3\times10^{26}}$。

另一方面，由于空气分子以每秒 0.5 公里左右的速度运动，从房间一端移到另一端只需 0.01 秒，所以它们在房间里的分布每秒钟将会刷新 100 次。因此要等上 $10^{299\,999\,999\,999\,999\,999\,999\,999\,998}$ 秒，才能得到完全处于房间某一侧的分布。要知道，迄今为止宇宙的年龄也只有 10^{17} 秒！所以还是安安静静读你的书吧，不必担心突然被窒息。

再举一个例子。考虑桌上的一杯水。我们知道，水分子做着无规则的热运动，正以极高的速度沿四面八方运动，但因分子之

① 事实上，由于气体分子的间距很大，空间并不拥挤，所以给定体积内虽然有大量分子，但根本不会阻碍新的分子进入。

② 一个 10 英尺宽、15 英尺长、9 英尺高的房间的体积为 1350 立方英尺或 5×10^7 厘米^3，因此包含 5×10^4 克空气。由于空气分子的平均质量为 $30\times1.66\times10^{-24}\approx 5\times10^{-23}$ 克，所以分子总数为 $5\times10^4/5\times10^{-23}=10^{27}$。

间内聚力的作用而不致逸出。

既然每一个分子的运动方向都完全受概率定律的支配，我们可以考虑这样一种可能性：在某一时刻，杯子上半部的所有水分子都向上运动，而杯子下半部的水分子都向下运动。[①] 在这种情况下，沿着将两组水分子分开的水平面起作用的内聚力将无法抵抗这种"统一的分离欲望"，我们会看到一个不同寻常的物理现象：半杯水将以子弹的速度自动冲向天花板！

另一种可能性是，水分子热运动的总能量偶然集中在杯子的上半部分，此时杯底附近的水突然结冰，上部的水却开始剧烈沸腾。那么，你为何从未见过这样的事情发生呢？这并非因为它们绝对不可能发生，而是因为极不可能发生。事实上，如果你试着计算一下原本沿各个方向随机分布的分子偶然获得上述分布的概率，就会得到一个与空气分子全都聚集在一个角落的概率同样小的数字。同样，一些分子因相互碰撞而失去大部分动能、另一些分子得到这部分动能的概率也小到可以忽略不计。我们通常看到的速度分布同样是具有最大可能性的速度分布。

让我们从分子的位置或速度未处于最大可能安排的一个状态开始，比如从屋子一角释放出某种气体，或者给冷水倒些热水，此时会发生一系列物理变化，使该系统从这种不大可能的状态达到极为可能的状态。气体将会扩散到整个房间，直至达到均匀状态，上部的水的热量将流向下部的水，直至所有的水都达到相等的温度。于是我们可以说：一切依赖于分子无规则运动的

① 必须考虑这种一半对一半的分布，因为动量守恒定律使得所有分子不可能都朝同一个方向运动。

物理过程都会朝着概率增大的方向发展，而当达到平衡状态即不再有什么事情发生时，概率达到最大。正如我们在屋内空气分布的例子中所看到的，各种分子分布的概率往往是一些不方便表达的极小数字（比如空气聚集在半间屋内的概率是 $10^{-3\times10^{26}}$），因此作为替代，我们常常取其对数。这个量被称为熵，它在所有与物质无规则热运动有关的问题中都起着显著作用。现在可将前面关于物理过程中概率变化的叙述改写成：物理系统中任何自发变化都会朝着熵增加的方向发展，最后的平衡态则对应于熵的最大可能值。

这便是著名的熵定律，也被称为热力学第二定律（热力学第一定律是能量守恒定律）。你瞧，这里面并没有什么可怕的东西。

熵定律又可以被称为无序加剧定律，因为从上述所有例子中可以看出，当分子的位置和速度完全随机地分布，以至于任何为其运动引入某种秩序的尝试都会导致熵的减小时，熵便达到了极大值。通过研究把热变成机械运动这个问题，可以得到对熵定律的另一个更为实际的表述。大家还记得，热其实就是分子无规则的机械运动，因此不难理解，把给定物体的热能完全转变成宏观运动的机械能，等于强迫该物体的所有分子都朝同一个方向运动。但在杯子里的一半水自发冲向天花板的例子中我们已经看到，这种现象太不可能发生了，以致可以认为根本不会发生。因此，虽然机械运动的能量可以完全转化成热（例如通过摩擦），但热能却永远不会完全转化成机械能。这便排除了所谓

"第二类永动机"[①]——即在正常温度下吸收物体热量，从而降低物体温度，并用由此获得的能量来做功——的可能性。例如，我们不可能建造一种不是通过烧煤，而是通过从海水中吸取热量而在锅炉中产生蒸汽的轮船，它先是把海水吸入机舱，然后再把吸收掉热量的冰块扔回海里。

那么，普通的蒸汽机是如何在不违反熵定律的情况下把热变成运动的呢？这是因为在蒸汽机中，燃料燃烧所释放的热只有一部分被实际转化成机械能，其余大部分热要么以废气的形式被排入大气，要么被专门的冷却设备所吸收。在这种情况下，该系统有两种相反的熵变化：（1）熵减小，此时一部分热转化为活塞的机械能；（2）熵增大，此时另一部分热从锅炉进入冷却设备。熵定律只要求系统的总熵增加，因此只要让第二个因素大于第一个就行了。为了更好地理解这一点，我们可以考虑这样一个例子：在6英尺高的架子上放着一个5磅重的物体，根据能量守恒定律，此物体不可能在没有外界帮助的情况下自动朝天花板上升。但另一方面，它却可以让自身的一部分朝地板下落，并用由此释放的能量使另一个部分上升。

同样，我们也可以使系统中一个部分的熵减小，只要另一个部分中有相应的熵增大就可以了。换句话说，对于一些正在作无序运动的分子来说，如果我们不在意其中一部分运动会变得更加无序，我们是能使另一部分变得更加有序的。和各种类型的热机一样，在许多实际情况中，我们的确是不在意的。

---

① 还有违背能量守恒定律的所谓"第一类永动机"，不用提供任何能量它就能做功。

五、统计涨落

通过前一节的讨论，大家想必已经很清楚，熵定律及其一切推论都完全建立在这样一个事实的基础上：在宏观物理学中，我们讨论的总是极大数量的分子，因此任何基于概率考虑的预测会变成近乎绝对确定的结果。如果我们考虑的是极少量的物质，这种预测就不那么确定了。

例如，如果我们考虑的不是前面例子中充满房间的空气，而是体积小得多的气体，比如边长为百分之一微米[①]的正方体，那么情况看起来就完全不同了。事实上，由于该立方体的体积为 10^{-18} 立方厘米，它将只包含 $\frac{10^{-18}\times10^{-3}}{3\times10^{-23}}=30$ 个分子。所有这些分子聚集在一半体积中的概率是 $\left(\frac{1}{2}\right)^{30}=10^{-10}$。

另一方面，由于该立方体的体积要小得多，各个分子将以每秒钟 5×10^{10} 次的速度进行改组（速度为每秒 0.5 公里，距离只有 10^{-6} 厘米），因此，半个正方体大约每秒钟都会空出一次。不用说，某些分子集中在这个小立方体的某一端的情况会更经常地发生。例如，20 个分子在一端、10 个分子在另一端（即有一端多出 10 个分子）的情况会以

$$\left(\frac{1}{2}\right)^{10}\times5\times10^{10}=10^{-3}\times5\times10^{10}=5\times10^{7}$$

① 1 微米等于 0.000 1 厘米，通常用希腊字母 μ 表示。

即每秒5000万次的频率发生。

因此在小尺度下，空气分子的分布远非均匀。如果放大率足够大，我们应当会看到，分子在气体的各个点瞬间有小的集中，然后再次散开，又在其他点出现类似的集中。这种效应被称为密度涨落，它在许多物理现象中发挥着重要作用。例如，当太阳光穿透大气层时，大气层的非均匀性会使太阳光谱中的蓝光发生散射，从而使天空染上我们所熟悉的蓝色，太阳也因此看起来比实际更红一些。这种变红的效应在日落时尤为显著，因为此时太阳光要穿过更厚的大气层。如果没有这些密度涨落，天空就永远是漆黑一片，我们白天也能看到星辰。

普通的液体中也会发生密度涨落和压力涨落，尽管没有那么显著。因此，在描述布朗运动的成因时，我们还可以说，悬浮在水中的微粒之所以被推来推去，是因为作用于微粒各个侧面的压力在迅速发生变化。当液体越来越接近沸点时，密度涨落也变得越来越显著，从而使液体略带乳白色。

我们现在要问，对于统计涨落占主导作用的这些小物体，熵定律是否还适用呢？一个终生都被分子推来推去的细菌当然会对热不能变成机械运动的说法嗤之以鼻！但这里更准确的说法是，熵定律失去了它的意义，而不是遭到了违反。事实上，这个定律说的是，不能将分子运动完全转化成包含巨大数量分子的大物体的运动。对于一个比分子本身大不了多少的细菌来说，热运动与机械运动的区别实际上已经消失，它被周围的分子推来推去，就像我们在骚动的人群中被不停地推搡一样。如果我们是细菌，那么只要把我们系在一个飞轮上，就能制造出一台第二类永动机，但那样一来，我们就无法利用它了。因此，没有理由为我们不是细菌而感到遗憾！

然而，生命体似乎违反了熵增定律。事实上，植物生长时（从空气中）吸收简单的二氧化碳分子，（从土壤中）吸收水，把它们合成为植物所由以构成的复杂有机分子。从简单分子转化为复杂分子意味着熵的减小。事实上，木材燃烧，木材分子分解为二氧化碳和水蒸气，这类正常过程的确是熵增过程。植物真的违反熵增定律吗？难道真像过去的一些哲学家所主张的那样，植物内部有某种神秘的活力在助其生长吗？

对这个问题的分析表明，矛盾并不存在，因为除了二氧化碳、水和某些盐类，植物的生长还需要充足的阳光。除了储存在植物体内、植物燃烧时又被释放出去的能量，太阳光还携带着所谓的“负熵”（低熵）。当太阳光被绿叶吸收时，负熵就消失了。因此，植物绿叶中发生的光合作用涉及两个相关的过程：（1）将太阳光的光能转化为复杂有机分子的化学能；（2）用太阳光的低熵降低植物的熵，使简单分子逐步形成复杂分子。用“有序对无序”的术语来说就是：太阳的辐射到达地球并且被绿叶吸收时，其内部秩序被夺走，这种秩序被传递给分子，使之能够逐步形成更复杂和更有秩序的分子。植物由无机物形成身体，从太阳光得到负熵（秩序），而动物则要靠吃植物（或其他动物）而得到负熵，可以说是负熵的间接用户。

第九章　生命之谜

一、我们是由细胞构成的

迄今为止，在讨论物质结构时，我们有意没有提及数量较少但极为重要的一类物体。这类物体因为是活的而和宇宙间其他一切物体不同。生命物质与非生命物质之间的重要区别是什么呢？我们有多大的把握相信，成功地解释了非生命物质之属性的基本物理定律也能理解生命现象呢？

谈到生命现象时，我们通常会想到一棵树、一匹马、一个人这样巨大而复杂的活的生物体。但尝试通过考察如此复杂的有机体系统来研究生命物质的基本性质，就像通过考察汽车之类的复杂机器来研究无机物的结构一样徒劳无益。

这样做显然会面临一些困难。我们意识到，汽车是由数千个形状、材料、物理状态各异的部件组成的。其中一些是固态的（比如钢制底盘、铜制导线、挡风玻璃），另一些是液态的（比如散热器中的水，油箱中的汽油、气缸油），还有一些是气态的（比如从汽化器送入气缸的混合气）。于是，在分析这个被称为汽车的物质复合体时，第一步是把它分解成物理上同质的各个部件。这样一来我们就发现，汽车是由各种金属物质（如钢、铜、铬等）、玻璃状物质（如玻璃、塑料）和同质液体（如水、汽油）所组成的。

现在，我们可以继续进行分析，用各种物理研究方法发现，铜制部件是由一个个小晶体组成的，每个小晶体又是由一层层铜原子彼此规则而刚性地叠合而成的；散热器中的水是由较为松散地堆在一起的大量水分子构成的，每个水分子又由 1 个氧原子和 2 个氢原子所构成；从汽化器阀门进入气缸的混合气是由大量自由移动的氧气分子、氮气分子和汽油蒸汽分子混合而成的，而汽油蒸汽分子又是由碳原子和氢原子结合而成的。

同样，在分析像人体那样复杂的生命有机体时，我们也必须先把它分解成脑、心、胃等各个器官，再把这些器官分解成生物上同质的各种所谓“组织”。

在某种意义上，各种类型的组织都是构成复杂生命有机体的材料，就像机械装置是由各种物理上同质的东西构成的一样。在这个意义上，通过不同组织的性质来分析生物体运作的解剖学和生理学，就类似于通过物质的力学、磁学、电学等已知性质来分析机器运作的工程学。

因此，要想解答生命之谜，不能只看各个组织是如何构成复杂机体的，还要看构成机体的这些组织最终是如何由一个个原子构成的。

如果认为生物上同质的活组织就类似于物理上同质的普通物质，那就大错特错了。事实上，只要对任一组织（无论是皮肤组织、肌肉组织还是脑组织）做出初步的显微镜分析，就会发现它是由大量个体单元构成的，这些单元的性质或多或少决定了整个组织的性质（图 90）。生命物质的这些基本结构单元通常被称为“细胞”，亦可被称为“生物原子”（即“不可再分者”），因为某种组织只要包含至少一个细胞，其生物学性质就能保持下去。

图 90　各种类型的细胞

例如，若把肌肉组织切成只有半个细胞那么大，它就会彻底丧失肌肉的收缩性等性质，一如只包含半个镁原子的镁不再是金属镁，而是一小块煤！[①]

组织所由以构成的细胞非常小（平均尺寸只有百分之一毫米[②]）。通常的植物或动物势必由极多个细胞所构成。例如，一个成年人是由数百万亿个细胞构成的！

较小的生物体当然是由较少的细胞构成的，比如一只苍蝇或蚂蚁所包含的细胞不会超过几亿个。还有一大类单细胞生物，

---

① 大家还记得，根据我们对原子结构的讨论，镁原子（原子序数为 12，原子量为 24）的原子核有 12 个质子和 12 个中子，周围环绕着 12 个电子。若把镁原子劈成两半，我们便得到了两个新的原子，每一个原子都包含 6 个质子、6 个中子和外面的 6 个电子，或者换句话说，得到了两个碳原子。

② 有时细胞的尺寸巨大，比如整个鸡蛋黄就是一个细胞。不过在这些情况下，细胞中的生命物质仍然尺寸很小，大块的黄色物质只是为小鸡的胚胎发育所积累的养料罢了。

比如阿米巴、真菌（比如能引起“癣”的那些真菌）和各种细菌，都是由一个细胞构成的，只有透过高倍的显微镜才能看到。研究在复杂生物体中承担各种“社会功能”的这些活细胞，是最激动人心的生物学篇章之一。

为了对生命问题有一个总体的理解，我们必须到活细胞的结构和性质中寻求解答。

是什么性质使得活细胞如此不同于一般的无机物质，或者就此而言不同于死细胞——比如做写字台的木头、制鞋子的皮革所由以构成的死细胞——呢？

活细胞独特的基本性质在于：（1）它能从周围环境中摄取自己所需的成分；（2）它能将这些成分变为自己生长所用的物质；（3）当其几何尺寸变得足够大时，它能分裂成两个尺寸只有一半（且能生长）的相似细胞。当然，由单个细胞构成的所有更复杂的生物体都具有“吃”、“生长”、“增殖”的能力。

慎思明辨的读者也许会反驳说，这三种性质亦可见于普通的无机物质。例如，若把一小粒食盐晶体丢进过饱和的食盐溶液，[①] 晶体表面就会长出一层层从食盐溶液中摄取（或者更确切地说是“遣出”）的食盐分子。我们甚至可以设想，达到某一尺寸之后，这粒晶体会因重量的增加等力学效应而裂成两半，这样形成的“子晶体”会继续生长下去。那么，我们为何不把这种过

① 在热水中溶解大量的盐，并将其冷却到室温，这样便制得了过饱和溶液。由于溶解度随着温度的降低而减小，水中含有的食盐分子将会大于水所能溶解的数量。然而，这些过量的食盐分子会在溶液中保持很长时间，直到丢进一小粒食盐晶体为止。可以说，这粒盐提供了初始的推动，作为一种组织剂将食盐分子从溶液中驱遣出来。

程看成“生命现象”呢？

在回答这类问题时，必须首先申明，如果仅把生命看成更为复杂的普通物理化学现象，就不能指望生命与非生命之间有什么清晰的界线。同样，在用统计定律描述大量气体分子的行为时（见第八章），我们也不能确定这种描述的有效性的界限究竟在哪里。事实上我们知道，充满房间的空气不会突然自行聚集在一个角落，至少这种可能性小到微乎其微。但我们也知道，如果整个房间只有两三个分子，这种情况就经常会发生了。

那么，这两种情况在分子数量上的界线究竟在哪里？ 1 000 个分子？ 100 万个？ 10 亿个？

同样，在处理基本的生命过程时，我们也不能指望能在食盐在水溶液中的结晶等简单的分子现象与活细胞的生长分裂现象之间找到一条清晰的界线。后者虽然复杂得多，但与前者并无根本不同。

不过对于这个例子，我们可以说，不能把晶体在溶液中的生长看成生命现象，因为晶体生长所使用的“食物”未经形态改变就被吸收到了身体中。原先与水混在一起的食盐分子径直聚集在晶体表面上，这只是普通的物质机械增加，而不是典型的生物化学吸收。晶体通过偶然裂成没有固定比例的不规则部分也是缘于纯粹的重力，而与活细胞主要因内部作用力而在生物学上持续地精确分裂成两半几乎没有什么相似之处。

我们再来看一个与生物学过程相似得多的例子：往二氧化碳水溶液中加入一个酒精分子（C_2H_5OH），将会开始一个能自我维持的合成过程，它将把水分子与二氧化碳分子一一结合成新的酒精分子。[①] 事实上，倘若往苏打水中加入一滴威士忌，就能开始把这些苏打水变成纯威士忌，我们就不得不认为酒精是活物质！

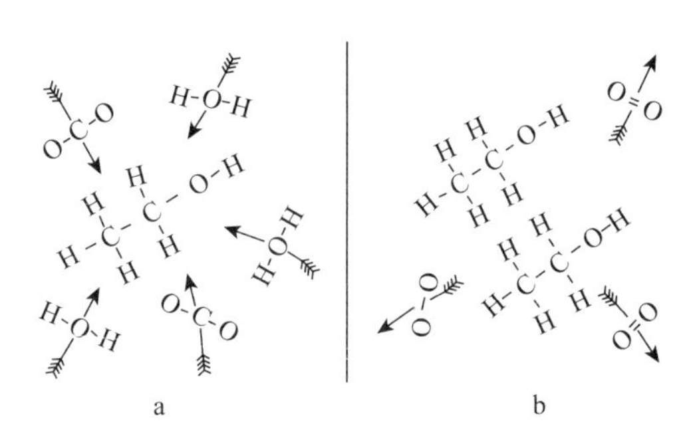

图 91 一个酒精分子将水分子和二氧化碳分子结合成另一个酒精分子的示意图。倘若酒精的这种“自动合成”过程是可能的，我们就必须把酒精看成活物质

这个例子并非像它看起来那样不切实际，后面我们将会看到，的确存在一种被称为病毒的复杂化学物质，其相当复杂的分子（由数十万个原子所构成）能将周围的其他分子组织成与自己类似的结构单元。这些病毒既应被看成普通的化学分子，又应被看成生物体，因此代表着生命物质与非生命物质之间的“缺失环节”。

但我们现在必须回到普通细胞的生长和繁殖问题，细胞虽然很复杂，但仍然是最简单的生命体。

如果透过一架优良的显微镜看一个典型的细胞，会发现它

① 比如根据以下假想的化学反应方程式：$3H_2O + 2CO_2+C_2H_5OH = 2[C_2H_5OH]+3O_2$，一个酒精分子会形成另一个酒精分子。

是一种半透明的胶状物质，有着非常复杂的化学结构。这种物质一般被称为原生质。原生质外面是细胞壁，动物细胞的细胞壁薄而柔软，植物细胞的细胞壁则厚而硬，使植物获得很大的硬度（参见图 90）。每一个细胞内部都包含一个小小的球体，即所谓的细胞核，它是由染色质这种精细的网状结构而形成的（图 92）。需要注意的是，在正常情况下，形成细胞的原生质的各个部分有着相同的光透明性，因此不能直接透过显微镜来观看活细胞的结构。为了看清楚细胞的结构，我们必须给细胞物质染色，因为原生质的不同部分会以不同程度吸收染色物质。形成原子核网状结构的物质特别容易被染色，因此会在浅色背景下清晰可见。[①]“染色质”的名称便由此得来。

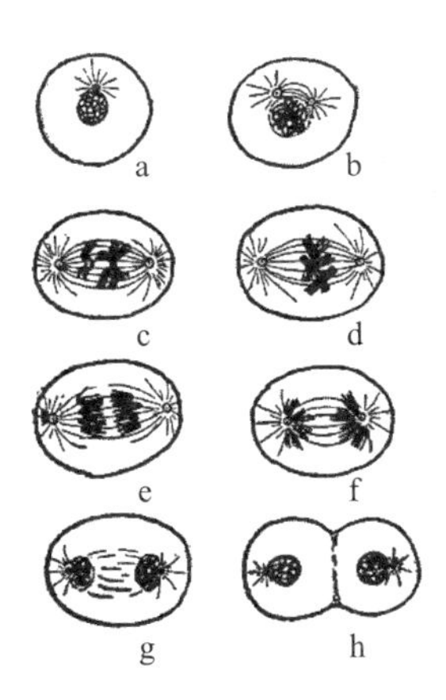

图 92　细胞分裂的各个阶段（有丝分裂）

① 同样道理，用蜡烛在纸上写字，字迹也是显不出来的。但若用黑色铅笔将纸的颜色加深，那么由于石墨不会粘在被蜡覆盖的地方，字迹就会在深色背景下清晰可见了。

细胞即将分裂时，细胞核的网状结构会变得迥异于往常，通常会成为一组丝状或棒状的东西（图 92b 和 92c），它们被称为“染色体”。参见插图 5 的 a 和 b。[①]

一个物种体内的所有细胞（除了所谓的生殖细胞）都含有相同数目的染色体。一般来说，生物体越是高级，染色体的数目就越多。

小小的果蝇拥有一个荣耀的拉丁名：*Drosophila melanogaster*，并曾帮助生物学家理解了关于生命之谜的许多事情。每一个果蝇细胞都有 *8* 条染色体。豌豆细胞有 *14* 条染色体，玉米细胞有 20 条。生物学家自己以及所有其他人的每一个细胞都含有 *46* 条染色体。也许有人认为，这从纯粹算术上证明了人比苍蝇优越 6 倍；然而小龙虾的细胞却含有 *200* 条染色体，是人的 4 倍多，所以这种推理并不成立！

重要的是，一切物种细胞内染色体的数目都永远是偶数；事实上，任何活细胞内（除了本章稍后要讨论的例外情况）都有两套几乎完全相同的染色体（见插图 5a）：一套来自父体，一套来自母体。这两套来自双亲的染色体携带着复杂的遗传性状，并由生命体一代代传递下去。

细胞的分裂发端于染色体，每条染色体沿其整个长度整齐地分裂成两条相同但较细的丝，此时整个细胞仍然保持为一个整体（图 92d）。

---

① 需要注意的是，给活细胞染色往往会把它们杀死，使其停止发育。于是，图 92 所示的那种连续的细胞分裂并不是对同一个细胞的观察，而是给处于不同发育阶段的不同细胞染色所得到的结果。不过从原理上讲，这两者并无多大不同。

大约在这束原本纠缠的染色体开始有所组织、准备分裂的时候，细胞核外边界附近的两个临近的中心体逐渐彼此远离，移向细胞的两端（图 92a，b 和 c）。此时，分开的中心体与细胞核内的染色体之间似乎也有细线相连。染色体分裂成两段之后，每一半都因细线的收缩而被拉向邻近的中心体，从而彼此远离（图 92e 和 f）。当这一过程临近结束时（图 92g），细胞壁开始沿中心线凹陷进去（图 92h），每一半细胞周围都会长出一层薄壁，这两个只有一半大的部分彼此放开，出现了两个分开的新产生的细胞。

这两个子细胞若是从外界获得充足的养分，就会长成上一代细胞的尺寸（即长大一倍），一段时间之后又会以同样的方式继续分裂。

这种对细胞分裂各个步骤的描述乃是源于直接观察。在试图解释现象的过程中，科学差不多也只能做到这些了，因为关于引发这种过程的物理化学力的确切本性，我们仍然知之甚少。整个细胞似乎还是太复杂了，无法做出直接的物理分析，在处理这个问题之前，必须弄清楚染色体的本性。相比之下，这个问题要简单一些，我们将在下一节讨论它。

不过，首先应当思考一下，由大量细胞构成的复杂生命体的繁殖过程是如何由细胞分裂引发的。这里也许可以问：是先有蛋，还是先有鸡呢？但事实上，在描述这类循环过程的时候，无论是从即将孵化出小鸡（或其他动物）的蛋开始，还是从会生蛋的鸡开始，都是一样的。

让我们从刚出壳的“小鸡”开始。一只处于孵化阶段的小鸡身体中的细胞正在经历一个连续分裂过程，从而使机体迅速长大。大家还记得，成熟动物的身体包含上万亿个细胞，所有这些细胞都是由同一个受精卵细胞不断分裂而成的。因此初看起来，大家可能自然会以为，一定要经过大量的分裂过程才能实现这个结果。但只要还记得我们在第一章讨论的施宾达诱使国王不情愿地赏赐给他构成几何级数的64堆麦粒，或者重新排列决定世界末日的64个金片需要多少年，我们就能看出，只需不多的几次细胞分裂就能产生大量细胞。如果用x表示从一个细胞变为成年人所需的细胞分裂次数，那么由于每一次分裂都会使身体中的细胞数目加倍（因为每一个细胞都会变成两个），我们可以用以下方程来求解从单个卵细胞形成到长大成人，细胞分裂的总次数：

$$2^x = 10^{14},$$

即

$$x = 47。$$

于是我们看到，成人身体中的每一个细胞都是最初那个卵细胞的大约第五十代后裔。[①]

动物幼年时，细胞分裂得很快，而在正常情况下，成熟生物体内的细胞则大都处于“休眠状态”，只是偶尔分裂一下以“保养”身体，补偿耗损。

现在我们来谈一种非常重要的特殊类型的细胞分裂，由这

① 我们不妨将这个计算结果与关于原子弹爆炸的类似计算（见第七章）作一比较。使1公斤铀的每一个原子（总共2.5×10^{24}个原子）都发生裂变所需的原子分裂过程次数可由类似的方程$2^x = 2.5\times10^{24}$计算出来，结果为$x = 61$。

种分裂形成了引发生殖现象的所谓“配子”或“婚姻细胞”。

任何雌雄同体的生物体在其最初阶段，都有一些细胞被专门“储存起来”以供将来的生殖活动所用。这些细胞位于专门的生殖器官之中，在机体生长过程中发生的普通分裂的次数远远少于其他细胞，等到用它们来产生下一代时，它们仍然富有活力、尚未耗尽。此外，这些生殖细胞的分裂方式不同于普通体细胞的上述分裂方式，而是要简单得多。构成这些细胞核的染色体不是像普通细胞那样裂成两半，而是径直彼此分开（图 93a，b 和 c），因此每一个子细胞只得到原先那套染色体的一半。

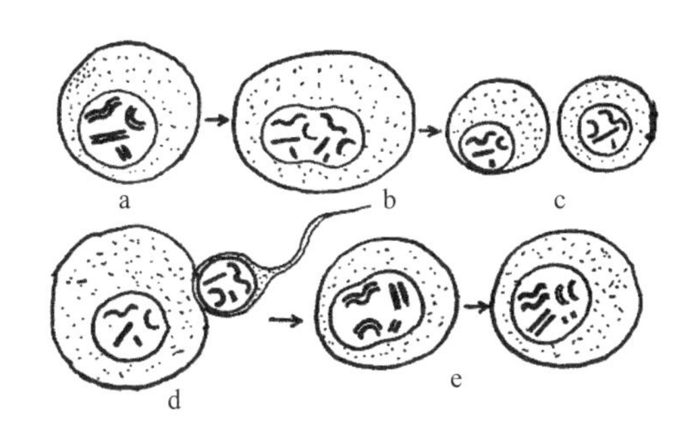

图 93　配子的形成（a，b，c）和卵细胞的受精（d，e，f）

在第一阶段（减数分裂），所储存的生殖细胞的配对染色体未经预备性的裂开就分成了两个“半细胞”；在第二阶段（配子配合），雄性的精子细胞钻入雌性的卵细胞，其染色体得到配对。这个受精的卵细胞由此开始准备图 92 所示的那种正常分裂。

形成这些“染色体缺失”细胞的过程被称为“减数分裂”，而普通的分裂过程被称为“有丝分裂”。由这种分裂所产生的细胞被称为“精细胞”和“卵细胞”，或者雄配子和雌配子。

细心的读者也许想知道，最初的生殖细胞既然分成了两个相同的部分，又怎么能产生雌雄两种配子呢？原因在于我们之前提到的例外情况：在两套几乎完全相同的染色体中有一对特殊的染色体，它们在雌性体内是相同的，而在雄性体内却是不同的。这对特殊的染色体被称为性染色体，用 X 和 Y 这两个符号来加以区分。雌性体内的细胞总是有两条 X 染色体，而雄性体内则有一条 X 染色体和一条 Y 染色体。[①] 将一条 X 染色体替换成 Y 染色体，代表着两性之间的根本差异（图 94）。

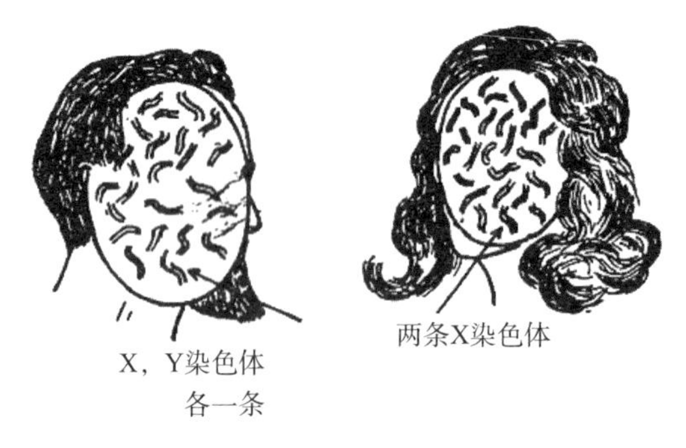

图 94　男人和女人的"面值"差异。女人的所有细胞都包含 23 对两两相同的染色体，男人的细胞中却有一对不对称的染色体，即一条 X 染色体和一条 Y 染色体，而女人的细胞中则是两条 X 染色体

由于雌性生物的所有生殖细胞都有一套完整的 X 染色体，所以当它们在减数分裂过程中一分为二时，每一个"半细胞"或配子都会得到一条 X 染色体。但由于雄性生殖细胞各有一条 X

① 这种说法适用于人类和所有哺乳动物，而对于鸟禽来说，情况则正好相反：公鸡有两条相同的性染色体，而母鸡却有两条不同的性染色体。

染色体和一条 Y 染色体，所以在它分裂成的两个配子中，一个含有 X 染色体，一个含有 Y 染色体。

在受精过程中，一个雄配子（精细胞）与一个雌配子（卵细胞）结合，此时有相等的机会产生含有两条 X 染色体的细胞和产生含有 X 染色体和 Y 染色体各一条的细胞。前者会发育成女孩，后者会发育成男孩。

我们将在下一节讨论这个重要问题，现在还是继续描述生殖过程。

精细胞与卵细胞结合的过程被称为“配子配合”，这时会形成一个完整的细胞，它开始在图 92 所示的“有丝分裂”过程中一分而二。经过短暂的休眠之后，这样形成的两个新细胞又各自一分为二，如此形成的四个细胞再分别重复这个过程。这样一直下去，每一个子细胞都精确地复制了原来那个受精卵中的所有染色体，其中的一半来自母体，另一半来自父体。图 95 是受精卵逐渐发育成成熟个体的示意图。

图 95a 显示的是精子正在进入一个正在休眠的卵细胞。这两个配子的结合在完整的细胞中激发了新的活动。该细胞先是分裂成两个，然后分裂成 4 个，再分裂成 8 个、16 个，如此下去（图 95b，c，d，e）。当细胞的数目变得很大时，它们往往会作这样一种排列：所有细胞都位于表面，因此更能从周围的营养介质中得到养料。这个发育阶段被称为“囊胚”阶段，此时的生物体就像一个有着内部空腔的小泡泡（f）。再后来，腔壁开始向内凹陷（g），生物体进入了所谓的“原肠胚”阶段（h）。此时它就像一个小袋子，袋口既可用来进食亦可用来排泄。像珊瑚虫这样

的简单动物永远也不会超过这个发育阶段，而更高等的物种则会继续生长变化。一些细胞发展成为骨骼，另一些细胞则发展成为消化、呼吸和神经系统。经历了各个胚胎阶段以后（i），生物体终于成了一个可分辨其物种的幼仔（k）。

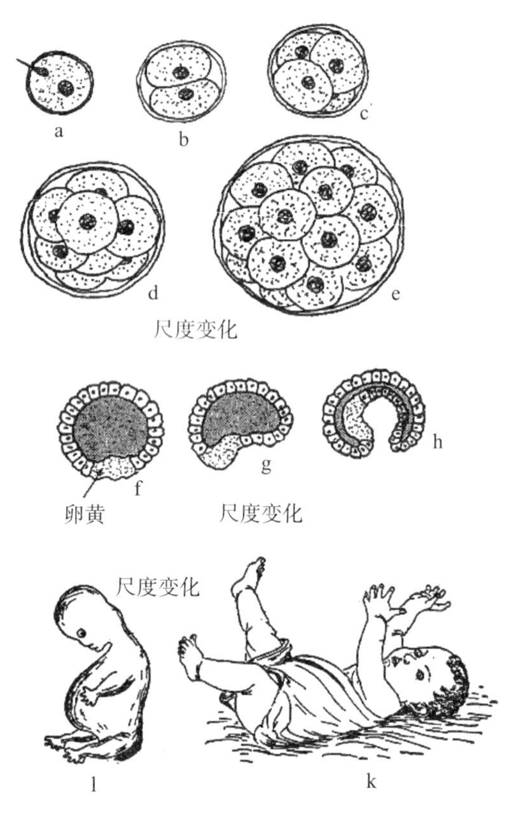

图 95　从卵细胞到人

如上所述，在正在生长的机体中，有一些细胞可以说在发育的早期阶段就被储存起来，以用于将来的繁殖。机体成熟后，这些细胞经历了减数分裂过程，产生出配子，这些配子再从头开始整个过程。生命就是这样一步步延续下来的。

二、遗传和基因

生殖过程中最引人注目的特性是，来自双亲的两个配子结合所产生的新生命不会长成其他任何一种生物，而必定会非常忠实（尽管未必非常精确）地长成其父母以及父母之父母的复制品。

事实上，我们可以确信，一对爱尔兰塞特猎犬生出的小狗长不成大象或兔子的样子，也长不成大象那么大或兔子那么小，而是会有四条腿、一条长尾巴，头的两侧有双耳和双眼。我们还可以较为肯定地说，它的耳朵会软软地下垂，长着金棕色的长毛，很可能喜欢捕猎。此外，它有一些细节可以追溯到它的父母或更早的祖先，还会拥有一些自己的性状。

一只良种塞特猎犬所拥有的种种这些性状，配子所由以构成的微观物质是如何载有的呢？

如前所述，每一个子代都是从父母那里分别得到了正好半数的染色体。显然，某一物种的主要性状一定包含在父母双方的染色体中，因个体而异的次要性状则可能只来自于父母中的某一方。虽然经过漫长的时间和许多个世代，各种动植物的基本性状大都可能发生变化（物种的演化便是证据），但在有限的时间里，人类只能注意到次要性状的较小变化。

研究这些性状及其世代延续是新遗传学的主要课题。这门学科虽然尚处幼年，但已能讲述关于生命最深层奥秘的激动人心的故事。比如我们已经知道，与大多数生物学现象不同，遗传法则拥有近乎数学式的简单性，这暗示我们正在研究一种基本的生命现象。

举例来说，大家都知道色盲是人的视力的一种缺陷。最常见的色盲是无法区别红和绿。为了解释色盲是怎么回事，必须先知道我们为什么能看到颜色，为此就必须研究视网膜的复杂结构和属性，不同波长的光所引起的光化学反应，等等。

如果继续追问色盲的遗传，这个问题乍看起来似乎要比解释色盲现象本身更为复杂。然而，答案却出乎预料地简单。由观察事实可知：（1）男性色盲远多于女性色盲；（2）色盲父亲和"正常"母亲的孩子不会是色盲；（3）"正常"父亲和色盲母亲的儿子是色盲，女儿则不是。这些事实清楚地表明，色盲的遗传与性有某种关系。我们只需假设，产生色盲是因为一条染色体有了缺陷，这种缺陷随着这条染色体代代相传，这样便能根据逻辑推理进一步假设：色盲缘于X性染色体中的缺陷。

有了这一假设，关于色盲的经验规则就真相大白了。大家还记得，雌性细胞有两条X染色体，雄性细胞则只有一条X染色体（另一条是Y染色体）。如果男人的这条X染色体有色盲缺陷，则他就是色盲；而女人只有当两条X染色体都有色盲缺陷时才会成为色盲，因为只需一条染色体便足以保证她的颜色知觉。如果X染色体有这种色盲缺陷的概率为1/1000，那么1000个男人当中就会有1个是色盲。同样，根据概率乘法定理（见第八章），女人的两条X染色体都有色盲缺陷的先天概率为：

$$\frac{1}{1\,000}\times\frac{1}{1\,000}=\frac{1}{1\,000\,000},$$

因此大约 1 000 000 个女人当中才可能发现一名色盲。

现在我们来考虑色盲丈夫和“正常”妻子的情况（图 96a）。他们的儿子不会从父亲那里得到 X 染色体，而只会从母亲那里得到一条“好的”X 染色体，因此他不会成为色盲。

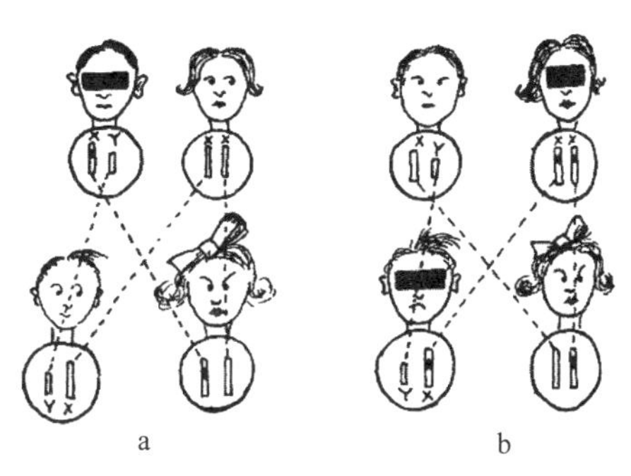

a　　b

图 96　色盲的遗传

另一方面，他们的女儿会从母亲那里得到一条“好的”X 染色体，而从父亲那里得到一条“坏的”X 染色体。因此她不会是色盲，但她的孩子（儿子）可能是。

在“正常”丈夫和色盲妻子这种相反情况下（图 96b），他们的儿子一定是色盲，因为他唯一的 X 染色体来自母亲；而他们的女儿将从父亲那里得到一条“好的”X 染色体，从母亲那里得到一条“坏的”X 染色体，因此不会是色盲。但和之前的情况一样，她的儿子可能是色盲。是不是再简单不过呢？！

像色盲这样需要一对染色体均起变化才能产生明显效果的遗传性状被称为“隐性遗传”。它们能以隐蔽的形式从祖父辈传给孙辈。由此会导致一些悲惨事件，比如两条漂亮的德国牧羊犬偶尔会生出一条完全不像德国牧羊犬的小狗。

与此相反的性状是“显性遗传”，两条染色体中只要有一条起了变化就能被注意到。这里我们不再用遗传学的实际材料，而是以一种假想的怪兔为例来说明。这种怪兔天生就有一对米老鼠那样的耳朵。如果假定这种“米老鼠耳朵”是一种显性遗传性状，即只要一条染色体发生变化就能使兔子耳朵以这种（对兔子来说）丢脸的方式生长，我们就能预言兔子后代的耳朵会有图 97 所示的样子，当然前提是假定最初那只怪兔及其后代都与正常的兔子交配。在图中，我们用一块黑斑来标记那条导致“米老鼠耳朵”的不正常的染色体。

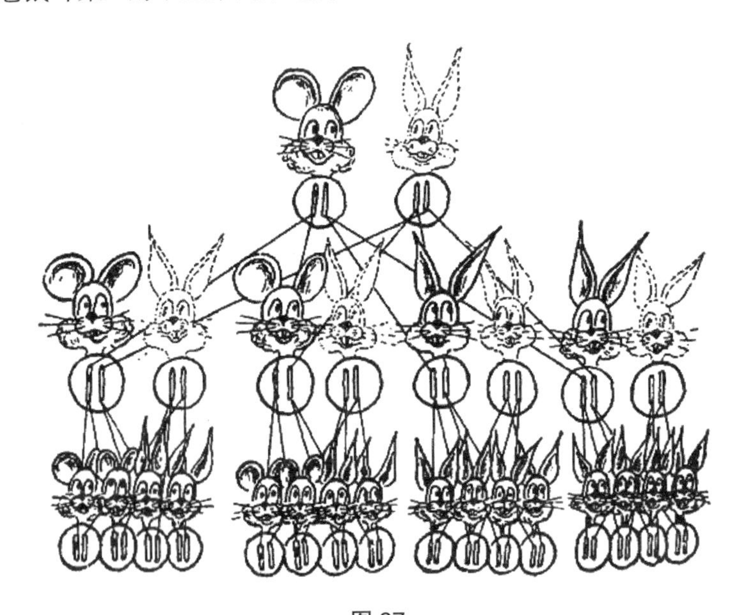

图 97

除了显性和隐性这两种非此即彼的遗传性状，还有那些或可称为“中立”的性状。假定花园中有一些开红花和开白花的茉莉，那么当红花的花粉（植物的精细胞）被风或昆虫带到另一朵红花的雌蕊上时，它们就与位于雌蕊基部的胚珠（植物的卵细胞）相结合，并发育成将来开红花的种子。同样，如果是白花花粉给其他白花受精，那么将来都会开出白花。但若是白花花粉落到红花上，或是红花花粉落到白花上，由此产生的种子将会开出粉花。但不难看出，粉花并不代表一种稳定的生物学品种。如果在其内部进行繁育，那么下一代将会有 50% 开粉花，25% 开红花，25% 开白花。

如果假定花的红色或白色由植物细胞中的一条染色体所携带，那么就很容易给出解释。要想得到纯色的花，这方面的两条染色体必须相同。如果一条是“红的”，另一条是“白的”，其斗争的结果就是开出粉花。图 98 是下一代茉莉花中“颜色染色体”的分布示意图，从中可以看出前面提到的数值关系。画一幅与图 98 类似的图，我们很容易表明，白色茉莉与粉色茉莉的下一代中会有 50% 的粉花和 50% 的白花，但不会有红花；同样，红色茉莉与粉色茉莉的下一代中会有 50% 的红花和 50% 的粉花，但不会有白花。这些便是遗传定律，是 19 世纪的一位谦和的摩拉维亚派信徒孟德尔（Gregor Mendel）在布隆修道院种植豌豆时最先发现的。

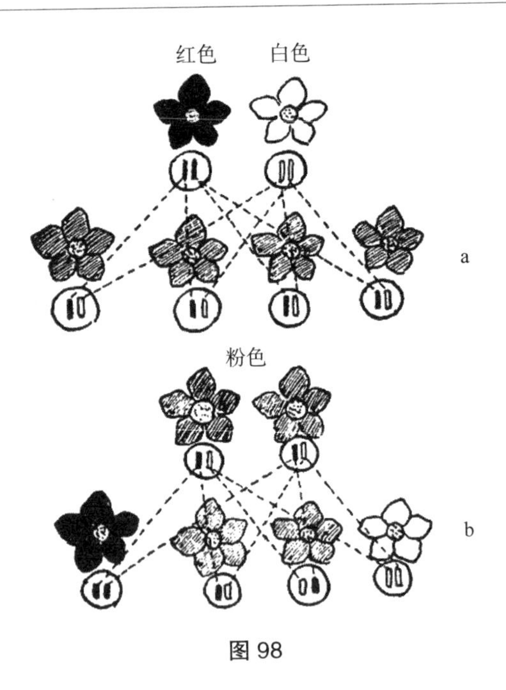

图 98

到目前为止，我们一直在把子代继承的各种性状与它从双亲那里获得的不同染色体联系起来。但由于各种性状多得数不清，而染色体的数目又很少（每一个苍蝇细胞中有 8 条、人的细胞中有 46 条），我们不得不认为每条染色体都载有一长串性状，可以设想这些性状沿着细丝状的染色体分布着。事实上，只要看看插图 5a 所示的果蝇唾液腺的染色体，[①] 就很难打消一种印象：承载着各种性状的正是横列在长长的染色体上的无数条暗带。其中一些控制着果蝇的颜色，另一些控制着果蝇翅膀的形状，还

① 与大多数其他生物相反，果蝇的染色体非常大，其结构很容易用显微照相来研究。

有一些则决定着它有 6 条腿，大约 1/4 英寸长，总体看来像一只果蝇，而不像蜈蚣或小鸡。

事实上，遗传学告诉我们，这种印象是非常正确的。我们不仅能表明，染色体上这些微小的结构单元——即所谓的“基因”——本身携带着各种遗传性状，在很多情况下还能说出哪种基因携带着哪种性状。

当然，即使放大到最大可能的倍数，所有基因看起来也非常相似，其功能差异一定深藏于分子结构内部的某个地方。

因此，只有认真研究不同的遗传性状在某种动植物中是如何一代代传承的，才能理解每个基因的“生活目的”。

我们已经看到，任何子代都是从父母那里各自得到了一半染色体。既然父母的染色体又是由相应祖父母染色体的各自一半混合而成的，我们也许会以为，子代从祖父母、外祖父母那里只是分别得到了一个人的遗传信息。但我们已经知道，事实并不一定如此，有时祖父母、外祖父母都把某些性状传给了自己的孙辈。

这是否意味着上述染色体传递规律是错误的呢？不，它没有错，只是有些简单了。我们还必须考虑一个因素：当储存起来的生殖细胞准备经过减数分裂过程而变成两个配子时，成对的染色体往往会彼此缠结在一起，交换其组分。图 99a 和 b 便是这些交换过程的示意图，它们导致从父母那里获得的基因序列发生混合，从而造成混合遗传。在另一些情况下（图 99c），单条染色体可能绕成一个环，然后再以不同的方式断开，从而改变了其中基因的顺序（图 99c，插图 5b）。

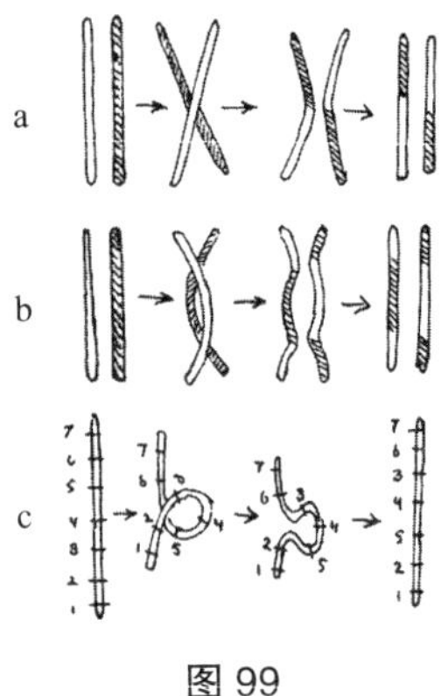

图 99

与原来相互靠近的基因相比，两条染色体之间或者单条染色体内部的这种基因重组显然更可能影响原来相距很远的基因的相对位置。这就像切牌[1]虽然只会分开一对直接相邻的牌，却会改变切牌处上下两部分牌的相对位置（还会把首尾两张牌合到一起）。

因此，如果观察到两种明确的遗传性状在染色体交换过程中几乎总是一起出现或消失，我们就可以断言，与之对应的基因一定是近邻；反过来，在染色体交换过程中经常分开的性状，其所对应的基因在染色体上一定相距很远。

美国遗传学家摩尔根（Thomas Hunt Morgan）及其学派沿着这些思路进行研究，确定了果蝇染色体中明确的基因次序。通过这种研究可以发现果蝇的不同性状在果蝇四条染色体基因中的分布，图 100 便显示了这种分布。

---

① 切牌：从一副纸牌中拿起一部分翻转过来以决定由谁发牌、谁先出牌等。——译者

像图 100 这样为果蝇编制的图表当然也可以为包括人在内的更复杂的动物编制出来，尽管这需要做更加认真细致的研究。

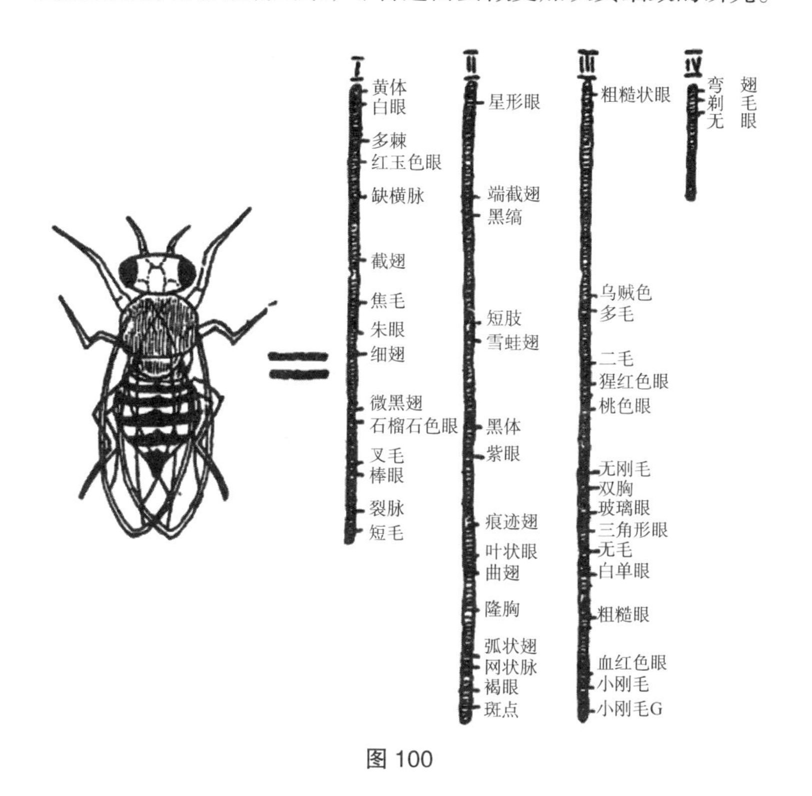

图 100

三、基因作为“活的分子”

对极为复杂的生物结构逐步进行分析之后，我们现已接触到生命的基本单元。事实上我们已经看到，成熟生命体的整个发育过程和几乎所有性状都是由深藏于细胞内部的一套基因控制的。甚至可以说，任何动植物都是围绕其基因生长的。如果可以作一种高度简化的物理类比，那么基因与生命体之间的关系就像原子核与大块无机物质之间的关系，因为任何一种物质的几乎所有物理化学性质都可以归结为以一个电荷数来刻画的原子核的基本性质。例如，带有 6 个基本电荷单位的原子核周围会有 6 个电子环绕，这些原子将因此而倾向于排成正六面体，形成硬度和折射率极高的晶体，即所谓的金刚石。再比如，电荷数分别为 29、16 和 8 的原子核会产生这样一些原子，它们紧紧连在一起，形成浅蓝色的硫酸铜晶体。当然，即使是最简单的生命体也比任何晶体复杂得多，但其典型的宏观组织现象同样是由组织活动的微观中心完全决定的。

决定生命体一切性状（从玫瑰的芳香到大象鼻子的形状）的这些组织中心有多大呢？用一条正常染色体的体积除以它所包含的基因数目，就很容易回答这个问题。根据显微镜的观测结果，一般染色体的粗细大约为千分之一毫米，这意味着它的体积为 10^{-14} 立方厘米左右。但繁育实验表明，一条染色体要决定数千种遗传性状，这个数字也可以通过横列在果蝇那条长长的大染色体上的暗带（据信是一个个基因）数目而直接获得（插图 5）。[①] 用染色体的总体积除以单个基因的数目，即可得出一个基因的体积小于 10^{-17} 立方厘米。由于原子的平均体积约为 10^{-23} 立方厘米 [$\approx (2\times10^{-8})^3$]，所以我们得出结论：每个单独的基因必定是由大约 100 万个原子所构成的。

① 正常尺寸的染色体都太小了，显微镜研究无法将其分解成单个基因。

我们还可以估算出比如人体内基因的总重量。如前所述，成年人大约由 10^{14} 个细胞所构成，每一个细胞包含 46 条染色体，因此人体内所有染色体的总体积约为 $10^{14}\times46\times10^{-14}\approx50cm^3$，（由于人体密度与水的密度相近）也就是不到两盎司重。就是这一丁点儿“组织物质”在自己周围建立了数千倍于自身重量的动植物身体的复杂“包装”。正是这些物质“从内部”控制着生物生长的每一步和结构的每一个特征，甚至决定着生物的绝大部分行为。

但基因本身又是什么呢？是否也应把它看成一种复杂的“动物”，能够细分成更小的生物学单元呢？对于这个问题，回答是否定的。基因是生命物质的最小单元。此外，虽然基因拥有把生命物质与非生命物质区分开来的所有那些性状，但它们无疑也和服从所有一般化学定律的复杂分子（比如蛋白质分子）有关。

换句话说，有机物质与无机物质之间那个缺失的环节，即本章开头讨论的“活分子”，似乎就在基因之中。

一方面，基因具有明显的持久性，可以把某一物种的性状几乎不发生偏差地传递数千代，另一方面，构成一个基因的原子数并不很多，有鉴于此，的确应把基因看成一种精心设计的结构，其中每一个原子或原子团都处于预先设定的位置。不同基因的性质差异反映在性状由其决定的生命体的外部差异中，可以认为基因的性质差异缘于基因结构内部的原子分布发生了变化。

举一个简单的例子，在两次世界大战中起了重要作用的炸药 TNT（三硝基甲苯）的分子是由 7 个碳原子、5 个氢原子、3

个氮原子和 6 个氧原子按照以下方式之一排列而成的：

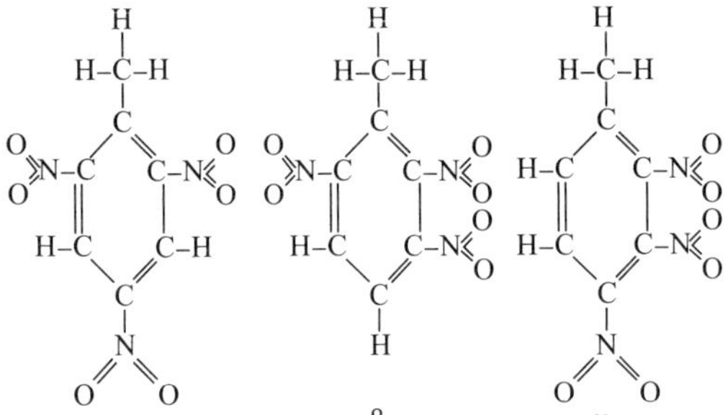

α　　β　　γ

这三种排列的差异在于$\mathrm{N}{<}^{\mathrm{O}}_{\mathrm{O}}$原子团与碳环的连接方式，由此得到的物质通常被称为 αTNT，βTNT 和 γTNT。这三种物质都可以在化学实验室中合成出来，且都有爆炸性，但在密度、溶解性、熔点和爆炸力等方面却稍有不同。用标准的化学方法很容易把$\mathrm{N}{<}^{\mathrm{O}}_{\mathrm{O}}$原子团从分子中的一个连接点移到另一个连接点，从而把一种 TNT 变成另一种。这类例子在化学中是常见的，相关的分子越大，可以产生的变种（同分异构体）就越多。

若把基因看成一个由一百万个原子构成的巨型分子，在该分子的不同位置上安排各个原子团的可能性就变得无比之多了。

我们可以把基因看成由周期性重复的原子团所组成的长链，上面像手镯的垂饰一样附着各种其他原子团。事实上，最近生物化学的一些进展已经能使我们精确地画出遗传“手镯”的样子了。它被称为核糖核酸，是由碳、氮、磷、氧和氢等原子构成的。图 101 仿佛带有一些超现实主义味道，它画出了决定新生儿眼睛颜色的那部分遗传“手镯”（略去了氮原子和氢原子）。图中的四个垂饰表明婴儿的眼睛是灰色的。将这些垂饰互换位置，可以得到近乎无限多种分布。

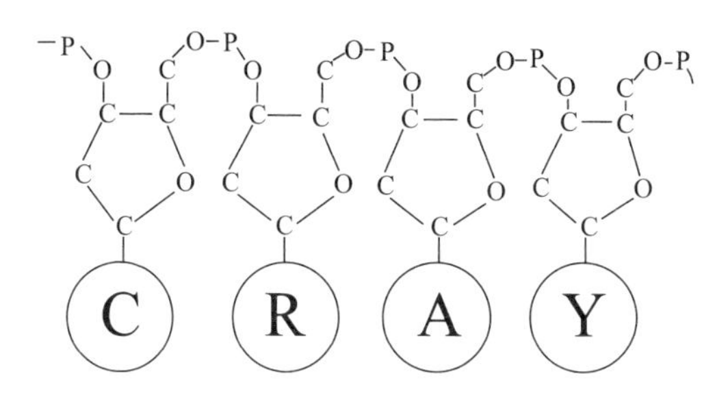

图 101　决定眼睛颜色的遗传“手镯”（核糖核酸分子）的一部分（仅为示意图）

例如，如果一个遗传“手镯”有 10 个不同的垂饰，它们就能以 1×2×3×4×5×6×7×8×9×10 = 3 628 800 种方式进行分布。

若有一些垂饰是相同的，可能的排列数就会少一些。如果上面那 10 个垂饰只有 5 种（每种 2 个），那么就只有 113 400 种不同的可能性。然而，随着垂饰总数的增多，可能性的数目会急剧增加。比如当有 25 个垂饰、每种 5 个时，可能的分布大约有 62 330 000 000 000 种！

于是我们看到，各种“垂饰”在长有机分子的各个“悬钩”上重新分布可以产生极大数量的不同组合，这便不仅可以解释已知生命形态的种种变化，而且可以解释我们所能设想的哪怕最荒诞不经的动植物形态。

关于这些沿着丝状的基因分子排列的、刻画性状的垂饰的分布，非常重要的一点是，这种分布可以自发地改变，从而使整个生命体发生相应的宏观变化。这些变化最常见的原因是普通的热运动，热运动会使整个分子像大风中的树枝一样扭曲缠绕。温度足够高时，分子的这种振动会强到足以使自己碎裂，这就是所谓的热离解过程（见第八章）。但即使在温度较低、分子能保持完整时，热振动也可能导致分子结构内部发生某些变化。比如可以设想，分子的扭动会使系在某个“悬钩”上的垂饰靠近另一个“悬钩”，这样一来，该垂饰便可能脱离先前的位置，系到新的“悬钩”上去。

这种现象被称为同分异构转变，[①] 在普通化学中常见于比较简单的分子结构。和所有其他化学反应一样，这种转变也服从化学动力学的一条基本定律：温度每升高 10℃，反应速率大约增加一倍。

就基因分子而言，其结构太过复杂，即使经过相当长的时间，有机化学家们也未必能把它研究清楚。现在还无法通过直接的化学分析方法来证实基因分子的同分异构变化。不过这里有种现象，从某种角度来看，可以认为远比费力的化学分析要好：如果即将结合出新生命的雄配子或雌配子有一个基因发生了这种同分异构变化，该变化将在相继的基因割裂和细胞分裂过程中得以忠实的重复，并且对由此产生的动植物的某些明显的宏观特征造成影响。

事实上，遗传学研究最重要的成果之一就是，荷兰生物学家德弗里斯（Hugo de Vries）在 1902 年发现：生物体中自发的遗

---

① 正如我们已经解释的，“同分异构”是指分子由相同的原子所构成，但原子以不同的方式排列着。

传变化总是以不连续的跳跃即所谓的突变形式发生。

让我们以前面提到的果蝇的繁育实验为例。野生果蝇是灰身长翅。随便从花园里抓一只，几乎都是这个样子。但在实验室条件下一代代地培育这些果蝇，突然会出现一种黑身短翅的“畸形”果蝇（图 102）。

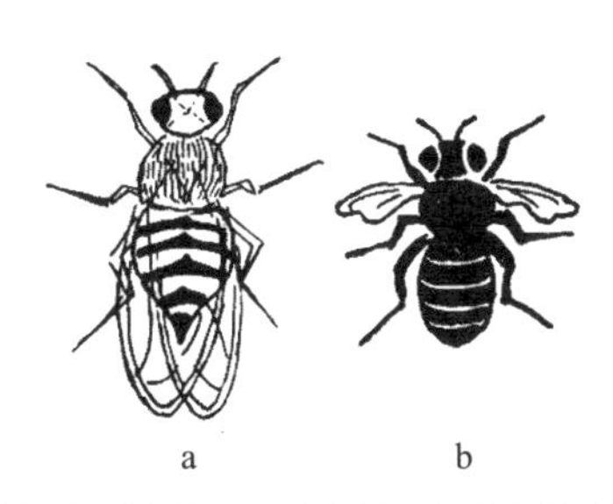

a. 正常种：灰身长翅。b. 突变种：黑身短翅（退化翅）

图 102 果蝇的自发突变

重要的是，在黑身短翅这种极端例外与“正常”先辈之间的各个变异阶段，你可能找不到身体呈现不同灰色、翅膀长短不一的其他果蝇。一般来说，所有新一代成员（可能有数百个！）几乎都是同样的灰色和同样长的翅，只有一只（或几只）全然不同。要么没有实质性的变化，要么有很大的变化（突变）。类似的情形已发现数百例。例如，色盲并不必然来自遗传。一定有这样的情况，孩子天生是色盲，而祖先却完全“无辜”。人的色盲和果蝇的短翅一样，都遵循着“不全则无”的原则；这不是一个人辨色能力的强弱问题，而是他能否辨色的问题。

听说过达尔文（Charles Darwin）的人都知道，新一代性状的这些改变，加上生存竞争和适者生存，使得物种不断发生演化。[1]也正因如此，几十亿年前的自然之王，一种简单的软体动物，才发展成为诸君这样具有高度智慧、连本书这样复杂的东西都能读懂的生物。

从前述基因分子的同分异构变化的角度来看，遗传性状的这种跳跃式变异是完全可以理解的。事实上，如果基因分子中决定性状的垂饰改变了位置，它是不能半途中断的；它要么待在原处，要么系到新的位置上，引起生物体性状的不连续变化。

生物的突变率依赖于动植物周围培养环境的温度，这有力地支持了“突变”缘于基因分子的同分异构变化这种观点。事实上，季莫费耶夫（Timoféëff）和齐默尔（Zimmer）关于温度影响突变率的实验工作表明，（如果不考虑周围介质等因素所引起的复杂情况）它和其他任何普通的分子反应都服从同样的基本物理化学定律。这项重要发现促使德尔布吕克（Max Delbrück，原本是理论物理学家，后来成为实验遗传学家）提出了具有划时代意义的观点，认为生物突变现象与分子同分异构变化的纯物理化学过程是等效的。

关于基因理论的物理基础，特别是研究X射线等辐射引发的突变所提供的重要证据，我们可以一直讨论下去。但已有的内容似乎已经足以使读者们确信，目前的科学正在跨越对“神秘的”生命现象进行纯物理解释的门槛。

在结束本章之前，我们还要谈谈病毒这种生物学单元，它似乎是周围没有细胞的自由基因。不久前，生物学家们仍然认为最

---

① 突变现象的发现只对达尔文的经典理论作了一点修改，即物种演化缘于不连续的跳跃式变化，而不是缘于达尔文所设想的连续的小变化。

简单的生命形式是各种细菌，即在动植物的生命组织内生长繁殖、有时会引起各种疾病的单细胞微生物。例如，显微镜研究已经表明，伤寒是由一种约3微米长、1/2微米粗的特殊杆状细菌引起的，而猩红热则是由直径约2微米的球形细菌引起的。但有些疾病，比如人的流感或烟草植物的花叶病，用普通显微镜却怎么也观察不到正常尺寸的细菌。但由于这些特殊的“无菌”疾病从病体转移到健康体的“感染”方式和所有其他普通疾病一样，又因为由此受到的“感染”会迅速传遍被感染个体的全身，我们自然会假设，这些疾病与某种假想的生物载体有关，遂称之为病毒。

但直到最近，由于（用紫外光）发展出了超显微技术，特别是由于发明了电子显微镜（用电子束而不是普通光线，从而使放大率大大增加），微生物学家们才第一次看到了以前隐藏着的病毒结构。

人们发现，各种病毒都是大量微粒的集合体。同一种病毒的微粒尺寸完全相同，且比普通细菌小得多（图103）。比如流感病毒的微粒是直径为0.1微米的小球，烟草花叶病毒的微粒则是长0.280微米、粗0.015微米的细棒。

插图6是已知最小的生命单元烟草花叶病毒的一张电子显微镜照片。大家还记得，原子的直径约为0.0003微米，因此我们推断，烟草花叶病毒微粒横向大约只有50个原子，纵向约有1000个原子，总共不超过几百万个原子！[①]

---

① 实际上，构成病毒微粒的原子数可能比这少得多，因为它们很可能如图103所示“内部是空的”，由旋状的分子链所构成。倘若烟草花叶病毒真有这样一种结构，各种原子团只位于圆柱体的表面上，那么每个病毒微粒的原子总数将会减少到只有几十万个。当然，同样的说法也适用于单个基因里的原子数。

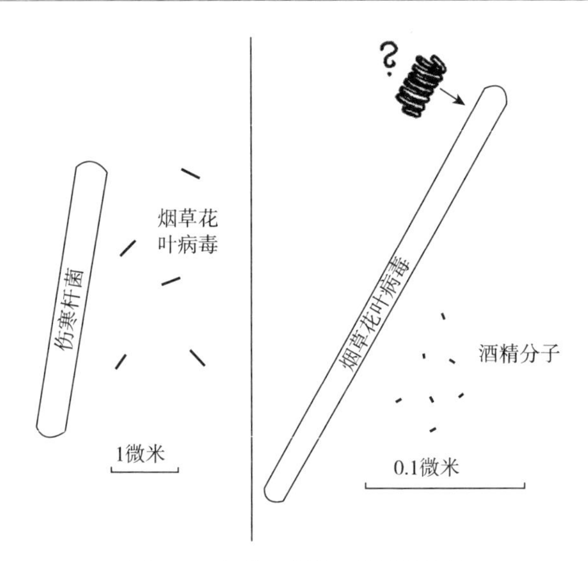

图 103 细菌、病毒和分子的比较

这个熟悉的数字立刻使我们想起了单个基因中的原子数，因此可以认为，病毒微粒也许是既没有在长长的染色体中合为一体、也没有被一大堆细胞原生质包围起来的“自由基因”。

事实上，病毒微粒的繁殖过程似乎与染色体在细胞分裂过程中的倍增过程完全相同：整个病毒微粒沿轴分裂成两个完整的新病毒微粒。这里我们显然看到了基本的繁殖过程（图 91 显示了一个虚构的酒精繁殖过程），在此过程中，沿复杂分子排布的各个原子团从周围介质中引来相似的原子团，并精确按照原来分子中的样式将其排列起来。这种排列完成之后，业已成熟的新分子就从原来的分子上分裂出来。事实上，这些原始生物似乎并没有通常的“生长”过程，新的机体只是在旧机体旁边“分部”发展起来。为了说明这种情况，可以设想一个孩子在母体外面生长并与母体相连，他（她）长大成人之后便脱离母体走开了。不用说，为使这个繁殖过程成为可能，它必须在一种有所组织的特殊介质中进行；事实上，不同于有自身原生质的细菌，病毒微粒只有在其他生物的活原生质中才能繁殖，一般来说，它们是很“挑食”的。

病毒的另一个共同特性是会发生突变，而且突变后的个体会以我们所熟知的遗传学定律将新获得的性状传给后代。事实上，生物学家已能区分同一病毒的几个遗传类型，并能追踪其“种族发展”。当新的流感蔓延开来时，人们就可以比较确定地说，这是由某种新的突变型流感病毒引起的，它们突变后有了一些新的危险性质，人体尚未发展出自己的免疫能力。

我们已经用几个强有力的论证表明，病毒微粒应被视为活的个体。现在我们也能同样有力地断言，应把病毒微粒看成服从物理学和化学所有定律和规则的化学分子。事实上，对病毒物质所作的纯化学分析已经表明，可以认为病毒是一种有明确定义的化合物，可以像对待各种复杂的有机（但却无生命的）化合物一样来对待它们，它们可以发生各种类型的置换反应。事实上，生物化学家像为酒精、甘油、糖等物质写出结构式一样为每一种病毒写出化学结构式，似乎已经指日可待。更引人注目的是，同一种病毒微粒的尺寸完全一样。

事实表明，失去了营养介质的病毒微粒会排列成普通晶体的规则式样。例如，所谓的“番茄丛矮”病毒会结晶成巨大而美丽的菱形十二面体！你可以把它和长石、岩盐一起存放在矿物陈列柜里；不过，一旦把它放回到番茄地里，它就会变成一群活的个体。

加利福尼亚大学病毒研究所的弗兰克尔－康拉特（Heinz Frenkel-Conrat）和威廉斯（Robley Williams）最近完成了由无机物合成生物体的第一个重要步骤。他们将烟草花叶病毒微粒成功地分成了两个部分，每一部分都是一种非常复杂但没有生命的有机分子。人们早已知道，这种长棒状的病毒（插图 6）包括一束作为组织物质的长直分子（被称为核糖核酸），周围像线圈环绕着电磁铁心一样环绕着长长的蛋白质分子。通过使用各种化学试剂，弗兰克尔－康拉特和威廉斯成功地打碎了这些病毒微粒，将核糖核酸分子与蛋白质分子分离开来而没有破坏它们。他们在一支试管中得到了核糖核酸的水溶液，在另一支试管中得到了蛋白质分子的水溶液。电子显微镜照片表明，试管中只含有这两种物质的分子，但毫无生命的迹象。

然而，若把两种溶液倒在一起，核糖核酸的分子就开始以 24 个分子为一束结合成团，而蛋白质分子则开始把核糖核酸分子环绕起来，形成与实验开始时的病毒微粒完全一样的复制品。把它们用到烟草叶子上，这些分开后又复合的病毒微粒就会导致花叶病，就好像它们从未分开过似的。当然，这里试管中的两种化学成分是通过打碎活的病毒而得到的。但关键在于，生物化学家们目前已经掌握了用普通化学成分来合成核糖核酸和蛋白质分子的方法。虽然目前（1960 年）只能合成出这两种物质的一些较短的分子，但随着时间的推移，一定能用简单成分合成出像病毒中那么长的分子。将它们放在一起就会产生出人造病毒微粒。

第四部分

宏观世界

第十章　不断扩展的视野

一、地球及其附近

现在，让我们把旅行从分子、原子和原子核拉回到尺寸较为熟悉的物体。不过，即将开始的新旅行是朝着相反的方向，即朝着太阳、星星、遥远的星云和宇宙深处。和微观世界的情况一样，科学沿这个方向的发展也使我们越来越远离熟悉的物体，视野变得愈发广阔。

在人类文明之初，所谓的宇宙被认为小得可怜。人们认为大地是一个巨大的扁盘，漂浮在四面环绕的海洋上。大地下方是深不可测的海水，上方是诸神的居所——天空。这个巨大的盘子足以支撑住当时地理学已知的所有陆地，包括地中海的各个海岸以及邻近的部分欧洲和非洲，还有亚洲的一小块地方；大地的北边以高山山脉为界，夜间太阳就在山后的“世界大洋”洋面上休憩。图 104 比较准确地显示了古人所认为的世界的样子。然而到了公元前 3 世纪，有个人对这种公认的简单世界图像提出了异议。他就是著名的希腊哲学家（当时用这个名称来称呼科学家）亚里士多德（Aristotle）。

图 104 古人所理解的世界

亚里士多德在《论天》一书中提出了一种理论，认为大地其实是一个球体，上面覆盖着陆地和水，周围是气。他提出了许多论证来支持自己的观点，这些论证在我们现在看来非常熟悉和平凡。他指出，船消失在地平线上时总是船身先消失，桅杆还露在水面上，这表明海洋不是平的，而是弯曲的。他还指出，月食一定是因为地球的影子掠过了月亮表面。既然这个影子是圆的，所以大地本身也必定是圆的。但当时相信他的人并不多。人们不能理解，如果他说的是对的，那么生活在地球另一端（即所谓的对跖点）的人怎么会头朝下走路而不掉下去呢？那里的水为何不流向他们所说的天空呢（图 105）？

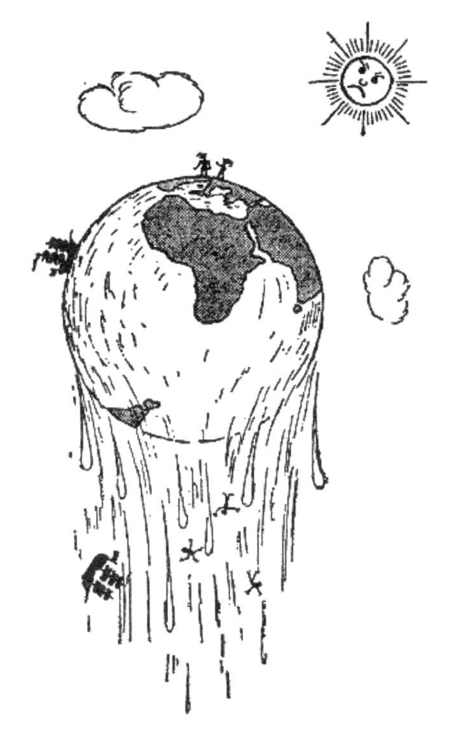

图 105　反驳大地为球形的论证

你瞧，当时的人并没有意识到，物体下落是因为受到了地球的吸引。对他们来说，"上"和"下"是空间中的绝对方向，在哪里都应该是一样的。认为绕地球转半圈，"上""下"就可以互换，这种想法在他们看来就像爱因斯坦相对论的许多陈述在今天的人看来一样疯狂。当时，重物的下落不是像今天这样通过地球的吸引来解释，而是被解释成一切物体都有向下运动的"自然倾向"。因此，你若敢站在地球的下面一半，会向下掉到蓝天中去！这种反驳是如此有力，对旧观念进行调整是如此艰难，以至于直到亚里士多德去世后两千年的15世纪，仍然可以看到有人把地球对面的居民画成头朝下站着，以此来嘲笑大地是球形的观念。就连伟大的哥伦布（Christopher Columbus）在动身寻找通向印度的“相反道路”时，也未必确信自己的计划是可靠的。事实上，他因为美洲大陆的阻挡而并未实现这项计划。直到麦哲伦（Ferdinand de Magellan）作了著名的环球航行之后，关于大地是球形的最后一丝疑虑才彻底打消。

人们第一次意识到大地是个巨大的球体时肯定会问，这个球与当时已知的世界相比有多大？但古希腊的哲学家们当然无法作环球旅行，他们如何来测量地球的尺寸呢？

有一个办法，这是公元前3世纪的著名科学家埃拉托色尼（Eratosthenes）最先发现的。他生活在希腊的殖民地——埃及的亚历山大里亚。亚历山大里亚以南5000斯塔迪姆远的尼罗河上游地区有一座城市叫赛伊尼，他听那里的居民讲，夏至那天正午，太阳正好悬在头顶，因此直立的物体都没有影子。埃拉托色尼还知道，这种事情在亚历山大里亚从未发生过。夏至那天，太阳与天顶（即头顶正上方）有7°的距离，即整个圆的1/50左右。埃拉托色尼假定大地是圆的，非常简单地解释了这个事实，图106清楚地显示了这种解释。事实上，由于两座城市间的地面是弯曲的，竖直射到赛伊尼的太阳光必定会与北方的亚历山大里亚成某个角度。从图中还可以看到，如果从地心分别向赛伊尼和亚历山大里亚引两条直线，那么这两条线的夹角将等于从地心到亚历山大里亚的那条线（即亚历山大里亚的天顶方向）与直射到赛伊尼时的太阳光之间的夹角。

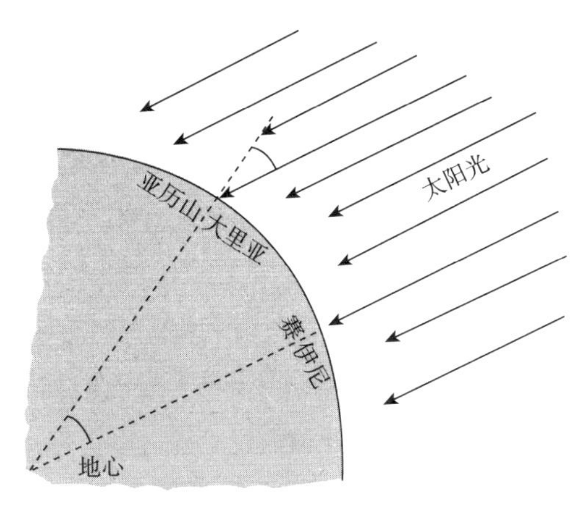

图 106

由于这个角是整个圆的 1/50，地球的周长就应是两城间距的 50 倍，即 250 000 斯塔迪姆。1 斯塔迪姆约为 1/10 英里，因此埃拉托色尼得到的结果相当于 25 000 英里或 40 000 公里，的确非常接近现代的最佳估计值。

然而，对地球作第一次测量的重要之处并非在于结果是否精确，而在于认识到地球实在太大了。哎呀，它的总面积一定比当时已知的整个陆地面积大几百倍呢！这能是真的吗？如果是真的，已知的边界之外又是什么呢？

谈到天文距离，我们先得了解一下所谓的视差位移或简称视差。这个词听上去可能有些吓人，但实际上，视差简单且有用。

我们可以通过尝试穿针引线来了解视差。请闭上一只眼睛来穿针，你很快就会发现这样很难穿进去；你手中的线头不是跑到针眼后面很远，就是到针眼之前便停住了。仅凭一只眼睛是判断不出针与线的距离的。但如果两眼睁开，穿针引线就很容易做到，至少是很容易学会。用两只眼睛观看物体时，你会自动把它们聚焦到这个物体上。物体越近，两只眼球就得更接近一些。作这种调整所产生的肌肉感觉会较好地告诉你距离有多少。

如果不是用两只眼睛同时看，而是先后用左右眼看，你会看到物体（这里是针）相对于远处背景（比如房间里的窗户）的位置发生了变化。这种效应就是所谓的视差位移，大家一定都很熟悉；如果你从未听说过，不妨试验一下，或者看看图 107 所示的分别用左眼和右眼看到的针和窗户。物体离得越远，其视差位移就越小，因此我们可以用它来测距。由于视差位移可以用弧度精确地测量出来，这种方法要比用眼球的肌肉感觉来简单地判断距离更精确。但由于我们的两只眼睛仅相距 3 英寸左右，因此用眼睛不大能估计准几英尺开外的距离。对于更远的物体来说，双眼的视线变得几乎平行，视差位移也变得极小。要想判断更大的距离，需要把两只眼睛分得开一些，以增大视差位移的角度。不，用不着做外科手术，只需几面镜子就能实现。

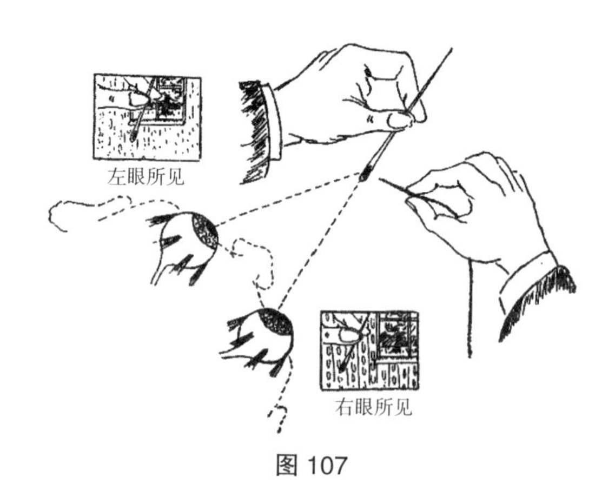

图 107

图 108 显示了（雷达发明以前）海军用来测量敌舰距离的一种装置。它是一根长筒，每只眼睛前面各有一面镜子（A，A′），长筒两端各有另一面镜子（B，B′）。透过这样一架测距仪，就可以一只眼睛从 B 端看，另一眼睛从 B′ 端看了。这样一来，你两眼之间的距离或所谓的光学基线便显著增大了，所能估计的距离也就长得多。当然，水兵们不会只依靠眼球肌肉的距离感来做判断。测距仪上配备有特殊的装置和刻度盘，能够极为精确地测定视差位移。

图 108

即使敌舰几乎还在地平线后面，这种海军测距仪也能很好地工作。但即使想用它测量像月亮那样比较近的天体的距离，也不会成功。事实上，要想观测到月亮在恒星背景上的视差位移，光学基线（即两眼之间的距离）至少要有数百英里长。当然，我们没有必要设计一套光学系统，使我们能一只眼睛比如从华盛顿看，另一只眼睛从纽约看，因为我们只需在这两座城市同时拍摄月亮在群星中的照片。把这两张照片放在普通的立体镜里，就能看到月亮悬在恒星背景前方的空间中。通过测量从地球上两个不同的地点同时拍摄的月亮和群星的照片（图 109），天文学家们发现，从地球直径两端观测到的月亮的视差是 1° 24′ 5″。由此可得，地球与月亮的距离等于 30.14 个地球直径，即 384 403 公里或 238 857 英里。

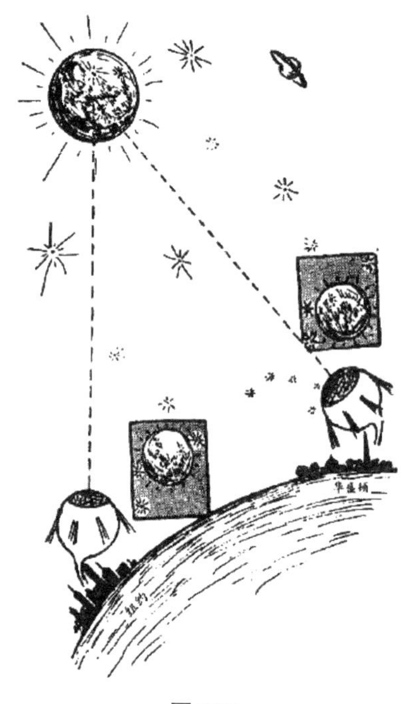

图 109

由这个距离和观测到的角直径可以算出，月亮这颗卫星的直径约为地球直径的四分之一。其总面积只有地球面积的十六分之一，与非洲大陆的面积相当。

用类似的方法也能测得地球与太阳的距离。当然，太阳要远得多，测量也就困难得多。天文学家们测出这个距离是149 450 000公里（92 870 000英里），亦即地月距离的385倍。正因为这个距离非常巨大，太阳才显得和月亮尺寸差不多；实际上太阳要大得多，其直径是地球直径的109倍。

如果太阳是个大南瓜，地球就是颗豌豆，月亮则是粒罂粟籽，纽约的帝国大厦将和我们透过显微镜看到的最小的细菌一样大。这里值得铭记的是，古希腊有个名为阿那克萨戈拉（Anaxagoras）的进步哲学家因为提出太阳是个像希腊那么大的火球，就受到了放逐的惩罚和死亡威胁！

天文学家们还以类似的方法估算了太阳系中各个行星与太阳的距离。其中最远的行星，即1930年才发现的冥王星，与太阳的距离约为地日距离的40倍；确切地说，这个距离是3 668 000 000英里。

二、银河系

朝着太空再迈进一步，就从行星走到恒星了，这里视差法同样适用。但我们发现，即使是最近的恒星，距离我们也非常遥远，哪怕在地球上距离最远的两点（地球两侧）进行观测，相对于一般的恒星背景也看不出明显的视差位移。不过，我们还有一种办法来测量这么遥远的距离。倘若可以用地球的尺寸来测量地球绕日轨道的大小，那么为何不用这个轨道来求出地球与恒星的距离呢？换句话说，在地球轨道的相对两端观测恒星，能否注意到至少某些恒星的相对位移呢？当然，这意味着两次观测要相隔半年之久，但那也没有什么关系。

带着这种想法，1838 年德国天文学家贝塞尔（Friedrich Wilhelm Bessel）开始对相距半年的两个夜晚观测到的恒星相对位置进行比较。起初他并不走运，他所挑选的恒星都太过遥远，没有显示出任何明显的视差位移，即使以地球轨道直径为基线也不行。然而，这里有一颗恒星，天文学目录将它列为天鹅座 61（即天鹅座的第 61 颗暗星），其位置似乎和半年前稍有偏离（图 110）。

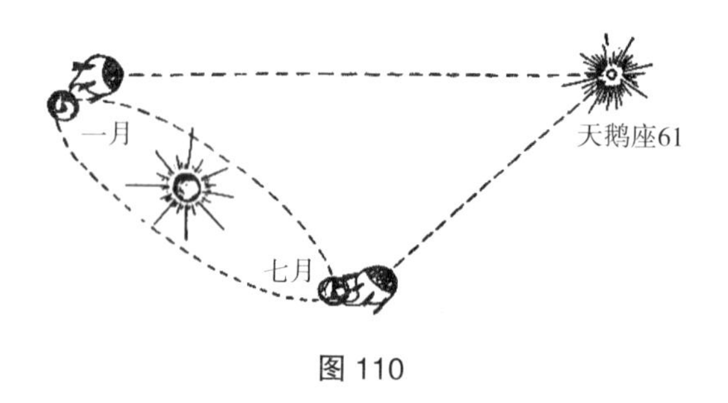

图 110

又过了半年，这颗星重回原位，因此这肯定是视差效应。贝塞尔也成为拿着尺子从太阳系步入星际空间的第一人。

半年里观测到的天鹅座 61 的位移其实很小，只有 0.6 弧秒，[①] 也就是你观看 500 英里以外的一个人时视线所成的角度（倘若你真能看这么远的话）！不过，天文学仪器非常精密，即使连这样的角度也能以很高的精度测量出来。根据观测到的视差和已知的地球轨道直径，贝塞尔计算出这颗星距离我们 103 000 000 000 000 公

① 更精确地说是 0.600″ ±0.06″ 。

里，也就是说比太阳还远 690 000 倍！这个数字的意义很难把握。如果使用我们之前打过的比方，太阳是个南瓜，豌豆大小的地球在离它 200 英尺远的地方转动，那么这颗恒星将在 3 万英里外的地方！

天文学家往往会用光以每秒 300 000 公里的速度走过一段距离的时间来表示这段距离。光线只需 1/7 秒便可绕地球一圈，从月亮到地球只需 1 秒多钟，从太阳到地球也不过 8 分钟左右。然而从宇宙中距离我们最近的天鹅座 61 发出的光，却要 11 年左右的时间才能到达地球。如果由于某种宇宙灾难，天鹅座 61 熄灭了，或者在一团烈焰中爆炸了（这在恒星是常有的事），那么只有经过漫长的 11 年，等到从高速穿过星际空间的爆炸闪光及其最后一线光芒到达地球，我们才能知道有颗恒星已经不复存在了。

根据测得的天鹅座 61 的距离，贝塞尔计算出，这颗在黑暗的夜空中静静闪烁的微小光点其实是颗亮度略小于太阳、大小只差 30%的星体。这第一次直接证明了哥白尼最先提出的一种革命性思想：我们的太阳只是散布在广袤无垠空间之中的无数颗星体中的一颗。

贝塞尔做出这项发现之后，人们又测出了许多恒星视差。有几颗恒星被发现比天鹅座 61 距离我们更近，其中最近的是半人马座 α（半人马座中最亮的星），距离我们只有 4.3 光年。它在大小和亮度上非常类似于太阳。大多数其他恒星都要远得多，以致即使把地球轨道的直径当作距离测量的基线也太小了。

恒星在大小和亮度上也大相径庭，既有比太阳大 400 倍左右、亮 3 600 倍左右的参宿四（距离我们 300 光年）这样的明亮巨星，也有比地球还小（直径是地球的 75%）、比太阳暗 10 000 倍左右的范玛南星（距离我们 13 光年）这样的昏暗矮星。

现在我们来谈一个重要的问题，即现存的恒星总共有多少。包括诸位在内的许多人可能都以为，天上的星星无人能数清。但和许多流行看法一样，这种看法也大谬不然，至少就肉眼所能看到的星星而言是如此。事实上，从南北两个半球所能看到的星星总共只有六七千颗，由于任何时候都只有一半星星在地平线以上，而且地平线附近星星的可见度因大气的吸收而大大降低了，所以即使在无月的晴朗夜晚，通常用肉眼也只能看到大约 2 000 颗星星。于是，如果以每秒钟 1 颗的速度不懈地数下去，半小时左右你就可以把它们数完！

但如果用双筒望远镜，你可以多看到 5 万颗星星，使用 $2\frac{1}{2}$ 英寸口径的望远镜，你会再看到约 100 万颗。如果用加利福尼亚威尔逊山天文台的那架著名的 100 英寸口径的望远镜，你将能看到大约 5 亿颗星星。即使以每秒钟数 1 颗的速度每天从早数到晚，天文学家也要用一个世纪左右的时间才能将它们数完！

当然，不曾有人透过望远镜一颗颗地数星星，其总数是通过把不同天区的若干区域中实际可见的星星数目的平均值运用于整个星空而计算出来的。

两个世纪前，著名的英国天文学家赫歇耳（William Herschel）用自制的大型望远镜观看星空时，注意到肉眼可见的星星大都出现在银河这条横跨夜空的微弱光带内。正是由于他的功劳，天文学才认识到，银河并不是天空中的普通星云，而是由相距甚远因而暗到无法用肉眼一一分辨的众多恒星组成的。

通过使用越来越强大的望远镜，我们得以把银河看成由越来越多的星星所组成，不过，银河的主要部分仍然处于模糊的背景当中。但若以为银河区域内的星星比其他天区的星星更为稠密，那就错了。事实上，某个区域的星星之所以看起来比其他区域稠密，并非因为分布更为集中，而是因为星星沿这个方向的分布更为深远。（在望远镜的协助下）星星沿着银河的方向一直伸展到目力所及的边缘，而在其他方向，星星的分布并未扩展到视力的极限，它们之外主要是近乎空无所有的空间。

沿着银河的方向看过去，我们仿佛在透过密林张望，无数条树枝彼此层叠交织，形成连续的背景；而沿着其他方向，我们在星星之间看到的是一块块空荡荡的空间，就像在树林里，透过头顶上方的枝叶可以看见一块块蓝天一样。

因此，银河在空间中占据着一个扁平区域，沿着银河平面延伸得很远，沿其垂直方向则比较薄。太阳只不过是银河中无足轻重的一员。

经过一代代天文学家更为细致的研究，我们已经知道，银河系大约包含 40 000 000 000 颗恒星，它们分布在直径约 100 000 光年、厚度为 5000~10 000 光年的一个透镜形区域内。由这种研究还得出一个结论：太阳根本不是这个巨大星系的中心，而是靠近其外边缘，这对我们人类的自豪感来说真是打击啊！

图 111 试图向读者表明，银河这个巨大的星巢看起来是什么样子。这里的银河系缩小了 100 000 000 000 000 000 000 倍，

代表各个恒星的点也远小于 400 亿，这当然是出于版面的理由。

图 111　一位天文学家在观看缩小了 100 000 000 000 000 000 000 倍的银河系。天文学家头顶差不多就是太阳所在的位置

这个由群星组成的银河系最典型的性质之一就是，它和太阳系一样也在迅速旋转。和金星、地球、木星等行星沿着近乎圆形的轨道绕日运转一样，形成银河系的数百亿颗恒星也在围绕所谓的银心运转。银河系的这个旋转中心位于人马座的方向上。事实上，你若沿着银河跨过天空的模糊形状看过去，会发现越靠近人马座，银河就变得越宽，这表明你正朝着这个透镜状物体更厚的中心部分看去（图 111 中那位天文学家正是朝着这个方向观看的）。

我们并不知道银心看起来是什么样子，因为悬浮在太空中的浓密而黑暗的星际物质遮住了它。事实上，如果观察银河在人马座区域中变厚的部分，[1] 你会以为这条神话中的天路在这里分成了两条“单行道”。但它并非真实的分岔，之所以有这种印象，完全是因为星际尘埃和气体的暗云悬浮在我们与银心之间的太空中。银河两侧的黑暗是由于黑暗空间的背景，而这里的黑暗却是由于不透明的暗云。中间那块黑暗区域的几颗星星其实是在我们和暗云之间（图 112）。

图 112 朝银心看去，我们会以为这条神话中的天路分成了两条“单行道”

看不到包含太阳在内的数十亿颗恒星绕之旋转的神秘银心固然很遗憾，但通过观察散布在银河系以外的其他星系，我们也能知道它大致是什么样子。银心并不是某一颗超级巨星，像太阳统治行星一样统治着银河系的所有其他成员。稍后我们会讲到，对其他星系中心部分的研究表明，这些中心也是由众多恒星组成的，唯一的区别在于，这里的恒星要比太阳所在的远离中心的区域稠密得多。如果把行星系统看成由太阳统治的专制国家，那么银河系则像是一个民主国家，一些成员占据着有影响力的中

① 最好是在初夏的晴朗夜晚作这种观察。

心位置，其他成员则只好屈尊于社会外围更为卑下的位置。

如上所述，包括太阳在内的所有恒星都沿着巨大的轨道围绕银心运转。那么，如何来证明这一点呢？这些星星的轨道半径有多大？周期有多长？

几十年前，荷兰天文学家奥尔特（Jan Hendrik Oort）回答了所有这些问题。他对银河系的观测方法非常类似于哥白尼对太阳系的处理。

我们先来回忆一下哥白尼的论点。古巴比伦人、古埃及人和其他一些人都已经注意到，木星、土星等大行星似乎在以非常奇特的方式跨过天空。它们先是像太阳一样沿椭圆运行，然后突然停住并后退，再折回来继续沿原来的方向前进。图 113 下方是土星在两年左右的时间里所走路线的示意图（土星的运转周期是 29.5 年）。过去出于宗教偏见，地球被视为宇宙的中心，所有行星和太阳本身都被认为绕着地球旋转，必须通过假定行星轨道包含若干个环来解释上面这些奇特的运动。

哥白尼则要更为敏锐。他天才地解释说，这种神秘的翻筋斗现象缘于地球和所有其他行星都在围绕太阳作简单的圆周运动。图 113 上方的示意图清楚地描绘了这种解释。

太阳位于中心，地球（小球）沿着小圆运转，土星（带着一个环）沿着与地球相同的方向在大圆上运转。1，2，3，4，5 表示地球和运动更为缓慢的土星在一年之中的几个位置。从地球的不同位置引出的部分竖线表示某颗恒星的方向。连接地球的各个位置与相应的土星位置，我们看到，这两个方向（指向土星的和指向恒星的）之间的夹角先是增大，继而减小，然后又增大。因此，那种看起来的翻筋斗现象并不意味着土星的运动有什么特别之处，而是因为我们是从运动地球上的不同角度来观测这种运动的。

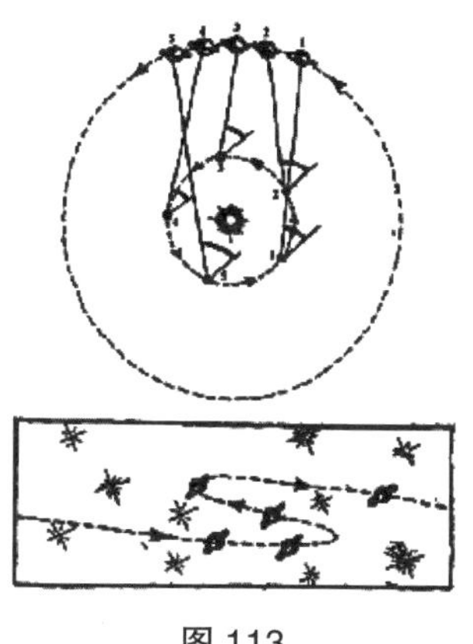

图 113

图 114 显示了奥尔特关于银河系中恒星旋转的论点。从图的下方可以看到银心（有暗云之类的东西），整个图上有许多恒星环绕着这个中心。三个圆表示与中心有不同距离的恒星轨道，中间那个圆表示太阳的轨道。

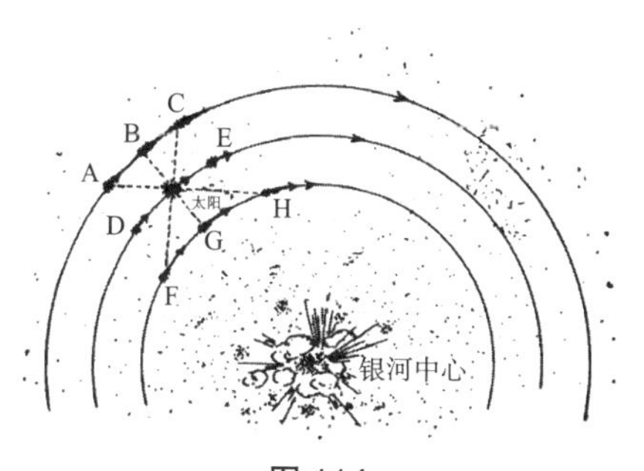

图 114

如图 114，我们来考察八颗恒星（配以光芒，区别于其他点），其中两颗与太阳轨道相同，不过一颗在前、一颗在后，其他恒星则位于或大或小的轨道上。需要注意的是，由于引力定律（参见第五章），与太阳轨道上的恒星相比，外层恒星的速度较小，内层恒星的速度较大（图中以不同长短的箭头来表示）。

如果从太阳或地球上看，这八颗恒星的运动会如何呢？我们这里谈的是沿视线的运动，根据所谓的多普勒效应最容易观测到它。首先，在太阳上的观察者看来，与太阳同轨道同速度的两颗恒星（D 和 E）显然是静止的。与太阳处于同一半径的两颗恒星（B 和 G）也是如此，因为它们的运动平行于太阳，在视线方向没有速度分量。

那么，处于外层的恒星 A 和 C 的情况如何呢？由于它们的速度比太阳低得多，所以从图上可以清楚地看出，恒星 A 会落在后面，恒星 C 会被太阳超过。因此，与 A 的距离会增大，与 C 的距离会减小，从这两颗恒星发出的光会分别显示出多普勒红移效应和紫移效应。对于内层的恒星 F 和 H 来说，情况则正好相反，F 会显示出紫移效应，H 会显示出红移效应。

假设刚才描述的现象仅由恒星的圆周运动所引起，那么这种圆周运动的存在使我们不仅可以证明这种假设，还能估算出恒星运动的轨道半径和速度。通过收集整个天空中恒星视运动的观测资料，奥尔特成功地证明，所预期的多普勒红移和紫移效应的确存在，从而确定无疑地证明银河系在旋转。

同样也能证明，银河系旋转的效应会影响恒星在垂直于视线方向上的视速度。虽然精确测量这个速度分量要难得多（因为遥远的恒星即使有很大的线速度，也只对应于天球上极小的角位移)，但这种效应还是被奥尔特等人观测到了。

对恒星运动的奥尔特效应进行精确测量，我们就能得出恒星的轨道和运行周期。使用这种计算方法，我们已经知道，以人马座为中心的太阳轨道的半径是3万光年，约为整个银河系最外层半径的三分之二。太阳绕银心运转一周所需的时间约为两亿年。这当然是段漫长的时间，但不要忘了，我们的银河系已经有50亿岁了，在这段时间里，我们的太阳已经带着它的行星家族转了差不多20圈。遵照“地球年”这个术语，我们可以把太阳的旋转周期称为“太阳年”，说宇宙只有20岁。在恒星世界，事情的确发生得很慢，因此把太阳年作为对宇宙历史进行时间测量的单位会非常方便。

三、走向未知事物的边界

前已提到，孤零零地飘浮在广袤宇宙空间中的恒星群体并非只有银河系。望远镜研究已经表明，太空深处还有许多与银河系非常类似的巨大星群。其中距离最近的是著名的仙女座星云，用肉眼就可以看到。在我们眼中，它是一片又小又暗的拉得相当长的星云。插图7的a和b是用威尔逊山天文台的大型望远镜拍摄的这样两个天体，它们是从侧面看到的后发座星云和从上面看到的大熊座星云。我们注意到，作为银河系所特有的透镜形状的一部分，这些星云有一种典型的螺旋结构，因此被称为“螺旋星云”。许多证据表明，银河系也是一个螺旋星云，但我们很难从内部确定这种结构的形状。事实上，太阳很可能位于“银河大星云”的一条旋臂末端。

长期以来，天文学家们并未意识到螺旋星云是与我们银河系类似的巨大星系，而是将它们与猎户座星云那样的普通弥漫星云相混淆，后者是由飘浮在银河系内的恒星之间的星际尘埃所组成的巨大云团。但后来人们发现，这些雾蒙蒙的螺旋状物体根本不是云雾，而是一颗颗星星。如果放大到最高倍数，可以看到它们是一个个小点。但它们太过遥远，无法通过测量视差求出其实际距离。

这样一来，我们测量天体距离的手段似乎已经穷尽。但并非如此！当我们碰到某个无法克服的困难时，耽搁通常只是暂时的；总会发生某种新的事情，使我们能够继续前进。就这里的情况而言，哈佛大学的天文学家沙普利（Harlow Shapley）在所谓的脉动星或造父变星那里找到了一种全新的“量尺”。[①]

天上星辰密布。虽然大多数恒星都宁静地发着光，但也有一些恒星的亮度发生规则的明暗变化。这些巨大的星体像心脏一样有规则的脉动，其亮度也随着这种脉动而发生周期性的变化。[②] 恒星越大，其脉动周期就越长，就像钟摆越长，摆动周期就越长一样。很小的恒星（就恒星而言）几个小时就完成了自己的周期，而巨大的恒星则需要很多年才能完成一次脉动。既然恒星越大就越亮，那么恒星的脉动周期与该星的平均亮度之间

① 脉动现象最先发现于造父一，因而以此命名。

② 不要把这些脉动星与所谓的食变星相混淆，后者是由两颗彼此围绕对方旋转并且周期性掩食对方的恒星所组成的系统。

一定存在着明显的关联。通过观测造父变星，可将这种关系确定下来，造父变星距离我们足够近，它们的距离和实际亮度能够直接测量出来。

如果你发现一颗脉动星超出了视差测量的范围，那么你只需用望远镜观测出它的脉动周期，就能知道它的实际亮度。再将实际亮度与视亮度进行对比，就能立刻知道这颗星的距离。沙普利运用这种巧妙的方法，成功地测出了银河系中特别遥远的距离，此方法对于估算我们银河系的总体尺寸非常有用。

在用这种方法来测量巨大的仙女座星云中几颗脉动星的距离时，沙普利大吃一惊：从地球到这些恒星的距离——当然也是到仙女座星云本身的距离——竟然有 1 700 000 光年，也就是说远大于银河系的估算直径。仙女座星云的尺寸原来只比我们整个银河系略小一些。本书插图 7 中的两个螺旋星云距离要更远，其直径与仙女座星云差不多。

这一发现彻底驳倒了之前认为的螺旋星云是银河系中的“小家伙”的观点，螺旋星云也因此成为与银河系类似的独立星系。现在已经不再有天文学家怀疑，如果有位观测者站在仙女座星云中某颗恒星的小行星上，他所看到的银河系将与我们看到的仙女座星云非常相像。

主要由于威尔逊天文台著名的星系观测家哈勃（Edwin Powell Hubble）的工作，对这些遥远恒星群体的进一步研究向我们揭示了许多有趣而重要的事实。首先，与肉眼相比，用强大的望远镜所能观测到的星系要多得多，它们并不都是螺旋状的，而是有各种各样的种类：有看起来像边界模糊的规则圆盘的球状星系，有伸长程度各不相同的椭球状星系，螺旋星系也因“盘绕的松紧程度”而彼此不同，此外还有形状非常奇特的“棒旋星系”。

一个极为重要的事实是，所有这些观测到的星系形状都能规则地排列起来（图 115），这可能对应着这些巨大星系的不同演化阶段。

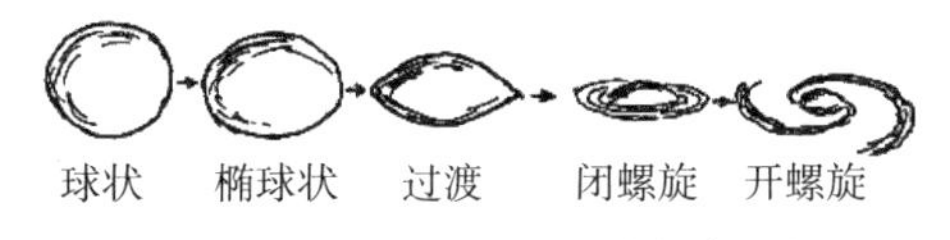

图 115　正常星系演化的各个阶段

虽然我们对星系演化的细节还知之甚少，但这种演化很可能缘于渐进的收缩过程。大家知道，一个缓慢旋转的气体球逐步收缩时，其旋转速度会增加，形状也会变成椭球体。在某个收缩阶段，当极半径与赤道半径之比等于 7 / 10 时，该旋转体就会呈透镜形，沿其赤道出现一条明显的棱。如果进一步收缩，这种透镜形不会变化，但构成旋转体的气体会开始沿这条明显的赤道棱流入周围的空间，在赤道面形成一层气体薄幕。

英国著名物理学家和天文学家金斯（James Hopwood Jeans）已经用数学证明，上述说法对于旋转的气体球是成立的，但它们也完全适用于被我们称为星系的巨大星云。事实上，我们可以把这样聚集在一起的亿万颗恒星看成一团气体，把恒星看成一个个分子。

将金斯的理论计算与哈勃对星系的经验分类作一对比，就会发现这些巨大的恒星群体遵循的正是该理论所描述的演化进程。特别是，我们发现，拉伸最长的椭球状星云的半径之比为

7/10（E7），这是我们注意到有明显赤道棱的第一例。演化后期出现的螺旋则显然是由快速旋转时抛出的物质所形成的。不过迄今为止，我们还不能完全令人满意地解释这些螺旋形为何会形成以及如何形成，还有简单螺旋与棒旋之间的差别是什么原因造成的。

关于这些星系的构造、运动和各部分的组成，还需要做进一步研究。例如，威尔逊山天文台的天文学家巴德（Walter Baade）数年前得出了一个有趣的结论：螺旋星云的中心体（核）所由以形成的恒星与球状、椭球状星系的恒星是同一类型，而旋臂本身所显示的星族却相当不同。这种“旋臂”型星族因为出现了炽热而明亮的成员而有别于中心区域的星族，无论是球状、椭球状星系还是中心区域，都没有这些所谓的“蓝巨星”。我们稍后（在第十一章）会看到，蓝巨星很可能是新近形成的恒星，所以有理由认为，旋臂可以说是产生新星族的温床。可以设想，从正在收缩的椭球状星系的赤道凸起抛出的物质有一大部分是由原始气体形成的。进入寒冷的星系际空间后，这些气体凝聚成一块块巨大的物质，后经收缩而变得炽热而明亮。

在第十一章我们还会回到恒星的诞生和生命问题，现在我们要考虑一下各个星系在广阔宇宙中的大致分布。

首先要说的是，基于脉动星的测距法虽然在用于银河系附近的一些星系时给出了很好的结果，但进入空间深处时就不管用了，因为此时我们所到达的距离已经大到无法分辨各个星星的程度，即使透过最强大的望远镜，所看到的星系也像是微小的长条星云。再往深处走，我们就只能凭借可见尺寸来判断距离，因为与恒星不同，所有同类型的星系都大约是同一尺寸。如果所有人都是同一高度，既无侏儒又无巨人，你就总可以通过观察一个人的视大小来说出他的远近。

哈勃用这种方法估算了遥远星系的距离，他表明，就我们目之所及（辅以最强大的望远镜），星系在空间中或多或少是均匀分布的。之所以说“或多或少”，是因为在许多情况下，星系成群地聚集在一起，有时竟包含数千个成员，就像众多恒星聚集成星系一样。

我们的银河系似乎属于一个较小的星系群，其成员包括三个螺旋星系（包括银河系和仙女座星云）、六个椭球状星系及四个不规则星云（其中两个是大小麦哲伦星云）。

不过，除了这种偶尔的聚集，从帕洛马山天文台口径 200 英寸的望远镜看过去，各个星系其实是非常均匀地散布在 10 亿光年以内的整个空间中。两个相邻星系的平均距离约为 500 万光年，可见的宇宙视野包含有数十亿个恒星世界！

如果还用我们之前的比喻，认为帝国大厦是颗细菌，地球是颗豌豆，太阳是个南瓜，那么银河系就是大致分布在木星轨道之内的数十亿个南瓜的聚集体，而许许多多这样的南瓜堆又散布在半径略小于地球与最近恒星之间距离的一个球形体积内。不错，我们的确难以找到一种表示宇宙距离的恰当尺度。即使把地球比做一颗豌豆，已知宇宙的尺寸仍然是个天文数字！图 116 试图表明天文学家是如何一步步勘测宇宙距离的：从地球开始，到月亮，再到太阳、恒星，然后到遥远的星系，一直到未知事物的边界。

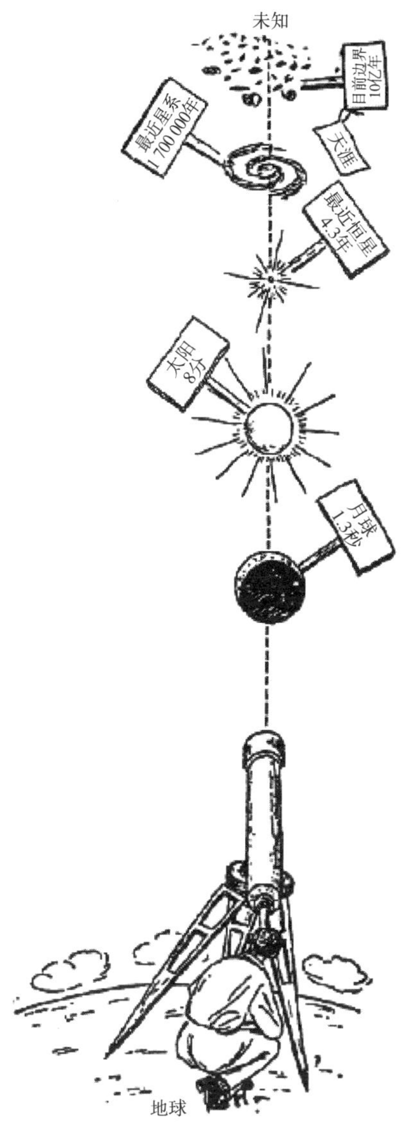

图 116　宇宙勘测的里程碑，用光年表示的距离

现在，我们准备回答宇宙尺寸这个基本问题。宇宙是无限扩展的，还是占据着某个极为巨大但仍然有限的体积？随着望远镜制造得越来越强大、越来越精良，天文学家是否总能发现一些尚未勘测的新空间区域呢？抑或与此相反，宇宙至少原则上是可以勘测到最后一颗星的？

当我们说宇宙可能“尺寸有限”时，当然并不是指在几十亿光年以外的某个地方，空间探险家会碰到一堵墙，上面写着“严禁擅自进入”字样。

事实上，我们在第三章已经看到，空间可以是有限而无界的。它可以径直弯曲，“自我封闭”起来。这样一来，一位假想的空间探险家虽然试图尽可能笔直地驾驶飞船，却会在空间中沿测地线回到其出发点。

当然，这就像一位古希腊探险家从家乡雅典出发一路西行，许久之后却发现又从东门进入了这座城市。

正如我们无需环游世界，只通过研究一小块地方的几何学就可以确定地面的曲率一样，我们在现有望远镜的视程内做出类似的测量，就可以回答三维宇宙空间的曲率问题。在第五章我们看到，必须区分两种曲率：对应于有限闭空间的正曲率，以及对应于马鞍形无限开空间的负曲率（参见图 42）。这两种空间的区别在于：在闭空间中，均匀散布在与观测者的某一距离之内的物体，其数目的增长慢于该距离的立方；而开空间中的情况则恰恰相反。

在我们的宇宙中，“均匀散布的物体”就是各个星系，因此要想解决宇宙曲率的问题，我们只需数出不同距离处的各个星系的数目。

哈勃实际做过这种计数，他发现星系的数目似乎比距离的立方增长得慢一些，因此空间可能是正曲率和有限的。但要注意，哈勃观测到这种效应非常小，几乎已达威尔逊山那架口径100英寸望远镜的观测极限。最近用帕洛马山那架口径200英寸的新反射式望远镜所作的观测尚未对这个重大问题给出更进一步的答案。

现在之所以还不能对宇宙是否有限这个问题给出最终的确切回答，还因为遥远星系的距离只能基于它们的视亮度（平方反比律）来判断。这种方法需要假设所有星系都有同样的亮度，但若星系的亮度随时间而变化，从而暗示亮度与年代有关，就会导出错误的结论。别忘了，透过帕洛马山望远镜可以看到的最遥远的星系在10亿光年以外，因此我们看到的是它们在10亿年以前的状态。如果各个星系随着衰老而逐渐变暗（也许是因为活动恒星的数量越来越少），哈勃的结论就必须加以修正。事实上，只要星系的亮度在10亿年里（约为其整个寿命的1/7）改变一点点，就能把目前关于宇宙有限的结论颠倒过来。

于是我们看到，要想确定我们的宇宙是有限还是无限，还有许多工作要做呢。

第十一章　创世年代

一、行星的诞生

对我们这些生活在世界七大洲（包括南极洲在内）的人来说，“地面”一词几乎与稳定持久同义。对我们而言，地球表面的所有那些熟悉特征，它的大洲大洋、山川河流，仿佛自开天辟地以来就存在着。诚然，地质学的历史资料表明，地球表面一直在不断变化，大面积的陆地可能被海水淹没，被淹没的土地也可能露出水面。我们还知道，古老的山脉会逐渐被雨水冲刷，新的山脊也会因地壳活动而不时产生，但所有这些变化仍然只是坚固的地壳发生的变化。

但不难看出，必定曾有一段时间，根本没有这种坚固的地壳存在，那时地球是一个灼热的熔岩球体。事实上，对地球内部的研究表明，大部分地球仍然处于熔融状态。我们不经意说出的“地面”其实只是浮在岩浆表面的一层薄壳。要想得出这个结论，最简单的方法就是测量地下不同深度的温度。结果表明，深度每下降 1 千米，温度就上升约 30℃（或每下降 1 千英尺，温度就上升 16 ℉）。因此，比如在世界上最深的矿井（南非的罗宾逊金矿）中，井壁是如此灼热，以至于必须设置一种能调节空气的植物，否则矿工们会被活活烤熟。

按照这种增长率，到了地下 50 公里也就是不及地球半径百分之一的地方，温度就会达到岩石的熔点（1 200℃到 1 800℃）。继续往下，占地球物质逾 97% 的物质都必定处于完全熔融的状态。

这种状况显然不可能永远存在。我们现在看到的仍然是一个逐渐冷却过程的某个阶段，该过程开始时，地球还是一个完全的熔融体，未来结束时，整个地球将完全凝固。由冷却速率和地壳生长的速率粗略计算一下即可得知，这个冷却过程必定开始于几十亿年前。

通过估算形成地壳的岩石的年龄，也可以得到同样的数字。虽然初看起来，岩石好像没有显示出可变的特征，因而会有“不变如岩石”这种说法，但实际上，其中许多岩石都含有一种天然时钟，它能使富有经验的地质学家判断出这些岩石从之前的熔融状态到凝固经过了多少时间。

这种暴露岩石年龄的地质钟正是微量的铀和钍，它们常常可见于地面和地下不同深度的岩石。我们曾在第七章看到，这些元素的原子会自动进行缓慢的放射性衰变，最后形成稳定的元素铅。

为了确定含有这些放射性元素的岩石的年龄，我们只需测定出因数个世纪的放射性衰变而积累起来的铅的含量。

事实上，只要岩石物质处于熔融状态，放射性衰变的产物就会经由熔融物质的扩散和对流过程而离开原来的位置。然而一旦熔融物质凝固成岩石，铅就会和放射性元素一起开始积累，其数量可以使我们精确地知道这个过程持续了多长时间。这就如同根据散落在两座太平洋岛屿上的棕榈林中的空啤酒瓶的相对数目，敌军的间谍就能判断出一只海军部队在每个岛屿驻扎过多长时间。

最近一些研究利用更先进的技术精确测定了铅同位素以及铷 87、钾 40 等不稳定化学同位素在岩石中的积累量，估算出已知最古老岩石的年龄大约为 45 亿年。因此我们推断，地壳一定是大约 50 亿年前由熔融物质形成的。

于是我们可以想象出这样一幅画面：50 亿年前的地球是一个完全熔融的球形体，外面包裹着很厚的大气层，其中有空气、水蒸气以及其他一些挥发性很强的物质。

这团炽热的宇宙物质又是如何产生的呢？其形成是受了何种力的作用呢？这些关乎地球起源以及太阳系其他行星起源的问题一直是宇宙起源论的基本研究对象，许多个世纪以来，这些谜团一直让天文学家们绞尽脑汁。

1749 年，著名的法国博物学家布丰第一次尝试用科学手段来回答这些问题。他在四十四卷的巨著《自然志》（*Natural History*）的其中一卷里提出，太阳系起源于来自星际空间深处的一颗彗星与太阳的碰撞。他想象出一幅生动的图景：一颗拖着明亮长尾的彗星掠过当时孤零零的太阳表面，从它巨大的形体中撞出若干“小滴”，在冲击力的作用下，后者旋转着被送入空间（图 117a）。

a. 布丰的碰撞假说；b. 康德的气体环假说

图 117　宇宙起源论的两个思想流派

又过了几十年，德国著名哲学家康德（Immanul Kant）就太阳系的起源提出了一种截然不同的观点。他更倾向于认为，太阳是在没有任何其他天体介入的情况下自己创造了这个行星系统。康德设想早期的太阳是一团巨大而寒冷的气体，它占据着目前整个太阳系的体积，并且绕轴缓慢自转。该球体因向周围空间辐射而逐渐冷却，因此必定会逐渐收缩，旋转速度也会相应加快。由旋转产生的不断增加的离心力必定使这个原始的气态太阳逐渐变扁，最后沿其不断扩展的赤道面喷出一系列气体环（图117b）。普拉陶（Plateau）曾用一个经典实验证明了物质旋转能够形成这种圆环。他让一大滴油（不像太阳那样是气体）悬浮在与油等密度的另一种液体中，并用某种辅助的机械设备使油滴快速旋转。当转速达到某个极限时，油滴周围会形成油环。康德认为，由此形成的环后来发生了断裂，并凝聚成以不同距离围绕太阳运转的各个行星。

后来，著名的法国数学家拉普拉斯（Pierre-Simon，Marguis de Laplace）采纳和发展了这些观点，并且在 1796 年出版的《宇宙系统论》（*Exposition du système du monde*）中将其公之于众。拉普拉斯是大数学家，不过在这本书里，他并未尝试对这些思想进行数学处理，而只对该理论作了半通俗的定性讨论。

六十年后，英国物理学家麦克斯韦（James Clerk Maxwell）第一次尝试做这样一种数学处理，此时，康德和拉普拉斯的宇宙起源观点似乎遇到了无法克服的矛盾。计算表明，如果目前聚集在太阳系各颗行星中的物质均匀地分布在目前其所占据的整个空间中，那么这种物质分布将会太过稀薄，引力根本无法将它们聚集成各颗行星。于是，太阳收缩时抛出的环将像土星环一样永远保持环状。大家知道，土星环是由无数沿圆周轨道绕土星运转的微粒所构成的，这些微粒并没有显示出“凝聚”成固体卫星的倾向。

要想摆脱这种困境，只能假设包围着原始太阳的物质要比现在的行星多得多（至少多 100 倍），这些物质大都落回了太阳，只剩下大约 1% 形成各个行星。

但这种假设也会导致同样严重的矛盾：如果最初与行星运转速度相等的这些物质落到了太阳上，就必然会使太阳获得 5000 倍于其实际速度的角速度。倘若真是如此，太阳就会每小时转 7 圈，而不会像现在这样大约每 4 周转一圈了。

这些思考似乎已经宣判了康德 – 拉普拉斯观点的死刑，于是天文学家们又把希望的目光投向了别的地方。美国科学家张伯伦（Thomas Chrowder Chamberlin）和莫尔顿（Forest Ray Moulton）以及著名英国科学家金斯爵士的工作又使布丰的碰撞理论死而复生。当然，此后获得的一些关键知识使布丰的原始观点被大大现代化了。如今，那种认为与太阳相撞的天体是彗星的观点已经被抛弃，因为人们已经知道，彗星的质量即使与月亮相比也是微不足道的。因此，那个入侵的天体现在被认为是大小和质量与太阳相当的另一颗恒星。

然而，虽然当时似乎只有这种再生的碰撞理论才能避开康德－拉普拉斯假说的根本困难，但它同样难以立足。我们很难理解，为什么因与另一颗恒星猛烈撞击而抛出的太阳碎片会沿着近乎圆形的行星轨道运转，而不是描出一些拉得很长的椭圆轨道呢？

为了挽救这种局面，又必须假设在受到过路恒星的撞击而形成行星的时候，太阳被一个匀速旋转的气体层所包围，后者帮助把原本拉长的行星轨道变成了正圆形。但由于在行星所占据的这一区域中尚不知晓有这种介质，所以人们又假设这种介质后来逐渐消散到星际空间中，目前从黄道面的太阳延伸出去的微弱的黄道光便是那种往日余晖。然而，这幅图像虽然杂交了康德－拉普拉斯关于太阳原始气体层的假设和布丰的碰撞理论，但也非常不令人满意。不过俗话说“两害相权取其轻”，碰撞理论便被视为关于太阳系起源的正确假说，直到不久前还被用在所有科学论著、教科书和科普书中，包括拙著《太阳的生与死》（1940 年出版）和《地球自传》（1941 年首版，1959 年修订版）。

直到 1943 年秋，年轻的德国物理学家魏茨泽克（Carl

Friedrich von Welzsäcker）才解决了这个行星理论难题。他利用了最新的天体物理学研究成果，表明以前对康德－拉普拉斯假说的所有反驳都很容易消除，沿着这些思路可以建立起一种关于行星起源的详细理论，太阳系尚未被旧理论触及的许多重要特征都可以得到解释。

魏茨泽克工作的要点在于，在过去几十年里，天体物理学家们已经彻底改变了对宇宙中化学成分的看法。此前大家普遍认为，太阳和其他所有恒星的化学元素所占的百分比都与地球相同。地球化学分析告诉我们，地球的主要成分是氧（以各种氧化物的形式）、硅、铁和少量的其他重元素，而氢、氦（以及氖、氩等所谓稀有气体）等较轻的气体在地球上只有很少的量。①

由于没有更好的证据，天文学家们只好假设这些气体在太阳和其他恒星中也非常稀少。然而，对恒星结构所作的更详细的理论研究促使丹麦天体物理学家斯特龙根（Bengt Georg Daniel Strömgren）断言，这种假设完全是错误的，其实太阳至少有35%的物质是纯氢。后来，这一比例又增加到50%以上。人们还发现，纯氦也是占有相当百分比的太阳成分。无论是对太阳内部所做的理论研究（最近以史瓦西［M. Schwartzschild］的重要工作为顶点），还是对太阳表面所作的更精细的光谱分析，都使天体物理学家得出了一个令人惊讶的结论：地球上常见的化学元素只占太阳质量的1%左右，太阳其余的质量几乎为氢和氦所均分，氢的含量稍微多一些。这种分析似乎也适用于其他恒星的成分。

① 地球上的氢大都以它的氧化物——水的形式存在。大家知道，虽然地球表面有3/4的面积被水覆盖，但与整个地球的质量相比，水的质量是很小的。

现在我们还知道，星际空间并非真空，而是被气体与微尘的混和物所充满，其平均密度约为每 1 000 000 立方英里中有 1 毫克物质。这种弥漫的极为稀薄的物质似乎与太阳及其他恒星有相同的化学成分。

尽管密度低得令人难以置信，但这种星际物质的存在却很容易得到证明，因为它可以产生明显的吸收光谱，这些从遥远恒星发出的光要走几十万光年才能进入我们的望远镜。根据这些“星际吸收谱线”的强度和位置，我们可以很好地估算出这种弥漫物质的密度，并且表明它几乎完全由氢可能还有氦所组成。事实上，由各种“地球物质”微粒（直径约为 0.001 毫米）所组成的微尘还占不到其总质量的 1%。

让我们回到魏茨泽克的基本想法，可以说，这种关于宇宙物质化学成分的新知识直接有利于康德 – 拉普拉斯假说。事实上，如果包围太阳的原始气体层最初是由这种物质形成的，那么其中的一小部分，即较重的那些地球元素，可能构成了我们的地球和其他行星，其余那些不凝的氢气和氦气则必定被移除，要么落入了太阳，要么消散到周围的星际空间中。前已说过，由于第一种可能性会导致太阳的绕轴自转过快，所以我们不得不接受第二种可能性，即在“地球元素”形成各个行星之后不久，气态的“多余物质”就消散到太空中去了。

这使我们得到了关于太阳系形成的以下图景：星际物质最初凝聚成太阳时（见下一节），其中大部分物质（约为目前行星总质量的一百倍）仍然留在太阳之外，形成一个巨大的旋转包层。（之所以有这种旋转，显然是因为凝聚成原始太阳的星际气体，其各个部分的旋转状态有所不同。）这个迅速旋转的包层由不凝气体（氢气、氦气和少量其他气体）和各种地球物质（如铁的氧化物、硅的化合物、小水滴和冰晶等）的尘粒所组成，后者漂浮在气体中，并与之一起旋转。被我们现在称为行星的大块“地球物质”一定源于尘粒的相互碰撞和逐渐聚集。图 118 描绘了速度必定堪比陨石的这些相互碰撞所造成的后果。

基于逻辑推理可以断言，若以这种速度相撞，两块质量相近的小物体会双双化为齑粉（图 118a），此过程不会使较大块的物体增长，而会使其解体。另一方面，如果一块小物体与一块很大的物体相撞（图 118b），小块似乎显然会埋入大块，形成一块更大的新物体。

这两种过程显然会使小块物体逐渐消失，聚集成大块物体。后来这个过程会加速进行，因为大块物体能够吸引周围的小块物体并入自己。图 118c 描绘了这种情况下大块物体俘获效应的增强。

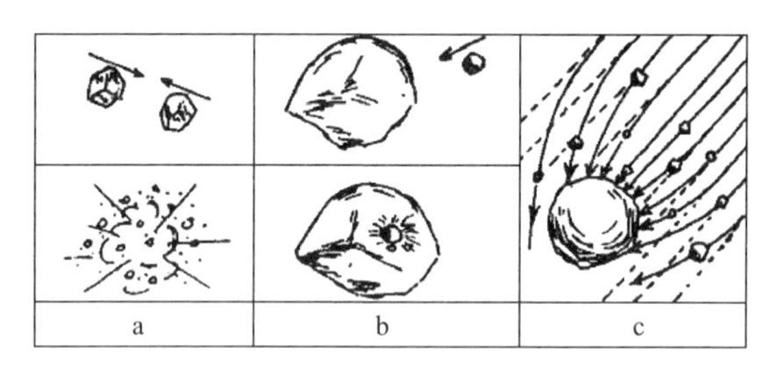

图 118

魏茨泽克表明，原先散布在太阳系如今占据的整个区域中的微尘必定在几亿年的时间里聚集成了几个大块，这就是行星。

当行星在绕太阳运转的过程中通过积累大大小小的宇宙物

质而生长时，其表面会持续遭到这些新物质的轰炸，因此行星一直会很热。然而，一旦这些星际微尘、石砾和更大的岩石耗尽，从而终止了行星的生长过程，这些新形成的天体也会因为向星际空间辐射热量而外层迅速冷却，从而形成坚固的外壳。随着行星内部缓慢地冷却下来，这层外壳也变得越来越厚。

任何行星起源理论都要处理的另一个要点是解释支配行星与太阳之间距离的一条特殊规则，即所谓的提丢斯–波得（Titus-Bode）规则。下表列出了太阳系的九大行星和小行星与太阳的距离，小行星似乎对应着各个小块没能聚集成一个大块的特殊情形。

最后一栏数字特别让人感兴趣。这些数字虽然有些出入，但都和2这个数值相差不远。因此我们可以提出一条近似规则：每颗行星的轨道半径大致是前一行星轨道半径的两倍。

行星名称	与太阳的距离（以日地距离为单位）	各行星与太阳的距离同前一行星与太阳距离的比值
水星	0.387	
金星	0.723	1.86
地球	1.000	1.38
火星	1.524	1.52
小行星	2.7 左右	1.77
木星	5.203	1.92
土星	9.539	1.83
天王星	19.191	2.001
海王星	30.07	1.56
冥王星	39.52	1.31

有趣的是，一条类似的规则也适用于各个行星的卫星。例如，下表列出的土星九颗卫星的相对距离便证明了这一事实。

卫星名称	与土星的距离（以土星半径为单位）	相邻两颗卫星距离之比
土卫一	3.11	
土卫二	3.99	1.28
土卫三	4.94	1.24
土卫四	6.33	1.28
土卫五	8.84	1.39
土卫六	20.48	2.31
土卫七	24.82	1.21
土卫八	59.68	2.40
土卫九	216.8	3.63

和行星的情况一样，这里也有很大的出入（特别是土卫九），但几乎毫无疑问的是，这里也存在着同一种规则性的明确趋势。

太阳周围原有的那些尘埃云为何没有聚集成单一的大行星呢？为何恰恰又在这些距离处形成了几大块行星呢？

要想解答这个问题，我们须对原始尘埃云中发生的运动作某种更细致的研究。我们还记得，任何按照牛顿的引力定律围绕太阳运转的物体，无论是微小的尘粒、小陨石还是行星，都会描出一个以太阳为焦点的椭圆轨道。如果形成行星的物质以前是直径为0.000 1厘米的一个个微粒，[①]那么当时必定有大约10^{45}个

① 这是形成星际物质的尘粒的近似尺寸。

微粒沿着各种大小和伸长的椭圆轨道运动。显然，在这么拥挤的情况下，微粒之间必定发生过无数次碰撞。由于这些碰撞，整个系统的运动会变得更有组织。不难理解，这些碰撞要么导致“交通违章者”粉身碎骨，要么迫使它们绕道到不那么拥挤的路线上去。那么，这种“有组织的”（或至少部分有组织的）“交通”是由什么定律支配的呢？

为了处理这个问题，我们先选择一组微粒，它们绕太阳旋转的周期相同。其中一些微粒沿着某一半径的圆周轨道运转，另一些则沿着拉长程度不等的椭圆轨道运转（图 119a）。现在，我们试着从一个围绕太阳中心旋转并且与微粒周期相同的坐标系（X，Y）的角度来描述这些微粒的运动。

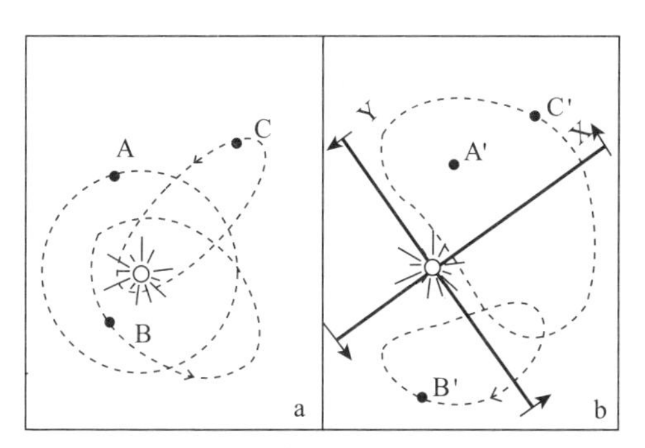

a. 从静止坐标系上观察到的圆周运动和椭圆运动；
b. 从旋转坐标系上观察到的圆周运动和椭圆运动

图 119

从这个旋转的坐标系来看，沿圆周轨道运动的微粒 A 显然将永远静止于某点 A′，而正在沿椭圆轨道绕太阳运转的微粒 B 则有时接近太阳，有时远离太阳；它围绕中心的角速度接近太阳时大，远离太阳时小；于是，它有时会超前于、有时会落后于匀速旋转的坐标系（X，Y）。不难看出，从这个坐标系来看，此微粒将会描出一条蚕豆形的封闭轨迹，在图 119 中标为 B′ 。另一个微粒 C 沿着拉得更长的轨道运转，从坐标系（X，Y）来看，它也会描出一条类似但稍大的蚕豆形封闭轨迹 C′ 。

显然，要想安排这群微粒的运动使之不致相撞，必须使这些微粒在匀速旋转的坐标系（X，Y）中描出的蚕豆形轨迹不会相交。

我们还记得，运转周期相同的微粒与太阳的平均距离是相同的，因此它们在坐标系（X，Y）中不相交的轨迹图案一定像一串围绕太阳的“蚕豆项链”。

以上分析对于读者来说可能有些难懂，但它所表述的其实是一种非常简单的程序，其目的在于表明与太阳有相同平均距离因而有相同旋转周期的各组微粒不致相交的交通规则图样。由于原始太阳周围的那些尘埃云微粒会有各种各样的平均距离，从而有各种各样的旋转周期，所以实际情况一定会复杂得多。“蚕豆项链”不会只有一串，而是必定有很多串在以各种速度相对于彼此旋转。魏茨泽克认真分析了这种情况，他表明，要使这样一个系统保持稳定，每条“项链”都必须包含五个涡旋系统，于是整个运动情况看起来就像图 120 那样。这种安排可以保证每一个环内“交通安全”，但由于这些环的旋转周期各不相同，所以在两环相遇的地方一定有“交通事故”发生。在一个环的微粒与相邻环的微粒之间的这些边界区域发生的大量碰撞必然会引发积聚过程，在这些特定距离上生长出越来越大的物体。于是，随着每个环内的物质变得逐渐稀薄，它们之间的边界区域会逐渐积聚物质，最后形成行星。

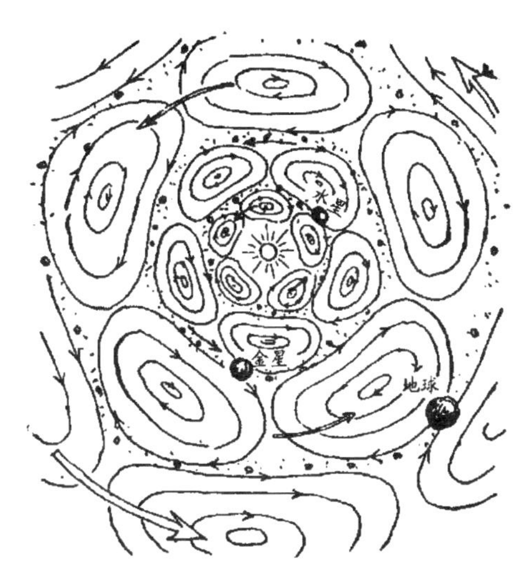

图 120　太阳原始外层中的尘埃通道

对太阳系形成过程的上述描绘简单地解释了支配行星轨道半径的旧规则。事实上，简单的几何思考表明，在图 120 所示的那种图样中，相邻环的相继界线的半径形成了一个简单的几何级数，每一项都是前一项的二倍。我们还能看到为什么指望这条规则会非常精确。事实上，这条规则并非源于支配原始尘埃云中微粒运动的某条严格定律，而只是表达了否则便不规则的尘埃运动过程的某种倾向。

同样的规则也适用于太阳系中各个行星的卫星，这一事实暗示，卫星的形成过程大致也遵循着同样的途径。当原始太阳周围的尘埃云分解成了将会形成行星的各组微粒时，此过程在各组微粒中均得到重复：大多数微粒聚集在中心形成行星，其余微粒则在周围运转，逐渐凝聚成若干卫星。

在讨论尘埃微粒的相互碰撞和生长时，我们忘了讲占原始太阳包层总质量大约99%的气体成分的去向。这个问题比较容易回答。

当尘埃微粒碰来碰去，形成越来越大的物体时，无法参与这一过程的气体会逐渐消散到星际空间中。用比较简单的计算就能表明，这种消散过程需要大约1亿年的时间，也就是说与行星生长的时间差不多。因此，当各个行星最终形成时，构成原始太阳包层的大部分氢和氦均已逃离太阳系，只留下了微乎其微的一部分，即前面所说的黄道光。

魏茨泽克理论的一个重要推论是，行星系的形成并非独特事件，几乎所有恒星在形成过程中都会发生这种现象。而碰撞理论则认为，行星的形成过程在宇宙历史中非常独特。计算表明，被认为产生了行星系的恒星碰撞是极为稀罕的事件，在构成银河系的400亿颗恒星当中，在其存在的几十亿年时间里，只可能发生过少数几次碰撞。

如果每颗恒星都有一个行星系统，那么单单在我们的银河系之内就会有数百万颗行星，它们的物理条件几乎与地球上相同。倘若在这些“可居住”的世界中竟然没有孕育出最高形态的生命，那才奇怪呢。

事实上，我们在第九章已经看到，最简单的生命形态，比如各种病毒，仅仅是由碳、氢、氧、氮等原子构成的非常复杂的分子罢了。任何新生的行星，其表面都会有足量的这些元素，因此可以确信，坚固的地壳得以形成并且大气中的水蒸气降下成为广泛的水源之后，由于必要的原子以必要的秩序偶然结合起来，迟早会出现一些这类分子。诚然，由于这些活分子极为复杂，导致偶然形成它们的概率极低，这就像摇动一盒拼图玩具就想让它们偶然排成某个图案的概率一样低，但我们不要忘了，相互碰撞的原子有那么多，时间又那么长，总有可能出现想要的结果。地壳形成之后，生命很快就在地球上出现了，这表明在几亿年的时间里的确有可能偶然形成复杂的有机分子，尽管这看起来好像不大可能。一旦最简单的生命形态出现在新形成的行星表面，其繁殖过程和逐渐演化将会形成越来越复杂的生命形态。[①] 我们还不知道，在各个“可居住”的行星上，生命的演化过程是否和我们的地球上一样。对不同世界的生命进行研究，将有助于我们实质性地了解演化过程。

在不久的将来，我们会乘坐“核动力推进的太空飞船”作探险旅行，到火星和金星（太阳系中最“可居住”的行星）上去研究那里可能有的生命形态，然而在千百光年以外的其他星界上是否存在着生命以及生命以何种形态存在，则可能是一个永远无解的科学问题。

二、恒星的“私生活”

关于恒星如何产生自己的行星家族，我们已经有了一幅较

---

① 关于生命在地球上的起源和演化，更详细的讨论可参见拙著《地球自传》（1941 年首版，1959 年修订版）。

为完整的图像，现在我们要讨论一下恒星本身了。

恒星有怎样的生命历程？其诞生的细节如何？漫长的生命是如何度过的？最终又有什么样的结局？

要研究这类问题，我们不妨先从太阳入手，因为它是组成银河系的数十亿颗恒星中相当典型的一颗。首先，我们知道，太阳是一颗非常古老的恒星，因为根据古生物学的资料，它已经强度不变地照耀了几十亿年，维持着地球上生命的发展。任何普通来源都不可能在这么长的时间里提供如此之多的能量，所以太阳的辐射问题始终是最令人迷惑的科学谜团之一。直到发现了元素的放射性衰变和人工嬗变，隐藏在原子核深处的巨大能量源才被揭示出来。我们已经在第七章看到，几乎任何化学元素都可以看成一种蕴含着巨大潜在能量的燃料，将这些物质的温度升高到几百万度，这种能量就会被释放出来。

这样的高温在地球实验室里几乎无法获得，而在星际世界却司空见惯。以太阳为例，它的表面温度只有 6 000℃，但越往里温度就越高，到了中心则高达 2 000 万度。根据观测到的太阳表面温度和太阳气体已知的热传导性质，不难计算出这个数值。正如知道了一颗土豆的表皮有多热以及土豆物质的热导率，无需切开就可以计算出它内部的温度。

将这种关于太阳中心温度的信息与关于各种核嬗变的反应速率的已知事实结合起来，就能查明太阳内部产生的能量是由什么反应引起的。这种重要的核过程叫作“碳循环”，是两位对天体物理学问题感兴趣的核物理学家贝特（Hans Albrecht Bethe）和魏茨泽克同时发现的。

使太阳产生能量的热核过程并不只是单一的核嬗变，而是被称为“链式反应”的一系列相互关联的嬗变。链式反应最有趣的特征之一在于，它是一条闭合的循环链，每经过六步就重新回到起点。图 121 是这种太阳链式反应的示意图，从中可以看出，这种链式反应的主要参与者是碳核和氮核以及与之碰撞的热质子。

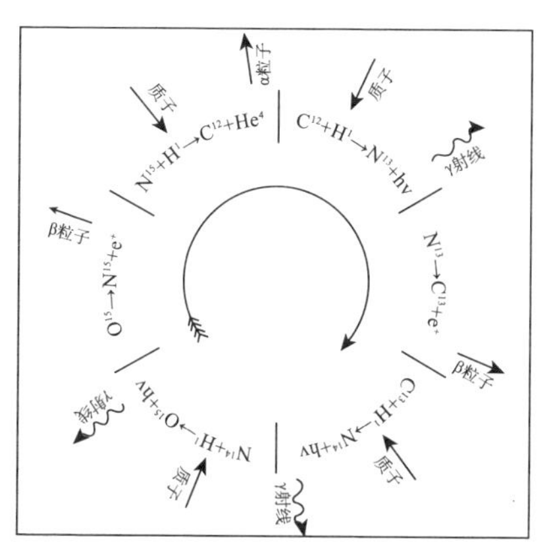

图 121　使太阳产生能量的循环链式核反应

让我们从普通的碳（C^{12}）开始，我们看到，它与一个质子碰撞，形成了氮的轻同位素（N^{13}），并以 γ 射线的形式释放出一些原子内部的能量。这一反应是核物理学家们所熟知的，在实验室条件下已经用人工加速的高能质子实现出来。N^{13} 的原子核并不稳定，它会自动释放出一个正电子或 β^+ 粒子，变成碳的重同位素（C^{13}）的稳定原子核，普通的煤中就含有少量的 C^{13}。如果再被一个热质子撞击，这种碳同位素就会变成普通的氮 N^{14}，并且释放出强烈的 γ 辐射。（我们从 N^{14} 开始也可以同样方便地描述这个循环。）N^{14} 核再与另一个（第三个）热质子撞击，变成不稳定的氧同位素（O^{15}），它很快就会释放出一个正电子而变成稳定的 N^{15}。最后，N^{15} 再获得第四个质子，裂成两个不等的部分，其中一个就是开头那个 C^{12} 核，另一个是氦核也就是 α 粒子。

于是我们看到，在这个循环的链式反应中，碳核和氮核是不断重新产生出来的，用化学家的话来说，它们只充当催化剂。此链式反应的净效应是，相继进入循环的四个质子形成了一个氦核。于是我们可将整个过程表述为：在高温之下，氢在碳和氮的催化作用下嬗变成氦。

贝特表明，在 2 000 万度的高温下进行的这种链式反应所释放的能量与太阳实际辐射的能量完全相符。其他任何可能的反应都会导出与天体物理学证据不一致的结果，因此可以确定，太阳能主要是通过碳 – 氮循环过程产生的。还要指出的是，在太阳内部的温度条件下，完成图 121 所示的循环需要 500 万年左右的时间，因此当这样一个周期结束时，起初进入反应的碳（或氮）核又会以当初的面貌重新出现。

曾有人说，太阳的热量来自煤。知道了碳在这个过程中所起的基本作用以后，现在我们仍然可以说这句话，只不过这里的“煤”并非实际的燃料，而是扮演了传说中“不死鸟”的角色。

特别值得注意的是，太阳的释能反应速率虽然主要取决于中心区的温度和密度，但在一定程度上也取决于太阳中氢、碳、氮的量。由此立即可以找到一种分析太阳气体成分的方法，即调整所涉反应物的浓度，使之精确符合太阳的视亮度。最近史瓦西基于这种方法作了计算，发现太阳有一大半物质是纯氢，纯氦略少于一半，其他元素只占很少一部分。

对太阳能量产生过程的解释很容易推广到其他大部分恒星，结论是：不同质量的恒星有不同的中心温度，因而有不同的能量产生率。例如，波江座 O_2–C 的质量约为太阳的 1/5，因此其亮度只有太阳的 1% 左右；而通常被称为天狼星的大犬座 α 大约比太阳重 2.5 倍，其他亮度比太阳强 40 倍；还有天鹅座 Y380 这样的巨星，它大约比太阳重 40 倍，亮度是太阳的几十万倍。在所有这些情况下，恒星的质量越大、亮度就越强的关系均可通过中心温度的升高会增大“碳循环”的反应速率而得到令人满意的解释。根据恒星的这种所谓“主星序”，我们还发现，恒星的质量越大，半径也就越大（从波江座 O_2–C 的 0.43 个太阳半径到天鹅座 Y380 的 29 个太阳半径），平均密度则越小（从波江座 O_2–C 的 2.5，到太阳的 1.4，再到天鹅座 Y380 的 0.002）。图 122 列出了属于主星序的恒星的一些数据。

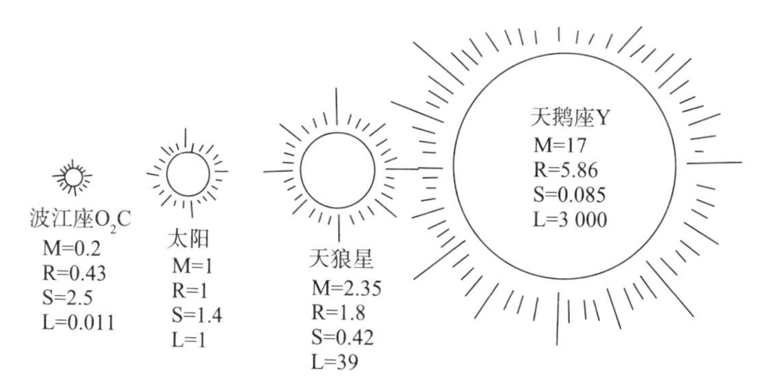

图 122 属于主星序的恒星

除了半径、密度和亮度取决于质量的“正常”恒星，天文学家还发现天空中有一些完全不符合这种简单规则的星体。

首先是所谓的“红巨星”和“超巨星”，它们与相同亮度的“正常”恒星虽然有相同的质量，尺寸却要大很多。图 123 绘出了几颗这样的异常恒星，包括著名的御夫座 α、飞马座 β、金牛座 α、猎户座 α、武仙座 α 和御夫座 ε。

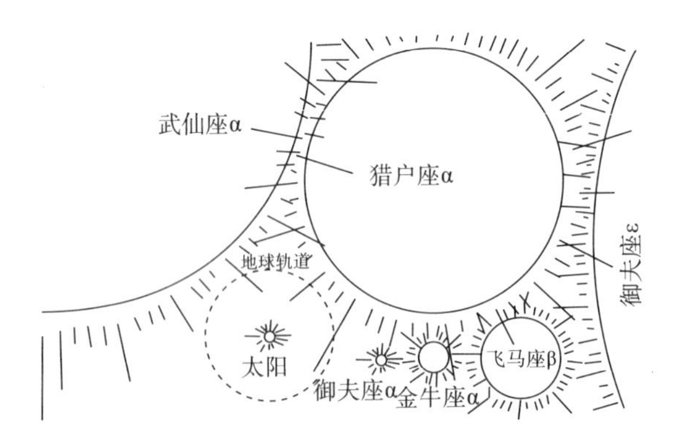

图 123 巨星和超巨星与太阳系尺寸的比较

这些恒星之所以大得几乎让人难以置信，似乎是受到了我们尚不能解释的内部力的作用，这也使其平均密度远小于任何正常恒星。

与这些“肿胀”恒星相反，还有一些尺寸缩得很小的恒星，即所谓的“白矮星”[①]。图 124 画出了一颗，并与地球进行比较。这颗“天狼星的伴星”的质量几乎等于太阳，其直径却只比地球

① “红巨星”和“白矮星”这两个名称源于其亮度与表面的关系。由于稀薄的恒星有很大的表面来释放内部产生的能量，所以它们表面温度较低，呈红色；而高密度恒星的表面则必定温度很高，呈白热状态。

大三倍；因此，其平均密度一定比水大 50 万倍左右！几乎可以肯定，白矮星代表着恒星演化的末期阶段，此时恒星已经耗尽了所有可用的氢燃料。

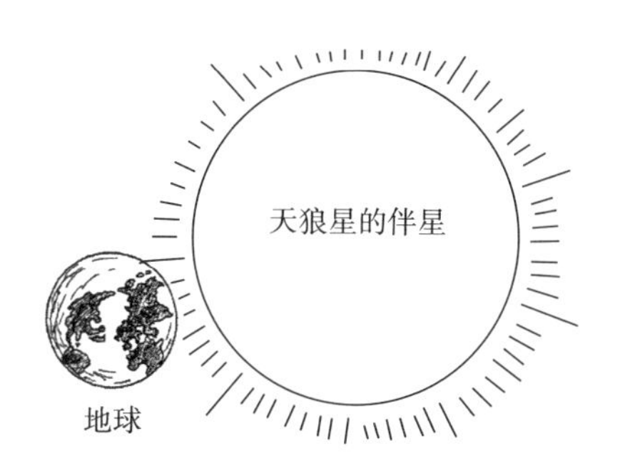

图 124　白矮星与地球的比较

如上所述，恒星的生命源自于从氢到氦的缓慢嬗变反应。年轻的恒星刚刚由弥漫的星际物质凝聚而成，此时恒星中的氢含量超过了其总质量的 50%，因此我们可以预期它还有极长的寿命。例如，由太阳的视亮度可以计算出，它每秒钟要消耗大约 6.6 亿吨的氢。太阳的总质量是 2×10^{27} 吨，其中一半是氢，因此太阳的寿命是 15×10^{18} 秒即 500 亿年左右！要知道，太阳现在只有三四十亿岁，[①] 因此必须认为它还很年轻，还能以目前的亮度照耀几百亿年。

然而，更大质量因此也更亮的恒星消耗最初的氢的速度要快得多。例如，天狼星的重量是太阳的 2.3 倍，因此起初包含的氢燃料也是太阳的 2.3 倍，但它的亮度却是太阳的 39 倍。在给

① 这是因为根据魏茨泽克的理论，太阳的形成不会比太阳系早很久，而我们地球的估计年龄大致是这么大。

定时间内，天狼星消耗的燃料是太阳的39倍，而其原有的氢储量只有太阳的2.3倍，因此只需30亿年，天狼星就会把燃料用光。而更亮的恒星，比如天鹅座Y380（质量是太阳的17倍，亮度是太阳的30 000倍），其原有的氢储量最多只能维持1亿年。

氢最终耗尽之后，恒星会变得怎样呢？

当维持恒星漫长寿命的核能源耗尽之后，星体必然开始收缩，因而在后续阶段，密度会越来越大。

天文观测显示有大量这样的“萎缩恒星”存在着，它们的平均密度比水大数十万倍。这些恒星至今仍然炽热，由于表面温度很高，它们会发出耀眼的白光，从而与主星序中发黄光或红光的普通恒星形成鲜明对照。但这些恒星的体积很小，它们的总亮度相当低，要比太阳的亮度低几千倍，因此天文学家把这些处于演化末期阶段的恒星称为“白矮星”，其中的“矮”字既有几何尺寸的含义，又有亮度的含义。随着时间的流逝，白热的白矮星体将逐渐失去光辉，最终变成普通天文观测无法发现的一大团冷物质——“黑矮星”。

但要注意，用尽了所有氢燃料之后，这些年迈的恒星发生的收缩和逐步冷却过程并不总是安静有序的。这些“行将就木”的垂死恒星往往会发生激变，仿佛在反抗命运。

这些被称为新星爆发和超新星爆发的灾难性事件是恒星研究中最令人激动的话题之一。短短几天时间，一颗看起来与其他恒星并无多大不同的恒星，其亮度就增加了几十万倍，表面温度也迅速变得极热。研究与亮度的这种显著增强相伴随的光谱变化，可以看出星体在迅速膨胀，其外层正以每秒钟2 000公里左右的速度向外扩展。但这种亮度增强只是短暂的，达到极大值之后，星体便开始慢慢平静下来。恒星爆发后，通常需要一年左右的时间才能恢复其原有亮度，尽管在这之后很长时间，它的辐射还会有一些小的变化。亮度是恢复正常了，其他性质却并非如此。爆发期间随恒星一起迅速膨胀的一部分大气会继续往外运动，因此该星被会一层直径越来越大的发光气体所包围。关于这类恒星本身是否在持续变化，我们还缺乏确凿的证据，因为只有一颗新星（御夫座新星，1918 年）的光谱在爆发前被拍摄下来，而且就连这张照片看起来也很不清楚，我们对其表面温度和原始半径都很不确定。

观测所谓的超新星爆发能为这种星体爆发的后果提供更好的证据。在银河系，这些巨大的爆发几个世纪才发生一次（普通的新星爆发则是每年 40 次左右），爆发时的亮度比普通新星强数千倍。亮度达到极大时，这样一颗爆发的超新星发出的光堪比整个银河系发出的光。1572 年第谷（Tycho Brahe）观测到的晴朗白天亦可看见的星，1054 年中国天文学家记载的星，也许还有伯利恒星，都是我们银河系中超新星的典型例子。

第一颗河外超新星是 1885 年在临近的仙女座星云中观测到的，其亮度比该星系看到的所有其他新星亮度的总和还要强上千倍。尽管这些大爆发较少发生，但由于巴德（Walter Baade）和兹维基（Fritz Zwicky）的观测工作，近年来我们对这些星体性质的研究已经取得了重大进展。他们最先认识到了这两种爆发的巨大差异，并开始对出现在各个遥远星系中的超新星进行系统研究。

虽然亮度有极大差异，但超新星爆发与普通新星爆发有许多相似之处。两者的亮度都会先迅速增强再缓慢减弱，其亮度曲线的形状几乎相同（比例尺除外）。和普通新星一样，超新星的爆发也会产生一个迅速膨胀的气体层，但它所占的恒星质量要大得多。事实上，新星爆发所产生的气体层会变得越来越稀薄，并迅速消散到周围的空间中，而超新星释放的气体物质却在爆发的位置周围形成了广大而明亮的云。例如，在 1054 年的超新星爆发位置上看到的“蟹状星云”肯定是由那次爆发时喷出的气体形成的（见插图 8）。

我们还找到了这颗超新星爆发之后遗迹的证据。事实上，在蟹状星云的正中心可以观测到一颗暗星，根据观测到的性质可以判断，这是一颗极为致密的白矮星。

所有这些都表明，超新星爆发的物理过程必定类似于新星爆发，只不过前者的规模在各方面要大得多。

如果接受新星和超新星的“坍缩理论”，我们先得问问自己，是什么原因导致整个星体猛烈收缩？目前我们已经知道，这些星体由大量炽热气体所构成，处于平衡状态时，星体完全是由其内部炽热气体的极高压力支撑着。只要上述“碳循环”在恒星中心进行着，恒星表面辐射出的能量就会被其内部产生的原子核能所补充，因此恒星状态几乎不发生变化。然而一旦氢完全耗尽，就再无核能可补充，星体就必然开始收缩，从而将其引力势能变成辐射。不过这种引力收缩过程相当缓慢，因为恒星物质的传导率极低，从内部到表面的传热过程非常缓慢。以太阳为例，要使太阳的半径收缩到目前的一半，需要 1 千万年以上。任何使收缩加快的因素都会立刻导致释放出更多的引力势能，从而增加内部的温度和气体压力，使收缩速度减慢。由此可见，要使恒星的收缩加速，使之像新星和超新星那样迅速坍缩，只有通过某种机制将收缩时释放的能量从内部移走。例如，若将恒星物质的传导率增大几十亿倍，其收缩速度也会以同样的倍数增加，这样几天之内一颗收缩的恒星就会坍缩。但这种可能性已被排除，因为目前的辐射理论明确表明，恒星物质的传导率取决于它的密度和温度，将它减小百十倍几乎是不可能的事情。

最近我和我的同事申伯格（Schenberg）博士提出，恒星坍缩的真实原因是形成了大量中微子。我们曾在第七章详细讨论过这种微小的核粒子。从对中微子的描述可以得知，正是它从正在收缩的恒星内部带走了多余的能量，因为对于中微子来说，整个星体就像窗玻璃对于日光一样透明。但我们还要弄清楚，在炽热的收缩恒星内部是否会产生中微子，以及中微子的数量是否足够多。

各种元素的原子核在俘获高速运动的电子时都会释放中微子。当一个高速电子进入原子核时，会立刻释放出一个高能的中微子。原子核俘获电子后，会变成同一原子量的一种不稳定的核。由于不稳定，这个新原子核存在一段时间之后就会发生衰变，在释放出电子的同时又释放出一个中微子。然后这个过程又从头开始，发射出新的中微子……（图 125）。这种过程被称为尤卡过程。

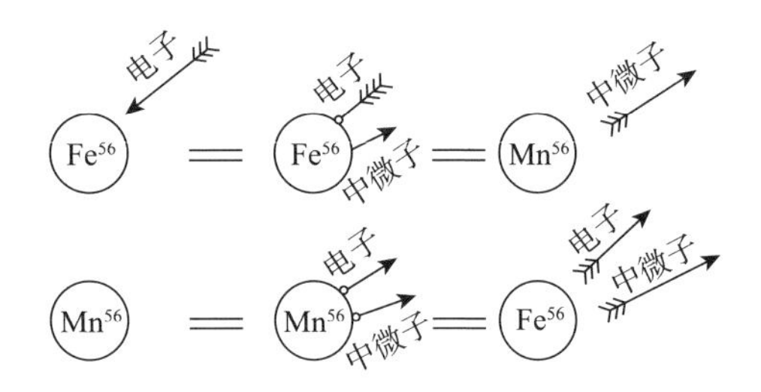

图 125 铁核中的尤卡过程可以源源不断地产生中微子

如果温度和密度就像在收缩的星体内部一样大，因释放中微子而导致的能量损失就会极高。例如，铁原子核对电子的俘获和重新释放会转化成每克每秒 10^{11} 尔格的中微子能量。如果是氧原子核（它所产生的不稳定同位素是放射性的氮，衰变期为 9 秒），恒星失去的能量甚至可达每克每秒 10^{17} 尔格。在这种情况下，能量损失是如此之高，只需 25 分钟恒星就会完全坍缩。

由此可见，中微子辐射从收缩恒星炽热的中心区域开始产生，这种观点可以完全解释恒星坍缩的原因。

不过，虽然释放中微子所导致的能量损失很容易计算出来，但要研究坍缩过程本身还有许多数学上的困难，因此我们目前只能给出某些定性的解释。

可以设想，由于恒星内部的气体压力不够大，星体外围的大量物质将在引力的作用下开始落向中心。但通常情况下，每颗恒星多多少少都在迅速地旋转，因此坍缩过程发生得并不对称，极区的物质（即转轴附近的物质）先落入内部，并把赤道区的物质挤压出来（图 126）。

图 126　超新星爆发的早期和晚期

这样便把此前深藏的物质带了出来，并把它们加热到几十亿度的高温，此温度解释了恒星亮度为何会骤增。随着这个过程的进行，原先那颗恒星的坍缩物质将在中心收缩成一颗致密的白矮星，被排出的物质则逐渐冷却并继续扩展，形成蟹状星云那种朦胧的东西。

三、原始混沌和膨胀宇宙

若把宇宙看成一个整体，我们立刻就会面临一些重要问题，涉及宇宙是否随时间而演化。宇宙是一直大致处于我们目前看到的这个状态，还是在不同的演化阶段中不断变化？

根据从各种科学分支收集到的经验事实，我们得出了非常明确的回答。是的，我们的宇宙在不断变化。它在远古过去、当下现在和遥远未来的状态是三种非常不同的存在状态。由各门科学搜集来的无数事实还表明，我们的宇宙有一个开端。正是从这个开端开始，宇宙逐渐演化成为现在的状态。如上所述，我们的太阳系已经有几十亿岁了，从各个方向对这个问题所作的许多独立研究中都会出现这个数字。月亮也应该形成于几十亿年前，它似乎是被太阳发出的强大吸引力从地球上扯下来的一块物质。

对恒星演化的研究（见上节）表明，我们看到的星星大都也有几十亿年了。通过一般地研究恒星的运动，特别是双星、三星以及更复杂的银河星团的相对运动，天文学家们断言，这些构形的存在时间不会长于几十亿年。

各种化学元素的相对丰度，特别是钍、铀等缓慢衰变的放射性元素的量，可以提供一些非常独立的证据。如果这些元素在不断衰变的情况下仍然存在于宇宙中，我们就只能认为，要么这些元素目前还在由其他更轻的原子核不断产生，要么就是大自然在遥远过去所形成产物的遗存。

我们目前对核嬗变过程的了解迫使我们放弃第一种可能性，因为即使在最热恒星的内部，温度也从未达到“炮制”放射性重原子核所需的极高程度。事实上，从上节我们已经看到，恒星内部的温度有几千万度，而从轻元素的原子核“炮制”出放射性原子核则需要几十亿度的温度。

因此必须假设，这些重元素的原子核是在宇宙演化的过去某个时期形成的，那时所有物质都受到极高温和极高压的作用。

我们也能估算出宇宙的这个“炼狱”阶段的大致时间。我们知道，钍和铀 238 的平均寿命分别为 180 亿年和 45 亿年，而它们至今尚未大量衰变，因为它们目前还几乎和其他稳定的重元素一样多。而铀 235 的平均寿命只有 5 亿年左右，其丰度比铀 238 少 140 倍。目前大量存在的钍和铀 238 表明，这些元素最多是在几十亿年前开始形成的。少量存在的铀 235 也使我们能够作进一步的估算。事实上，如果这种元素的量每 5 亿年减少一半，那么必须经过大约 7 个这样的半衰期即 35 亿年，它的量才能减少到 1/140（因为 $\frac{1}{2}\times\frac{1}{2}\times\frac{1}{2}\times\frac{1}{2}\times\frac{1}{2}\times\frac{1}{2}\times\frac{1}{2}=\frac{1}{128}$）。

完全从核物理学数据对化学元素的年龄所作的这种估算，与从纯粹的天文学数据中得到的行星、恒星和星系的年龄符合得极好！

但在几十亿年前万物初成的早期阶段，宇宙处于何种状态呢？这期间又发生了什么变化把宇宙变成了现在这个样子呢？

我们可以通过研究“宇宙膨胀”现象来最完整地回答上述问题。在上一章我们已经看到，在广袤的宇宙空间里散布着数不清的巨大星系，太阳只是其中一个星系即银河系所包含的几百亿颗恒星当中的一颗。我们还看到，就视力所及而言（当然要借助于 200 英寸口径的望远镜），这些星系多多少少是均匀分布的。

在研究来自这些遥远星系的光谱时，威尔逊山的天文学家哈勃发现这些谱线都朝光谱的红端移动了一点点，而且星系越远，这种“红移”就越大。事实上我们发现，不同星系的“红移”大小正比于它们与我们的距离。

对于这种现象，最自然的解释是假设所有星系都在远离我们，而且离我们越远，速度就越大。这种解释建立在所谓“多普勒效应”的基础上：光源接近我们时，光的颜色就会向光谱的紫端移动；光源远离我们时，光的颜色就会向红端移动。当然，要想获得明显的谱线移动，光源与观察者的相对速度必须很大。伍德（R. W. Wood）教授曾因在巴尔的摩闯红灯而被拘捕。他告诉法官，由于这种现象，红光在他看来是绿色的，因为他正在乘车接近信号灯。这位教授纯粹是在愚弄法官。倘若法官物理学懂得再多一点，他就会问伍德教授，要把红光看成绿光，其驾驶速度得有多高才行，然后再以超速的理由罚钱！

让我们回到星系的“红移”问题上来。初看起来，我们的结论有些尴尬。宇宙中的所有星系仿佛都在远离我们的银河系，难道银河系是一个巨大的怪物吗？它能有什么可怕的性质呢？它看起来为何如此与众不同？对这个问题稍加考虑就会发现，我们的银河系并没有什么特殊之处，事实上，其他星系并非只远离它，而是所有星系都在彼此远离。设想有一个气球，上面涂有一个个小圆点（图 127）。若把气球吹得越来越大，则各点之间的距离将会不断增加，待在任何一个圆点上的昆虫都会以为，所有其他各点都在“逃离”它这个点。不仅如此，在这个膨胀的气球上，各个点的退行速度将与它们和昆虫的观测点之间的距离成正比。

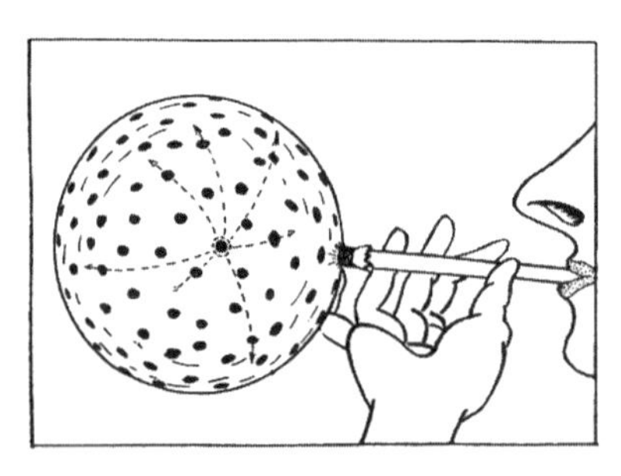

图 127 气球膨胀时，其上各点都在彼此远离

这个例子清楚地表明，哈勃观测到的星系后退与我们银河系所具有的特殊性质或所处的特殊位置毫无关系，而只是因为散布在宇宙空间中的各个星系总体上在均匀膨胀罢了。

根据观测到的膨胀速度和目前相邻星系之间的距离，很容易计算出，这个膨胀至少始于50亿年前。①

在此之前，被我们称为星系的各个星云正在形成均匀分布在整个宇宙空间中的恒星。沿时间继续往前，这些恒星本身也都紧紧挤在一起，使宇宙中充满了连续分布的炽热气体。再往前，这种气体越来越致密和炽热，这显然是形成各种化学元素（特别是放射性元素）的时期。再往前一步，宇宙物质都被挤成了我们在第七章讨论的那种超密、超热的核液体。

现在让我们把这些观测结果整合起来，按正确的顺序看看宇宙演化发展的标志性事件吧。

故事始于宇宙的胚胎阶段，那时威尔逊山望远镜（即半径在5亿光年范围内）视野范围内的一切物质都被挤在一个半径只有太阳半径8倍左右的球内。②但这种极为致密的状态不会持

---

① 根据哈勃的原始数据，两个相邻星系之间的平均距离约为170万光年（1.6×10^{19}公里），其相互退行速度约为每秒300公里。假设宇宙是匀速膨胀的，其膨胀时间即为$\frac{1.6\times10^{19}}{300}=5\times10^{16}$秒$=1.8\times10^{9}$年。不过，根据最新数据估计的时间值要更大一些。

② 核液体的密度为10^{14}克/厘米^3，而目前空间中物质的平均密度为10^{-30}克/厘米^3，所以宇宙的线收缩率为$\sqrt[3]{\frac{10^{14}}{10^{-30}}} = 5\times10^{14}$。因此，目前的$5\times10^{8}$光年距离在那时只有$\frac{5\times10^{8}}{5\times10^{14}}=10^{-6}$光年$=1\,000$万公里。

续很久，因为只需两秒钟，迅速的膨胀就会使宇宙密度下降到水密度的几百万倍，几小时后就会下降到水的密度。大概在这个时候，以前连续的气体分裂成了现在构成一颗颗恒星的各个气体球。因持续膨胀而被分开的这些恒星后来又形成了被我们称为星系的各个星云，它们至今仍然在彼此后退，进入未知的宇宙深处。

我们现在可以追问：是什么样的力导致了宇宙膨胀呢？这种膨胀会不会停止，甚至变成收缩呢？正在膨胀的宇宙是否有可能转过头来，将银河系、太阳、地球和人重新挤成具有原子核密度的浆状物呢？

根据基于非常可靠的信息所得出的结论，这种事情绝不可能发生。很久以前，在宇宙演化的早期阶段，膨胀的宇宙冲破了所有可能将它维持在一起的锁链，正按照简单的惯性定律无限膨胀下去。这锁链就是阻碍宇宙物质分离的引力。

让我们举一个简单的例子进行说明。假定从地球表面向太空发射一枚火箭。我们知道，包括著名的 V–2 火箭在内的所有火箭都没有足够的推进力进入太空。它们在重力的作用下会停止上升，落回地球。但如果能使火箭的初始速度超过每秒 11 公里（在原子喷气推进式火箭的发展中，这个目标似乎是可以实现的），它就能摆脱地球重力的吸引而进入太空，并且不受阻碍地持续运动下去。每秒 11 公里的速度通常被称为摆脱地球重力的“逃逸速度”。

现在设想有一枚炮弹在空中爆炸了，弹片朝四面八方飞去（图 128a）。被爆炸力抛出的弹片抵抗住了把它们拉向共同中心的引力而飞散开来。不用说，在这个例子中，弹片之间的相互吸引力弱到可以忽略不计，根本不会影响它们在空间中的运动。但这种引力如果很强，就能使弹片停止飞行，落回它们共同的引力中心（图 128b）。至于这些弹片是落回来还是无限制地飞离，则取决于它们动能和引力势能的相对大小。

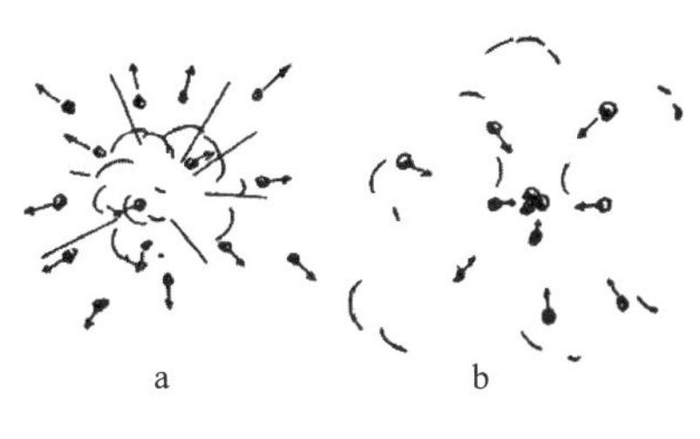

图 128

将弹片换成星系，就能得出前面描绘的膨胀宇宙图景。但由于各个星系的巨大质量使引力势能变得与动能不相上下，[①] 因此只有认真研究这两种能量才能判定宇宙膨胀的前景。

根据目前掌握的最可靠的星系质量数据，相互远离的星系的动能要比其相互引力势能大好几倍，因此可以推论，我们的宇宙会无限膨胀下去，而不会被引力重新拉近。但要记住，有关整个宇宙的数据大都不够精确，未来的研究也许会把这个结论颠倒过来。不过，即使宇宙真的突然停止膨胀，转而进行收缩，也需要几十亿年的时间。因此，黑人灵歌里所设想的“星星开始坠落”、我们被坍缩星系的重力压得粉身碎骨的那一天还为

① 运动粒子的动能与其质量成正比，其相互之间的势能则与质量的平方成正比。

时尚早。

究竟是什么烈性炸药使宇宙的各个部分以可怕的速度相互飞离呢？对这个问题的回答可能会让你有些失望：也许根本就不曾有过寻常意义上的爆炸。宇宙现在之所以在膨胀，是因为在此之前的某个历史时期（当然没有留下任何历史记录），它曾经从无限收缩成一种极为致密的状态，然后又反弹回来，仿佛是被压缩物质内部的强大弹力所推动。如果你走进一间球室，正好看到一只乒乓球从地板升入空中，你会不假思索地推断说，你进屋之前这只乒乓球一定从某个高度落到了地板上，并且在弹力的作用下再次跳起来。

现在，让我们尽情发挥一下想象力，问问自己在宇宙的压缩阶段，现在发生的一切事物是否是以相反次序发生的。

在 80 亿年或 100 亿年前，你是否在从后往前读这本书？那时的人是先从嘴里扯出一只炸鸡，在厨房里使之复活，再把它送到养鸡场吗？而在养鸡场，它是否是先从大鸡长成小鸡，然后缩进蛋壳，最后变成一枚鲜鸡蛋呢？这些问题虽然有趣，却不能从纯科学的角度来回答，因为宇宙的大压缩已将所有物质挤成了一种均匀的核液体，以前各个压缩阶段的所有记录必定已被完全抹掉。

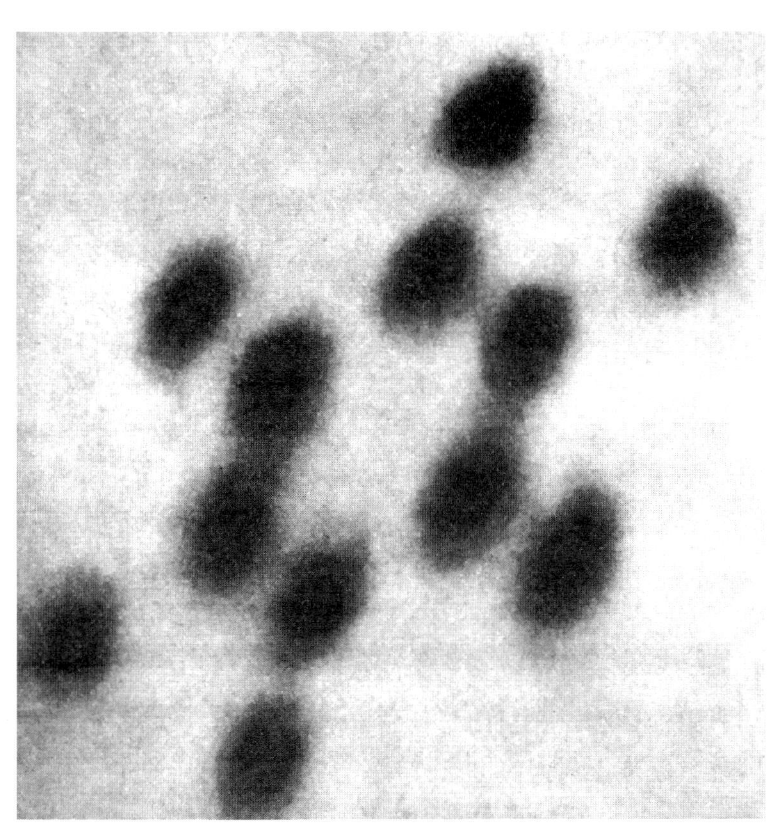

插图 1　放大 175 000 000 倍的六甲基苯分子

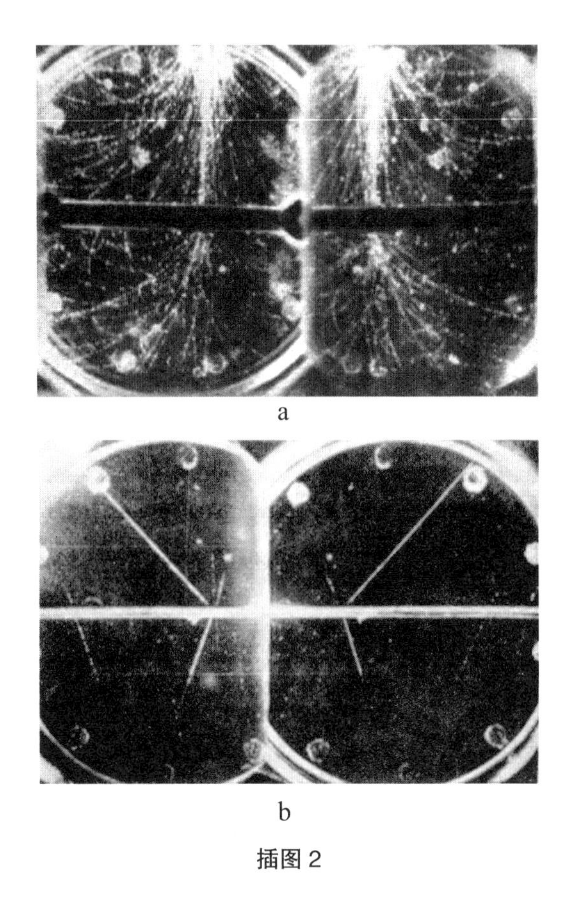

a

b

插图 2

a. 始于云室外壁和中央铅片的宇宙线簇射。磁场使簇射产生的正、负电子沿相反方向偏转。

b. 宇宙线微粒在中央隔片中产生核衰变。

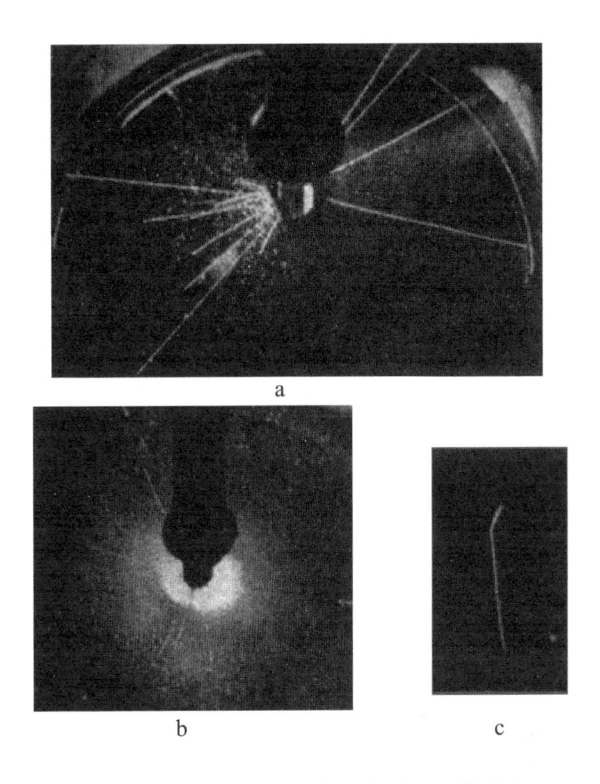

插图 3　人工加速的微粒引起的原子核嬗变

a. 一个快氘核击中云室中重氢气的另一个氘核，产生一个氚核和一个普通的氢核（$_1D^2+_1D^2 \rightarrow _1T^3+_1H^1$）；

b. 一个快质子击中硼核，使之裂成三个相等的部分（$_5B^{11}+_1H^1 \rightarrow 3_2He^4$）；

c. 一个图中看不见的中子从左边射入，把氮核打碎成一个硼核（向上的径迹）和一个氦核（向下的径迹）（$_7N^{14}+_0n^1 \rightarrow _5B^{11}+_2He^4$）。

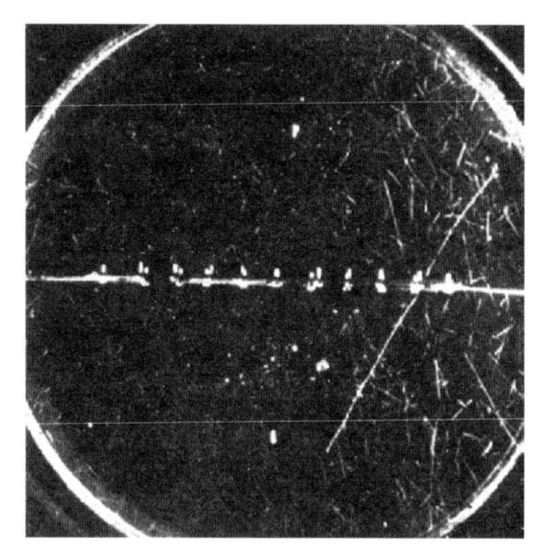

插图 4　铀核裂变的云室照片

一个中子（当然在图中看不见）击中了横放在云室中的薄铀箔的一个铀核。两条径迹对应着两个裂变碎片分别以 1 亿电子伏左右的能量飞离。

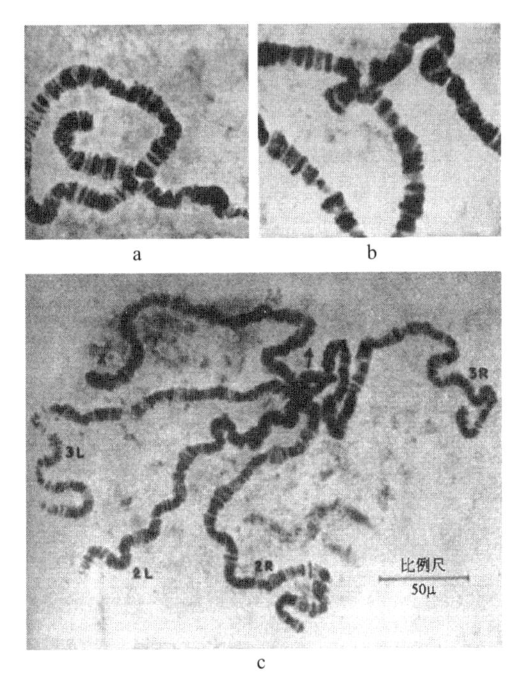

插图 5

a 和 b. 果蝇唾液腺染色体的显微照片，显示了倒置和相互易位；

c. 雌性果蝇幼体染色体的显微照片。图中标有 X 的是紧紧挨在一起的一对 X 染色体，标有 2L 和 2R 的是第二对染色体，标有 3L 和 3R 的是第三对，标有 4 的是第四对。

插图 6　这是活的分子吗？放大 34 800 倍的烟草花叶病病毒微粒。这幅照片是用电子显微镜拍摄的。

a

b

插图 7

a. 大熊座中的螺旋星云，它是一个遥远的宇宙岛（俯视图）；

b. 后发座中的螺旋星云，它是另一个遥远的宇宙岛（侧视图）。

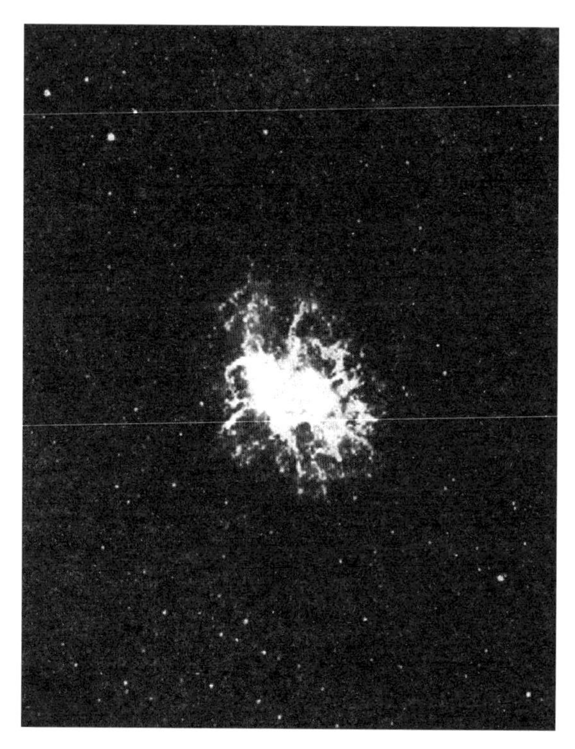

插图 8　蟹状星云。1054 年，中国天文学家观测到天空中的这个位置有一颗超新星，此蟹状便是这颗超新星爆发时抛出的不断膨胀的气体包层。

译后记

乔治·伽莫夫（George Gamow，1904—1968）是美籍俄裔理论物理学家、宇宙学家，热大爆炸宇宙学模型的创立者，并首次提出对遗传密码进行破译。此外，伽莫夫还是一位优秀的科普作家，出版过 18 部科普作品。《从一到无穷大》便是这其中最著名的一部，自 1947 年出版以来一直畅销不衰。

1978 年，《从一到无穷大》的中译本首次在中国出版，译者为暴永宁先生，后来吴伯泽先生又根据英文版新版对它作了修改和校订。该书自出版以来，在半个多世纪里影响了千千万万的读者。许多人都是因为在十几岁的时候读到这本书，才第一次真正领略了数学和科学的奇迹和奥秘。我也是高中时接触到这部魅力无穷的作品的，虽然当时有不少内容还看不大懂，但和许多读者一样，它给我留下了非常深刻的印象，也更激起了我对科学的兴趣。

业内公认，《从一到无穷大》的中译本翻译质量很高，在同类书中属于佼佼者。那么，我为何还要重新翻译呢？必须承认，一个主要考虑是，鉴于该书的经典地位，不把它列入《世界科普名著译丛》无论如何也是说不过去的。而旧译本在科学出版社销量一直很好，想把其译稿拿到商务印书馆重新出版估计是不可能的。好在从今年开始，原书进入了公版期，这为我重新翻译创造了条件。

不过，这绝不意味着重新翻译就很轻松，事实上，所花时间和过程的艰苦远远超出了我的预期。该书内容包罗万象，许多地方并不好译。在重译该书的过程中，我当然参考了旧译本（我用的是科学出版社 2002 年版）。虽然旧译本在不少细微之处使我受益良多，但它并非完美无缺，倘若字斟句酌，还是有不少改进的余地。除去个人风格方面的差异，这既包含一些笔误，比如“折射”应为“衍射”（页 107），“大块无机物质的原子核之间的关系”应为“大块无机物质与原子核之间的关系”（页 214），“公元 3 世纪”应为“公元前 3 世纪”（页 226），等等；还包含着一些匪夷所思的小错误，比如“抛体”应为“轨迹”（页 125），“专门的分析方法”应为“光谱分析方法”（页 165），“沙普勒”应为“哈勃”（页 246），等等。当然，要从一本书中挑出一些这样的小毛病并不很难，但对于这样一部名著来说，不断打磨、精益求精乃是应有之义。在此，我要向暴永宁先生和已经离世的吴伯泽先生致以深深的谢意！也期待读者们能够提出宝贵的建议，帮助改进这个译本，使之臻于完善。

张卜天

2017 年 10 月 31 日

清华大学科学史系

图书在版编目（CIP）数据

从一到无穷大：科学中的事实与猜测 /（美）乔治·伽莫夫著；张卜天译．—北京：商务印书馆，2019（2023.5 重印）
（世界科普名著译丛）
ISBN 978-7-100-16570-9

Ⅰ．①从…　Ⅱ．①乔…　②张…　Ⅲ．①自然科学—普及读物　Ⅳ．① N49

中国版本图书馆 CIP 数据核字（2018）第 198154 号

世界科普名著译丛
从一到无穷大
——科学中的事实与猜测
〔美〕乔治·伽莫夫　著
张卜天　译

商　务　印　书　馆　出　版
（北京王府井大街 36 号　邮政编码 100710）
商　务　印　书　馆　发　行
北 京 通 州 皇 家 印 刷 厂 印 刷
ISBN 978 - 7 - 100 - 16570 - 9

2019 年 1 月第 1 版　　　　开本 850 × 1168　1/32
2023 年 5 月北京第 6 次印刷　　印张 11

定价：58.00 元